中国网络空间安全
前沿科技发展报告

系统安全篇

■ 金海 | 主编
■ 徐鹏 邹德清 | 副主编

U0332845

人民邮电出版社
北京

图书在版编目（CIP）数据

中国网络空间安全前沿科技发展报告. 2019. 系统安
全篇 / 金海主编. -- 北京 : 人民邮电出版社，2020.10
ISBN 978-7-115-54690-6

Ⅰ．①中… Ⅱ．①金… Ⅲ．①计算机网络－安全技术
－研究报告－中国－2019 Ⅳ．①TP393.08

中国版本图书馆CIP数据核字(2020)第156926号

内 容 提 要

本书依据各位杰出青年学者的专长，介绍了近几年来网络空间安全领域中系统安全层面的研究热点、
国内外研究现状、新的研究进展和未来亟须开展的研究建议，内容涉及系统软件与架构安全、程序漏洞
分析、基于人工智能的系统安全、认证安全、区块链系统安全。阅读本报告，可以了解目前网络空间安
全领域面临的系统安全问题与挑战以及众多前沿安全科技的国内外研究现状、发展特色。

本书适合于所有从事网络空间安全领域的科技工作者、工程技术人员以及其他感兴趣的读者学习和
研究。

◆ 主　　编　金　海

　　副 主 编　徐　鹏　邹德清

　　责任编辑　邢建春

　　责任印制　彭志环

◆ 人民邮电出版社出版发行　　北京市丰台区成寿寺路 11 号

　　邮编　100164　　电子邮件　315@ptpress.com.cn

　　网址　https://www.ptpress.com.cn

　　北京捷迅佳彩印刷有限公司印刷

◆ 开本：787×1092　　1/16

　　印张：15.5　　　　　　　　　　　　2020 年 10 月第 1 版

　　字数：377 千字　　　　　　　　　　2020 年 10 月北京第 1 次印刷

定价：188.00 元

读者服务热线：(010)81055493　印装质量热线：(010)81055316
反盗版热线：(010)81055315

本书编委会

主　编　金　海

副主编　徐　鹏　邹德清

委　员（按姓氏拼音排序）

蔡权伟　陈浩宇　陈　恺　陈宇飞　韩　皓

何道敬　纪守领　李　琦　李　志　林璟锵

陆　城　沈　超　王　骞　王　龙　文　明

吴　宇　夏虞斌　肖　亮　杨　珉　杨　肖

袁雪敬　张　超　张　磊　郑子彬　周贝贝

周　满　周亚金

推荐序

习近平总书记指出，网络安全和信息化是一体之两翼、驱动之双轮。网络安全的分量之重，作用之大，已经上升到需要全民关注的程度。然而，网络安全作为信息化领域的辅助性技术，在人才布局方面一直处于辅助地位的层面。网络安全的专业人才极少，与信息化专业人才数量之间相差两个数量级。事实上，网络空间安全属于伴生性技术，宿主技术出现在先，安全技术伴生在后。因此，掌握网络空间安全技术的人员需要先掌握相对应的宿主技术。这就是说，掌握云安全、人工智能安全、区块链安全技术的人，首先要掌握云计算、人工智能、区块链技术。因此，安全技术成为信息化技术的子集也就不奇怪了。与此同时，网络空间安全专业人才从信息化领域中切割过来，也是一个顺理成章的事情。

网络空间安全人才的培养自顶向下可分为 5 个层次：一是学术培养层次，目前国内每年仅能培养出千人量级的网络空间安全方面的研究生专业人才；二是学历教育层次，目前国内每年也仅能培养出万人量级的网络空间安全方面的本科专业人才；三是职业教育层次，目前国内每年培养的网络空间安全方面的专科生恐怕也就在万人量级层面；四是继续教育层次，这是目前支撑网络空间安全领域人才需求的生力军，是用于填补每年几十万人需求的主要来源模式，也是通过短期培养而迅速将信息化人才转换到网络空间安全领域的有效培养途径；五是普及宣传层次，这是通过全民教育来培养人们的网络安全意识，以便正确应对信息社会中所面临的网络安全威胁，也反映出网络安全与信息化并重的一种客观状态，国家网络安全宣传周、网络安全内容进入中小学课堂等模式都是这种意识的具体体现。

在继续教育与宣传普及方面，华中科技大学、武汉市互联网信息办公室、国家网络安全人才与创新基地和武汉网络安全战略与发展研究院所共同创办的"网络空间安全喻园青年科学家论坛"便是一种很好的模式。该论坛通过邀请来自国内外知名高校的杰出青年科学家做特邀报告的方式，重点突出了受邀嘉宾年轻化、演讲主题前沿化、研讨内容专业化、研究方向多样化、交流讨论对等化等鲜明特色。该论坛不仅为广大青年学者提供了一个有利于把握学科建设需求、展示科学研究成果、探讨学术发展方向、多安全方向交叉的互动平台，还将学者们的研究成果总结汇编成报告，使他们的研究成果不仅让论坛现场听众有所感悟，更能让广大网络空间安全领域的爱好者通过《中国网络空间安全前沿科技发展报告 2019（系统安全篇）》来了解学者们在系统软件与架构安全、程序漏洞分析、基于人工智能的系统安全、认证安全、区块链系统安全等系统安全层面的思考，了解这些领域的当前研究背景、国内外研究现状、学者自身研究成果、研究展望等。

　　本报告内涵丰富，既有科普性，也具有启发性，对了解系统安全层面所面临的各种科学问题与挑战、研究现状与发展特色很有帮助。希望本报告能够让网络空间安全领域的广大学者或学子们在研究中有所借鉴，也希望能够对国家与地方各级主管部门在制定网络空间系统安全层面的发展战略方面有所帮助。

2020 年 8 月 19 日于广州

前　言

为促进网络空间安全科学技术发展、服务网络空间安全学科建设，以华中科技大学、武汉市互联网信息办公室、国家网络安全人才与创新基地、武汉网络安全战略与发展研究院联合主办的"网络空间安全喻园青年科学家论坛"为契机，联合全国 13 所高校或科研院所的 30 位杰出青年科学家，围绕网络空间安全科学技术前沿领域，共同撰写《中国网络空间安全前沿科技发展报告 2019（系统安全篇）》（以下简称"发展报告"）。发展报告分别从系统软件与架构安全、程序漏洞分析、基于人工智能的系统安全、认证安全、区块链系统安全 5 方面，依据各位杰出青年科学家的专长，分别介绍了近几年来网络空间安全领域中系统安全层面的研究热点、国内外研究现状和未来亟须开展的研究建议。

在系统软件与架构安全方面，发展报告以容器安全、虚拟化安全、计算系统合规性和可信计算等为核心内容。华中科技大学金海教授和邹德清教授介绍了基于软件定义的容器云安全架构，其在高动态场景下能够实时、自动地为容器云定制与部署最优安全策略。中科院信息工程研究所林璟锵研究员介绍了云计算虚拟化环境中基于虚拟机监控器的代码完整性校验系统，以及基于该系统设计的密码运算服务的可控使用方案。IBM T.J. Watson 研究中心王龙研究员介绍了计算系统合规性的全面参考架构，以及相关内容在 IBM 健康卫生云上的应用。上海交通大学夏虞斌副教授从多层次动态数据隔离保护技术、支持溯源的计算过程完整性验证机制，以及数据安全处理的性能与可扩展性优化三方面介绍了面向可信数据处理的体系结构支撑方法。

在程序漏洞分析方面，发展报告以非控制流攻防、代码变异、漏洞检测与修复、语音控制系统安全等为核心内容。南京航空航天大学韩皓教授介绍了用于解决非控制流攻防相关热点问题的基于语义推理的二进制程序自动分割技术。华中科技大学文明副教授介绍了基于数据驱动和代码变异技术提升软件系统安全性的方法，即新型软件系统缺陷与漏洞的检测与修复技术。复旦大学杨珉教授从同层组件间隔离和层间接口访问控制两个角度介绍了多层次软件系统架构下的漏洞挖掘问题，包括安卓生态体系内应用虚拟化技术带来的新型安全威胁和安卓系统服务中由输入验证缺陷带来的安全问题。中科院信息工程研究所陈恺研究员介绍了语音控制系统安全相关的攻防技术，特别是针对语音控制系统的远程攻击和对抗攻击，以及相关防御技术。

在基于人工智能的系统安全方面，发展报告以模型安全、隐私保护、智能漏洞分析和智能攻防等为核心内容。浙江大学纪守领教授介绍了人工智能驱动的模糊测试方法与系统，以及人工智能技术在提高模糊测试的智能性和效率方面发挥的效果。西安交通大学沈超教授介绍了机器学习系统在数据读取、数据预处理和机器学习模型 3 方面所面临的安全问题。

厦门大学肖亮教授介绍了边缘计算和车联网相关的物联网传输隐私保护场景，以及两种场景下基于强化学习的隐私保护方案。清华大学张超副教授介绍了人工智能在攻防领域的应用情况，包括二进制程序智能分析、智能漏洞挖掘、基于知识图谱的攻击生成以及基于攻击知识的主动防御。

在认证安全方面，发展报告以口令强度评价、口令强化和智能终端手势密码安全等为核心内容。华东师范大学何道敬教授介绍了基于群体口令特征的口令强度评价方法和基于语义变换的口令强化方法。清华大学李琦副研究员介绍了基于声呐技术重建手势密码的新型攻击方法。

在区块链系统安全方面，发展报告以非法账户识别、蜜罐技术、攻击行为捕捉与分析等为核心内容。中山大学郑子彬教授介绍了利用机器学习和数据挖掘技术解决区块链中非法账户识别问题的通用框架，以及其在以太坊中针对智能旁氏骗局和钓鱼诈骗问题的实际应用。浙江大学周亚金研究员介绍了捕获以太坊上真实攻击行为的蜜罐系统，以及对窃取"加密货币"攻击行为的分析结果。

发展报告涵盖领域广、内容丰富、内涵深刻。通过阅读发展报告的内容，将有利于了解网络空间安全在系统安全层面相关前沿领域的研究现状与挑战、有利于把握国内外在网络空间安全领域中系统层面的科技差距、有利于各级国家与地方主管部门参考制定网络空间安全在系统安全层面的发展战略、有利于明确网络空间安全领域中系统安全层面的人才培养方向。

未来，希望通过更多杰出青年科学家积极参与发展报告的撰写，助力我国在网络空间安全科学技术方面加速前行，改善网络空间安全科研环境，进一步深刻分析差距与亟须解决的问题，不断促进网络空间安全科学技术的研究与发展。

目 录

系统软件与架构安全 ·· 1

软件定义容器云安全 ·· 3

云计算虚拟化环境代码完整性校验及其在密码运算云服务可控使用的应用 ·········· 15

关键计算系统的合规性问题——从参考架构到案例分析 ····························· 29

基于体系结构安全扩展的多方数据可信处理 ······································ 44

程序漏洞分析 ·· 57

基于语义推理的二进制程序自动分割技术 ·· 59

数据驱动的软件缺陷漏洞检测和代码修复 ·· 75

安卓生态系统的漏洞挖掘技术 ·· 87

针对语音控制系统的攻防研究 ··· 104

基于人工智能的系统安全 ·· 119

AI 驱动的模糊测试技术研究 ·· 121

数据驱动的机器学习系统安全分析 ··· 137

基于强化学习的物联网无线传输隐私保护技术研究 ······························ 141

智能攻防研究 ··· 159

认证安全 ·· 183

口令安全 ·· 185

针对手势密码的声呐攻击 ··· 199

区块链系统安全 ·· 213

基于区块链数据的欺诈识别技术研究 ··· 215

以太坊中"加密货币"窃取攻击初探 ·· 227

系统软件与架构安全

软件定义容器云安全

金海，邹德清，李志，陈浩宇

华中科技大学

摘　要： 容器技术和微服务架构的结合使容器云相较基于虚拟机的云环境更高效与灵活。容器技术和微服务架构的广泛应用虽然极大地提升了云环境的性能，但它们带来的变化是否会影响云环境的安全性有待研究。与基于虚拟机的云环境相比，微服务架构使服务的扩展和更新变得更加灵活，每项服务的更新频率每天可高达数百次。遗憾的是，这种灵活性大幅地提升了云环境的动态性和复杂性，同时为云环境引入一些新的安全问题。具体而言，随着服务的高频更新，云环境中的安全隐患随之发生了变化。具有固定策略的防御机制很难在这种动态环境中持续覆盖不断变化的安全隐患。因此，防御机制的有效性会随着时间的推移而波动（增加或减少），我们称之为安全性漂移问题。通常主动防御机制的有效性高度依赖于防御目标的现状，如果防御策略与假设条件不匹配，则主动防御机制可能效果不佳甚至失效。因此，本文提出了一种基于软件定义的容器云安全架构。通过软件定义的方式，根据当前容器云环境的安全状态以及新型的安全事件，分别从应用层、网络层和系统层为容器云自动地定制、部署最合适的安全策略，以保障容器云在高动态的场景中能实时处于最佳的安全状态。

■ 一　背景介绍

近年来，容器技术在云环境中得到广泛应用。作为虚拟机的轻量级替代方案，操作系统级别的虚拟化方案使容器具有更短的启动时间、更优异的 I/O 吞吐性能以及更低的虚拟化开销[1]。除了优越的性能外，容器技术所提供的一致性开发环境为软件服务的开发、测试与部署带来了巨大的优势，极大地缩减了软件的更新与发布周期。得益于一致性开发环境，容器可以克服云服务平台之间的差异，轻松地进行跨平台的迁移与扩展。同时，容器技术的快速发展进一步推动了微服务架构的发展与应用。区别于传统的服务架构，微服务架构中的软件应用被解耦为一组执行单一功能且相互独立的微服务。而软件中的功能则由一组微服务所组成的服务链来完成。这种模块化的软件架构更进一步地活化了软件服务的开发、更新、调度和扩展过程。当下，微服务架构已经被 Uber[2] 和 Netflix[3] 等公司广泛应用。

随着容器技术和微服务架构普及，人们不禁疑问它们为云环境带来的变化是否会影响其安全性？与基于虚拟机的云环境[4]不同，容器与微服务架构的组合使服务迁移更加便捷、服务扩展更加灵活、服务更新更加敏捷。研究表明，在基于容器的云环境中每项服务的更新频率可高达每天数百次[5]。这种灵活性虽然能帮助运维团队更好地维系服务的高质量，但大幅地提升了云环境的动态性和复杂性，甚至可能放大云环境的安全问题。每次服务更新发生后，服务的规模、位置以及安全需求都会发生一定程度的变化。随着此类变化不断累积，具有固定策略的防御机制可能难以在此动态环境中持续覆盖最初定义的攻击面。因此，防御机制的有效性会随着时间的推移而波动，我们称之为安全性漂移问题。

针对容器云中的服务安全，容器云的灵活性极大地增加了云服务安全功能的配置难度。具体而言，上述漂移问题对于诸如移动目标防御（MTD，Moving Target Defense）策略等主动防御机制的影响尤为明显。MTD 技术通常需要分析当前服务的状态，包括网络拓扑、程序执行环境和编程语言等，以确定其中可能存在的攻击点。通过持续地改变服务中的攻击点，如为应用程序提供不同的实现方式[6-7]（如编程语言、数据结构、算法逻辑等）或者随机地改变应用程序的运行环境、网络拓扑等[8-9]，MTD 技术可以减小服务中漏洞暴露的概率，从而增加攻击者渗透服务和维持后门的难度[10]。然而，随着容器云中服务的高频更新，其中可能存在的攻击点也会随之发生变化。随着这些变化的累积，实施中的 MTD 策略可能会作用在已经失效的攻击点上，而无法有效地覆盖此类不断变化的攻击点，进而导致容器云的安全性下降。同时，MTD 技术的实施虽然可以提高云环境的安全性，但也直接或间接地对服务的质量造成一定影响。例如，网络拓扑的全局变化会导致服务质量的下降并影响服务之间的通信[11]。因此，在 MTD 技术的实施过程中，我们需要确定适当的 MTD 实施策略以平衡性能开销及其有效性[12]，而不能盲目地为所有攻击点施加防御。为了能够实时且快速地覆盖不断变化的攻击点，本文采用软件定义的方式动态地评估容器云中攻击点的变化情况，并自动为其生成最优的 MTD 实施策略，以在高灵活性的容器云环境中最大化其有效性并最小化其开销。

针对容器云中的网络安全，容器云的灵活性极大地增加了网络安全功能的配置难度。网络功能（Network Function）是目前网络安全防御体系中最基本的组成元素，包含了防火墙、入侵检测设备、VPN 以及代理网关等设备。这些网络功能运行在网络中，依据一定的安全配置策略和安全规则，对经过的流量进行分析和处理，从而检测和防御流量中包含的攻击。传统网络功能的管理与配置均由网络管理员手动完成，包括在新的攻击出现时手动调整网络功能中的安全策略以及人工分析和处理网络功能运行时产生的警报、日志等工作。而随着容器云的快速发展以及云网络规模的不断扩大，云环境中网络环境变得越来越动态化，管理员需要不断地对网络中的防御策略和部署进行动态调整。例如，当容器迁移到新的物理节点上后，其所在网络环境也随着发生变化，因此需要将该容器所需要的网络安全策略同步迁移到新的网络环境中。但手动的管理和配置方式无法满足此类云环境中网络防御的需求：①效率低，无法及时响应网络中的各种安全事件；②容易出错，管理员配置安全策略时需要考虑整个网络中全局的安全策略冲突问题；③操作烦琐，需要对每个网络功能进行单独的配置和管理。而软件定义概念的出现为网络功能的自动化管理和配置提供了可能，通过设计并编写网络安全防御的应用，自动化部署并调整网络功能中的安全策略，从而最终实现自动化的网络安全防御，既极大地减少了安全事件的响应时间，又极大地提高了安全策略部署的灵活性和效率。

针对容器云中的系统安全，容器云的灵活性极大地增加了系统安全功能的配置难度。如图 1 所示，虚拟机技术会为每一个应用程序运行独立的内核系统。而容器技术虽然为应用程序提供独立的运行环境，但各容器之间的资源控制与隔离则依赖于共享的内核。虽然容器间共享内核可以有效地提升系统的资源利用率，但却使容器无法根据应用需求为其独立定制系统级别的安全策略，如完整性测量策略以及强制访问控制策略等。为了防止特定应用中的安全问题，云平台会定制并部署一套安全策略以保证宿主机的安全。此安全策略将强制应用在宿主机上所有的容器，即所有容器均会受到相同的安全约束。遗憾的是，多数情况下宿主机上不只部署一类服务，而不同的服务可能有不同的安全需求。在这种情况下，为了最大地保证系统的安全性，管理员会为云环境部署十分严苛的安全策略，同时容器云环境中服务的功能会极大地受到限制。此外，由于容器云的灵活性，系统中固定的安全策略的有效性也会存在漂移问题，无法始终覆盖系统的安全需求。得益于 Sun 等[13]完成了对系统中安全机制进行虚拟化的初步探索，虚拟化后的系统安全机制可以为不同的容器定制安全策略。本文通过软件定义的方式，根据当前服务的安全需求自动化地为容器云环境生成、部署最合适的安全策略，并动态地调整安全策略以适应不断变化的服务状态。

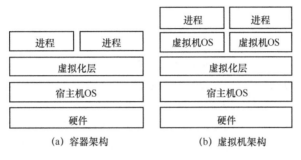

图 1 容器与虚拟机架构对比

综上所述，为了在高动态性的情况下，全面保证容器云环境中应用层、网络层、系统层中的安全性，本文引入了软件定义的方案自动化地部署容器云中的安全策略，并根据当前云环境的状态动态地优化、调整安全策略。最终消除容器云环境中的安全机制有效性漂移问题，以保证容器云的安全性。

二　关键科学问题及挑战

软件定义容器云服务安全的研究主要面临如下科学问题及挑战。

（1）快速定位服务中攻击点的变化：现有的许多安全分析方法是基于静态场景设计的，只考虑了方法的准确性，而没有太过注重方法的效率。在高动态性的容器云中，如何在高频的更新发生后快速确定服务中攻击点的变化情况仍是一种挑战。

（2）防御策略规则化：软件定义服务安全需要对应用层防御方案进行细粒度的定制，因此需要将防御方案中的策略以规则化语言进行描述，从而减小策略定制与部署难度，以实施自动化的定制与部署。

软件定义容器云网络安全的研究主要面临如下科学问题及挑战。

（1）兼容现有网络安全功能：现有的网络安全功能（防火墙、入侵检测、安全网关等）许多是基于硬件实现的。虽然有些开源的网络安全功能，但是它们的架构、功能、规则格式等各不相同，如何兼容现有的网络安全功能实现软件定义的安全防御仍是一种挑战。

（2）网络安全功能模块化：软件定义网络安全需要对网络防御进行细粒度的定制，因此要求将传统网络安全功能进行模块化，从而减小操作的粒度，并且，参照 SDN 的交换机只执行最基本的转发功能的特点，需要支持分布式的部署以提高应用的灵活性。

软件定义容器云系统安全的研究主要面临如下科学问题及挑战。

（1）现有系统安全功能虚拟化：现有的系统安全功能（强制访问控制、完整性检验等）只能全局应用，而无法定制只应用于特定软件的安全规则。虽然按照安全需求的上限定制安全规则能有效地保证系统的安全，但是这也限制了部分软件的可用功能。如何实现系统安全功能的虚拟化，使其可以为不同软件应用定制，并不会相互冲突仍是一项挑战。

（2）系统安全功能规则化：软件定义系统安全需要对网络防御进行细粒度的定制，因此需要将系统安全功能中的策略进行抽象，并以统一的规则语言进行描述，以支持自动化的定制与部署，提供快速灵活的软件定义系统安全方案。

■ 三 国内外相关工作

目前，国内外关于容器安全的研究主要着重于两个方面。

第一，容器来源安全。容器镜像是容器运行的基础，其中包括服务的可执行二进制代码、服务运行所需要的依赖库等。层级化的镜像结构使开发者在构建新镜像时可以复用已有的镜像，以简化镜像构建过程。因此，为了保证新镜像的安全性，被复用的镜像是否存在安全隐患成为至关重要的问题。Gummaraju 等分析了 Docker 官方的镜像库 Docker Hub，发现其中 30%的官方认证的镜像存在漏洞（参见 Banyan Team2015 年发表的博客文章《Over 30% of official images in docker Hub contain high priority security vulnerabilities》）。Henriksson 等[14]全面扫描了 Docker Hub 中的镜像，发现其中 70%的镜像存在高危漏洞。Shu 等[15]对 356 218 个镜像进行了研究，发现其中存在大量旧版本的应用以及依赖库，这导致了其中 90%的镜像存在高危风险。作为容器运行的基础，镜像中的漏洞可能直接导致容器运行过程中遭受来自外部的攻击，甚至因此威胁到整个云平台。因此，建议用户在使用镜像之前，对其安全性进行分析，避免引入高危安全风险。同时，Tak 等[16]发现仅在镜像使用时进行安全检测不足以保证容器的安全。由于容器环境的动态性，容器镜像在传播与复用的过程可能会引入新的安全风险，因此需要定时对容器镜像进行安全检测，以保证其安全性。

第二，容器运行时安全。由于容器轻量级虚拟化带来的弱隔离问题，容器中的恶意应用或应用中未被发现的漏洞可能会威胁到同平台上其他容器或宿主机的安全。当前，容器环境中存在大量系统漏洞，如 CVE-2015-3630、CVE-2016-5195、CVE-2016-9662、CVE-2017-5123、CVE-2019-5736、CVE-2019-15664 等会导致宿主机中敏感信息泄露，甚至可以帮助容器中攻击者逃逸到宿主机中。Gao 等[17]基于容器与宿主机之间的共享文件系统设计了一种侧信道攻击，在数据中心根据宿主机泄露的信息完成电源负载攻击。此外，诸如 Meltdown[18]、Spectre[19]等攻击也可以轻易突破容器环境中的内存隔离机制，并帮助攻击者逃逸到宿主机中。针对此类问题，Arnautov 等[20]使用 SGX 为容器运行时构建基于硬件的隔离机制，以保证容器之间、容器与宿主机之间不会相互影响。同时，Linux 内核也提供诸如 Capability、SELinux 等方案限制容器中用户的权限，以减小攻击面。

目前，国内外关于软件定义安全的研究着重于软件定义网络（SDN，Software-Defined Network）的相关安全[21-24]，主要包含两个方面。

第一，SDN 自身安全问题。Wang 等[25]分析了 SDN 中存在的 8 种典型安全威胁和安全问题，并从 6 方面对 SDN 安全问题的主要解决思路以及最新研究进展分别进行讨论，最后对 SDN 安全方面的标准化工作进行了分析与展望。如图 2 所示,邵延峰等[26]分析了 SDN 架构中不同层面的安全威胁,并从网络动态防御、软件定义监控和自身安全性增强三方面提出了 SDN 安全技术的发展方向。Diego 等[27]分析了 SDN 三层结构中潜在的 7 个威胁向量。

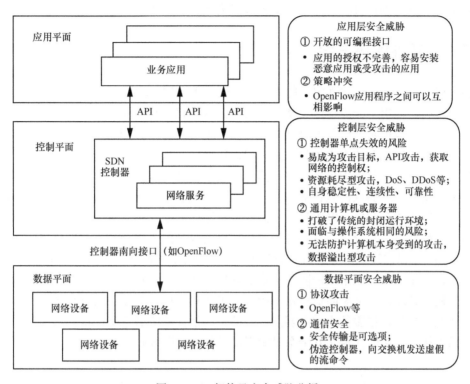

图 2　SDN 架构及安全威胁分析

第二,利用 SDN 解决安全问题。Veriflow 提出了一种验证网络转发策略的框架及实现方案,能够实现高效的网络转发策略冲突的检测与解决[28]。FLOWGUARD 设计了一种针对 SDN 的防火墙,能够在 SDN 控制器中对转发流量进行访问控制,并且避免了 SDN 的特性可能带来的策略绕过、重复等问题[29]。Avant-guard 利用 SDN 的集中式流量管理能力,实现了 SDN 中安全的流量管理[30]。He 等[31]利用拜占庭协议提出了一种多 SDN 控制器的网络错误容忍框架。SPHINX 提出了如何在不同 SDN 控制器上对已知和未知的攻击进行检测,并提出了一定的攻击解决办法[32]。

关于 SDN 相关安全问题的研究近几年开始逐渐饱和,研究人员将目光从"软件定义网络的安全"转向了"软件定义的网络安全"。Liu 等[33]提出了软件定义安全架构 SDSA,抽象传统的网络设备与技术,将安全的控制与具体操作进行解耦,利用软件定义的方式减小软件模块的大小,降低开发难度并且提高系统的安全扩展性。刘文懋等[34]提出将安全功能从 SDN 控制器解耦到专有的安全控制器和 App,提供全局流和局部数据包层面的检测和防护,以抵御 SDN 和虚拟化环境中的攻击。Amann[35]等提出了扩展 IDS 来为被动网络安全监控提供动态的控制,将 IDS 的功能进行扩展,对必要的流量进行内容检测,而不必要的流量则通过后端功能的选择进行其他网络安全功能的应用。其他工作则进行了自动化网络安全策略部署的研究。PSI 在基于 SDN 和 NFV 的基础上[36],利用给网络流量加标签的方式[37]标记流量的上下文，让管理员依据网络功能的处理报告来编写应用，自动选择下一步的转发路径，从而实现自动的、动态的网络安全防御。Wu 等[38]通过程序分析，实现对网络功能进行自动化建模，刻画其流匹配和流处理功能之间的关联。综上所述，虽然已有大量工作针对基于软件定义网络以及网络功能虚拟化的网络安全进行了研究，但是如何实现软件定义安全以及进行自动化网络安全防御依然是一个挑战。

四 创新性解决方案

在应用层中，为了以软件定义的方式实现安全策略的自动优化与部署，我们以图 3 的结构开展研究，提出了一套适用于微服务架构的自动感知与评估方案，能在更新事件发生后快速评估云环境中防御机制的有效性以及系统中安全弱点的变化。在此方案中，我们总结了容器云环境中现有的攻击场景，为容器云环境建立一套可扩展的多维攻击图来模拟容器云环境中的所有可行攻击事件，并且基于攻击者的行为模式，引入了介中心性的概念来快速定位系统中安全弱点，以评估和优化当前防御机制中策略的有效性。由于云环境的复杂性和攻击行为的多样性，多维攻击图无法描述某些新型攻击场景中的弱点。因此，当出现新型攻击事件时，系统会新建覆盖该攻击场景的攻击图，并合并入多维攻击图中。基于多维攻击图，可以快速确定防御机制的有效性漂移问题，并准确地定位系统中的安全弱点。进一步地，为了完成对应用层中防御策略的软件定义，首先对防御方案中的策略进行规范化，使用统一描述语言抽象防御策略，指定防御策略作用的对象、防御策略中的参数等；同时，研究了如何根据服务中安全弱点，自动生成最佳的防御策略；最后，在应用层实现统一的操作接口，供软件定义安全系统调用，以部署防御策略。

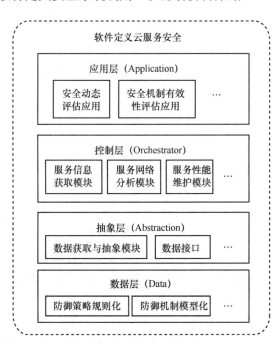

图 3　软件定义云服务安全研究方向

在网络层中，采取如图 4 所示的自下向上的方向进行研究：首先提出自动化网络安全防御的概念，对现有的软件定义框架（即 SDN 框架）进行扩展，实现对网络安全功能中规则的软件定义，从而达到自动化规则部署的目标，证明该思路的可行性；接着，自下而上，分别从数据层、抽象层、控制层和安全层进行相关内容的研究。自下而上的研究方式主要源自软件定义本身的特性。首先需要对数据层中被操作的对象规范化，指定可定义的内容、功能、模块等，统一接口；接着对底层进行抽象，优化对数据层中接口的调用方式；控制层的研究则需要基于数据层与抽象层，研究软件定义安全防御 App 所必要的服务功能；最后则展开软件定义网络安全的应用层研究，可以实现多种多样的任务目标，如自动化部署网络安全功能、自动响应网络安全事件、优化网络安全策略部署、优化网络安全功能模块部署选择、可视化网络安全状态以及网络攻击状态回放等。

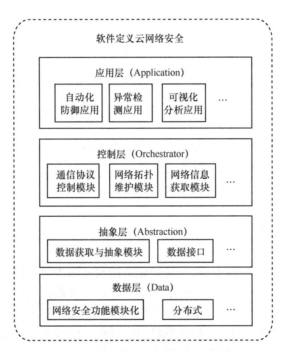

图 4　软件定义云网络安全研究方向

在系统层中，采用如图 5 所示的框架开展研究。在研究之初，我们针对系统可能面临的安全威胁以及相应的系统防御手段进行了全面的调研，总结了保证系统安全所需要的系统安全机制，以及面对不同的安全威胁所需要的安全策略。在此基础上，针对系统层中所需要的安全机制进行了虚拟化，使其可以为不同的容器配置、部署独立的安全策略。系统安全机制虚拟化是实施软件定义系统安全的第一步，软件定义系统可以根据不同容器服务的安全需求以及特定安全事件，为不同的容器独立部署安全策略。接下来，对所有系统安全机制中的策略进行了规范化，使用统一的策略描述语言抽象这些规则，并针对所有系统安全机制定义了统一的调用接口。当安全需求发生变化或发生新的安全事件时，软件定义系统可以自动化地根据云环境中的对象，个性化地定制、部署系统安全策略。

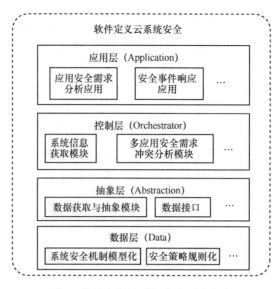

图 5　软件定义云系统安全研究方向

结合以上三个软件定义安全系统，我们最终实现了一套针对容器云环境的软件定义安全系统。在该系统中，采用统一的策略描述语言，形式化地定义应用层、网络层和系统层中的安全策略。当容器云环境遭遇新的安全事件时，该系统可以自动生成最佳的安全策略，并通过统一的接口下发到各层，由相应的安全机制部署、实施。通过这种方式，我们规避了复杂的人工分析成本，能在高动态性的容器云环境中自适应地根据安全需求调整安全策略，始终保证容器云环境处于最优的安全状态下。

五　有效性论证

对于软件定义云服务安全，针对应用层服务的安全隐患分析和通过软件定义方式自动化地生成并部署最优的安全策略是核心的两个工作。在容器云的应用层中，软件被解耦成一组由微服务构建的微服务网络，该网络中的每一条微服务链可以完成原始软件中的一个特定功能。而攻击图通常被用作评估计算机网络系统中的脆弱性，通过模拟攻击者对存在安全漏洞的网络攻击过程，找到所有能够到达目标的攻击路径，并确定其中的安全薄弱环节。攻击图的可用性以及有效性已经被许多工作所证明，在此不做赘述。在本文的工作中，将微服务网络类比为传统的计算机网络，其中每一条联通的微服务链则类比为传统网络结构中的路径，每一个微服务可以类比为一个网络设备。在这种情况下，通过构建攻击图来评估微服务网络中的安全薄弱点是可行且合理的。因此，本文的解决方案可以有效地评估容器云环境中存在的攻击点，即微服务网络中的安全薄弱点。另外，为了实现软件定义云服务安全，模仿软件定义网络安全中的处理方式，将安全机制中的策略进行抽象化，以统一的接口和策略描述语言屏蔽不同安全机制、策略之间的差异，使之可以通过控制层统一操作与部署。针对软件定义部分的有效性论证，我们将在下面的软件定义网络安全的分析中进行详细说明。

对于软件定义云网络安全，采用自下而上的方式研究源于软件定义自身的特点。参考软件定义网络的发展方向可知，在提出将控制层与数据层解耦的架构后，一部分研究工作先进行了架构的解决方案探索，但仅有架构不够，还需实际可用的、标准化的数据层平台以支撑研究，因此诞生了 OpenFlow 协议和 OpenFlow 交换机，成为迄今为止学术界、业界的 SDN 标准。之后，针对控制器以及控制器上应用的研究才基于 OpenFlow 得以进一步展开。虽然已有一些工作对软件定义网络安全的框架进行了展望，但是实际可用的数据层方案还有待统一，需要提出一些代表性的数据层平台。而不同于 SDN 中交换机只有单一的流量转发功能，网络安全功能具有复杂且各异的流量检测、访问控制、负载均衡、内容过滤等。因此软件定义网络安全需要抽象层来屏蔽底层网络安全功能之间的功能差异，统一数据层接口，从而更好地为上层服务。基于数据层和抽象层，控制层与应用层的研究才能够进一步展开。综上所述，针对软件定义网络安全的研究应当采用自下而上的研究方式。

对于软件定义云系统安全，针对当前系统安全机制和系统安全威胁的调研是开展本工作的基础。在此基础上，我们参考 Sun 等[13]提出的方法，对系统中的安全机制进行虚拟化。Sun 等[13]已经证明安全机制虚拟化方法可以根据容器中的服务自定义合适的安全策略，且提出了规避安全策略冲突的解决方案。因此，不再赘述系统安全机制虚拟化的可用性与可行性。同理，为了实现软件定义云系统安全，采用与上述软件定义网络安全中以及软件定义云服务安全中相同的方式实施软件定义。我们将系统安全机制中的策略进行抽象化，以统一的接口和策略描述语言屏蔽不同安全机制、策略之间的差异，使之可以通过控制层统一操作与部署。在新的安全事件发生时或系统安全需求发生变化时，本文方案可以实施自动部署最优的系统安全策略。

六 总结与展望

通过容器技术和微服务架构的结合，云环境变得更加高效和动态。然而，这种动态性会使容器云环境中的安全性发生漂移，以致于最初部署的防御策略无法很好地覆盖容器云环境中的攻击面。为了解决这个问题，本文使用软件定义的方式在容器云环境动态变化后，分别为容器云环境的应用层、网络层和系统层自动地生成并部署最优的安全策略，始终保证容器云环境的安全性最优。

软件定义云服务安全能够自动化实现对云服务的安全性评估，找出云服务架构中的安全薄弱点，并动态地根据服务中的攻击点以及新型的安全事件（如服务中出现新公布的漏洞）自动生成对应的安全策略或安全规则，并自动部署到对应的防御方案中，加快了安全事件的响应速度，消弭容器云环境动态性带来的安全隐患。虽然针对软件定义云服务安全尚处于初级阶段，但在此领域我们迈出了第一步，并作了简单的尝试，愿为后续的研究工作提供一定的启发，以解决容器云环境中动态性所造成的安全隐患。

软件定义云网络安全能够自动化实现网络防御，为网络安全管理员提供可编程的软件定义能力，动态地根据网络事件（如出现新的攻击或者从现有网络中收到警报）自动生成对应的安全策略或安全规则，并自动安装到对应的网络安全功能中，提高了网络安全防御的效率和能力，加快了安全事件的响应速度。目前，虽然针对软件定义网络安全已有一些研究成果，但是总体进展依然处于起步阶段。未来，仍需采用自下而上的研究方式，按照数据层、抽象层、控制层和应用层的方向逐一突破，以最终实现真正的软件定义自动化网络防御。

软件定义云系统安全能够自动化实现系统安全配置，根据云服务的安全需求以及新型的安全事件自动生成对应的安全策略或安全规则，并自动应用于系统安全机制，加快了安全事件的响应速度，防止攻击者从容器中威胁到宿主机及内核系统安全。虽然针对软件定义云系统安全的研究也处于初级阶段，但我们正在探索如何更好地使用软件定义来帮助管理者配置与实施系统安全策略。综合以上三方面，我们最终希望完成一套可商用的软件定义容器云安全系统，以保障容器云环境的安全。

参考文献:

[1] SOLTESZ S, POTZL H, FIUCZYNSKI M E, et al. Container-based operating system virtualization: a scalable, high-performance alternative to hypervisors[C]//Proceedings of European Conference on Computer Systems. 2007: 275-287.

[2] THONES J. Microservices[J]. IEEE Software, 2015, 32(1): 116-116.

[3] PANDA A, SAGIV M, SHENKER S. Verification in the age of microservices[C]//Proceedings of the 16th Workshop on Hot Topics in Operating Systems. 2017: 30-36.

[4] TORKURA K A, SUKMANA M I H, MEINEL C. Integrating continuous security assessments in microservices and cloud native applications[C]//Proceedings of the 10th International Conference on Utility and Cloud Computing. 2017: 171-180.

[5] HEORHIADI V, RAJAGOPALAN S, JAMJOOM H, et al. Gremlin: systematic resilience testing of microservices[C]//Proceedings of the 36th IEEE International Conference on Distributed Computing Systems. 2016: 57-66.

[6] HOMESCU A, JACKSON T, CRANE S, et al. Large-scale automated software diversity-program evolution redux[J]. IEEE Transactions on Dependable and Secure Computing, 2017, 14(2): 158-171.

[7] DSOUZA G, HARIRI S, AL-NASHIF Y B, et al. Resilient dynamic data driven application systems (RDDDAS)[C]//Proceedings of the 13th Annual International Conference on Computational Science. 2013: 1929-1938.

[8] DANEV B, MASTI R J, KARAME G, et al. Enabling secure vm-vtpm migration in private clouds[C]//Proceedings of the 27th Annual Computer Security Applications Conference. 2011: 187-196.

[9] MOON S, SEKAR V, REITER M K. Nomad: mitigating arbitrary cloud side channels via provider-assisted migration[C]//Proceedings of the 22nd ACM SIGSAC Conference on Computer and Communications Security. 2015: 1595-1606.

[10] ZHUANG R, DE-LOACH S A, OU X. Towards a theory of moving target defense[C]//Proceedings of the 1st ACM Workshop on Moving Target Defense. 2014: 31-40.

[11] DEBROY S, CALYAM P, NGUYEN M, et al. Frequency-minimal moving target defense using software-defined networking[C]//Proceedings of International Conference on Computing, Networking and Communications. 2016: 1-6.

[12] WANG H, LI F, CHEN S. Towards cost-effective moving target defense against DDoS and covert channel attacks[C]//Proceedings of the 3rd ACM Workshop on Moving Target Defense. 2016: 15-25.

[13] SUN Y, SAFFORD D, ZOHAR M, et al. Security namespace: making linux security frameworks available

to containers[C]//27th USENIX Security Symposium. 2018: 1423-1439.

[14] HENRIKSSON O, FALK M. Static vulnerability analysis of docker images[D]. Karlskrona: Blekinge Inst Technol, 2017.

[15] SHU R, GU X, ENCK W. A study of security vulnerabilities on docker Hub[C]//Proceedings of 7th ACM Conference on Data and Application Security and Privacy. 2017: 269-280.

[16] TAK B, ISCI C, DURI S S, et al. Understanding security implications of using containers in the cloud[C]//Proceedings of USENIX Annual Technical Conference. 2017: 313-319.

[17] GAO X, GU Z, KAYAALP M, et al. Container-leaks: emerging security threats of information leakages in container clouds[C]//Proceedings of 47th Annual IEEE/IFIP International Conference Dependable Systems and Networks. 2017: 237-248.

[18] LIPP M. Meltdown: reading Kernel memory from user space[C]//Proceedings of 27th USENIX Security Symposium. 2018: 973-990.

[19] KOCHER P. Spectre attacks: exploiting speculative execution[C]//IEEE Symposium on Security and Privacy. 2019: 1-19.

[20] ARNAUTOV S, TRACH B, GREGOR F, et al. SCONE: secure linux containers with intel SGX[C]//Proceedings of the 12th USENIX Symposium on Operating Systems Design and Implementation. 2016: 689-703.

[21] SANDRA S, O'CALLAGHAN G, SEZER S. SDN security: a survey[C]//2013 IEEE SDN for Future Networks and Services (SDN4FNS). 2013: 1-7.

[22] HU Z, WANG M, YAN X, et al. A comprehensive security architecture for SDN[C]//2015 18th International Conference on Intelligence in Next Generation Networks. 2015: 30-37.

[23] ANTOINE F, KILANY R, CHAMOUN M. SDN security problems and solutions analysis[C]//2015 International Conference on Protocol Engineering (ICPE) and International Conference on New Technologies of Distributed Systems (NTDS). 2015: 1-5.

[24] 裴晓峰, 赵粮, 高腾. VSA 和 SDS: 两种 SDN 网络安全架构的研究[J]. 小型微型计算机系统, 2013, 34(10): 2298-2303.

[25] WANG M, LIU J, CHEN J. Software defined networking: security model, threats and mechanism[J]. Journal of Software, 2016, 27(4): 969-992.

[26] 邵延峰, 贾哲. 软件定义网络安全技术研究[J]. 无线电工程, 2016, 46(4): 13-17.

[27] DIEGO K, RAMOS F, VERISSIMO P. Towards secure and dependable software-defined networks[C]//Proceedings of the Second ACM SIGCOMM Workshop on Hot Topics in Software Defined Networking. 2013: 55-60.

[28] AHMED K, ZOU X, ZHOU W X, et al. Veriflow: verifying network-wide invariants in real time[C]//The 10th USENIX Symposium on Networked Systems Design and Implementation (NSDI). 2013: 15-27.

[29] HU H X, HAN W Y, AHN G J, et al. FLOWGUARD: building robust firewalls for software-defined networks[C]//Proceedings of the Third Workshop on Hot Topics in Software Defined Networking. 2014: 97-102.

[30] SEUNGWON S, YEGNESWARAN V, PORRAS P, et al. Avant-guard: scalable and vigilant switch flow management in software-defined networks[C]//Proceedings of the 2013 ACM SIGSAC Conference on Computer & Communications Security. 2013: 413-424.

[31] HE L, LI P, GUO S, et al. Byzantine-resilient secure software-defined networks with multiple controllers[C]//2014 IEEE International Conference on Communications (ICC). 2014: 695-700.

[32] MOHAN D, PODDAR R, MAHAJAN K, et al. SPHINX: detecting security attacks in software-defined networks[C]//NDSS. 2015: 8-11.

[33] LIU Y B, LU X Y, YI J, et al. SDSA: a framework of a software-defined security architecture[J]. China Communications, 2016, 13(2): 178-188.

[34] 刘文懋, 裘晓峰, 陈鹏程, 等. 面向 SDN 环境的软件定义安全架构[J]. 计算机科学与探索, 2015, 9(1): 63-70.

[35] AMANN J, SOMMER R. Providing dynamic control to passive network security monitoring[C]//International Workshop on Recent Advances in Intrusion Detection. 2015: 133-152.

[36] YU T L, FAYAZ S K, COLLINS M P, et al. PSI: precise security instrumentation for enterprise networks[C]//NDSS. 2017: 1-15.

[37] KAVEH F S, CHIANG L, SEKAR V, et al. Enforcing network-wide policies in the presence of dynamic middle box actions using flow tags[C]//11th USENIX Symposium on Networked Systems Design and Implementation (NSDI). 2014: 543-546.

[38] WU W F, ZHANG Y, BANERJEE S. Automatic synthesis of NF models by program analysis[C]//Proceedings of the 15th ACM Workshop on Hot Topics in Networks. 2016: 29-35.

云计算虚拟化环境代码完整性校验
及其在密码运算云服务可控使用的应用

蔡权伟，林璟锵

中国科学院信息工程研究所
中国科学院数据与通信保护研究教育中心

摘　要： 随着虚拟化技术的发展，越来越多的服务被部署在云计算虚拟化环境。相比于部署在虚拟机内部的安全机制，在虚拟机监控器（VMM，Virtual Machine Monitor）中实施安全机制能够提供更好的保障，基于 VMM 的代码完整性校验能够防止虚拟机中的敏感应用被攻击者篡改和利用。然而，目前已有公开的 VMM 代码完整性校验方案无法同时提供细粒度保护和透明部署。Patagonix 和 HIMA 无法指定被保护的应用，对虚拟机中所有代码进行校验，非敏感应用的升级维护会受到影响；InkTag、AppShield 和 AppSec 需要被保护的虚拟机或敏感应用集成特定模块以触发完整性校验，影响功能部署。

本文提出改进的基于 VMM 的代码完整性校验系统——TF-BIV（Transparent and Fine-grained Binary Integrity Verification），利用 CPU 硬件虚拟化支持（如 Intel EPT）和硬件调试特性完成敏感应用及相关代码的细粒度识别和完整性校验，被保护的虚拟机和敏感应用无须任何改动即可实现完全的透明部署，而且可以灵活指定被保护的敏感应用。本文基于 TF-BIV 完成了密码运算服务的可控使用方案，当密码运算服务的授权调用进程代码完整性未被破坏时，才能使用密码运算服务，从而防止攻击者控制或篡改调用进程以非法调用密码运算服务。本文基于 QEMU-KVM 实现了 TF-BIV 原型系统，验证了功能有效性和测量了效率（引入的性能代价约为 3.6%）。

■ 一　背景介绍

云计算具备动态可扩展、按需部署和可靠性高等特点，能够显著降低计算、存储和网络资源的部署和维护成本，越来越多的网络应用被部署在云计算虚拟化环境。全球云管理服务厂商 RightScale 和数据统计互联网公司 Statista 的调查报告显示，从 2013 年到 2018 年，全球云计算用户数量从 24 亿增加到 36 亿，94% 的 IT 从业者所在组织正在使用云计算服务。虚拟机和云服务是两种典型的云计算服务模式，虚拟机为每个用户提供了运行环境，云服务则为网络应用提供了各种典型服务（包括数据库服务、日志服务等）。随着信息安全日益被重视，主流云服务提供商开始提供密钥管理和加密等密码运算云服务，如亚马逊、谷歌、微软和阿里提供了密钥管理服务（KMS），包括 AWS KMS、谷歌云 KMS、微软 Key Vault 和阿里云 KMS 等，亚马逊和谷歌提供了加密云服务，包括 AWS 加密服务和谷歌云加密服务等。

网络应用的安全运行需要保证其代码不被非法篡改，云计算技术为网络应用的代码完整性提供了新的解决思路。尽管租户可以在虚拟机中部署防病毒软件、防火墙等以提高系统安全性，但 Rootkit、零日漏洞（如 CVE-20188492、CVE-20190247、CVE-20196250）等能够破坏或绕过虚拟机的安全机制。在云计算虚拟化环境中，将代码完整性校验功能部署在虚拟机监控器中，能够保证即使虚拟机被敌手完全控制，仍然能够有效验证敏感应用的代码完整性。在 VMM 中部署完整性校验功能，实时识别在虚拟机中的恶意代码，云服务提供商能够为租户的核心服务系统提供高强度的安全保护。

基于 VMM 的代码完整性校验系统，对虚拟机中指定的敏感应用代码进行持续的、全方位的完整性校验，覆盖指定应用的全生命周期，覆盖应用自身代码及其所依赖的组件（如调用的操作系统内核服务和运行时库文件等）。同时，还应具备如下特性。

（1）隔离性

完整性校验系统应与虚拟机彻底隔离，虚拟机操作系统和其他应用代码无法影响完整性校验过程，无法篡改完整性校验结果。

（2）一致性

为了保证完整性校验结果的有效应用，应保证所有时刻的运行状态都经过验证，即校验输入与运行代码严格一致。

（3）透明性

为了更好地部署和维护，完整性校验系统不应要求修改虚拟机操作系统或应用代码，即租户不需要更改网络应用服务系统。

（4）细粒度

租户关注的网络应用服务系统通常只是虚拟机众多应用程序的一部分，所以应允许租户指定需要完整性校验保护的敏感应用代码。细粒度特征使租户能够在实现重要网络应用服务代码完整性的同时，便捷、不中断地更新非核心服务组件。

已有公开的基于 VMM 的代码完整性校验系统[1-5]无法同时满足上述 4 个特性。Patagonix[1]和 HIMA[2]支持对虚拟机中所有的代码进行完整性校验，无法指定敏感应用，不支持细粒度特性，且性能开销较大。InkTag[3]、AppShield[4]和 AppSec[5]需要修改虚拟机操作系统或敏感应用代码，不满足透明性，大大增加了部署成本。En-ACCI[6]用于在云计算虚拟化环境中提供密码运算服务的访问控制，具备隔离性、透明性和细粒度，但不能实现严格的一致性，即无法完全保证密码运算服务调用时系统状态与完整性校验时的一致性。

密码运算云服务等关键云服务日趋盛行，基于 VMM 的代码完整性校验系统的需求变得更为迫切。密码运算云服务为租户的敏感应用提供密码运算（数据加解密、数字签名等），一旦被非授权地调用，将造成无法估量的损失。例如，攻击者非授权地调用 CA 的数字签名运算，签发网络银行的"合法"数字证书，将影响该网络银行的众多用户。目前，密码运算云服务提供商采用诸多安全措施以保护密钥安全性，如采用符合 FIPS 140-2 标准的密码模块保护密钥，但密码运算服务的访问控制仍存在明显不足。

（1）密码运算云服务的访问控制主要依赖于 ID 和口令。尽管密码运算云服务的密码算法和密钥均满足安全要求，脆弱的口令将成为攻击利用的短板，导致密码运算服务被非授权调用。一方面，6~8 个字符的口令远小于密钥空间；另一方面，有诸多攻击[7-8]使敌手能够窃取口令。

（2）现有密码运算云服务也有进一步的授权控制，但只能针对虚拟机、不能授权给具体的应用。攻击者利用虚拟机操作系统或其他应用代码的软件漏洞，就可以执行恶意进程，结合窃取的口令，非授权地调用密码运算服务。

基于 VMM 的代码完整性校验系统，为密码运算云服务等提供了有效的安全增强机制。通过对指定的敏感应用及其依赖的系统组件（操作系统内核服务和运行时库文件等）进行代码完整性校验，将敏感云服务的授权范围由虚拟机细化为具体的应用进程。代码完整性校验系统部署在 VMM 中，与虚拟机隔离，在攻击者完全控制虚拟机时仍能保证重要云服务的受控使用。

■ 二　关键科学问题与挑战

基于 VMM 的代码完整性校验系统的关键科学问题在于：如何同时满足隔离性、一致性、透明性和细粒度，且保证系统的高效性。隔离性和一致性是基本要求[1-5]；透明性和细粒度则是相互矛盾制约的要求。主要挑战包括如下两方面。

（1）准确识别敏感应用对应进程的创建。拥有虚拟机管理员权限的攻击者能够通过 DKSM[9]等方式篡改虚拟机操作系统的内存布局，所以代码完整性校验系统不能依赖虚拟机操作系统的 profile 来解析虚拟机的状态信息，不能借此来识别敏感应用进程的创建。根据透明性要求，代码完整性校验系统也不能借助虚拟机或网络应用的主动通知来识别敏感应用进程。

（2）准确识别敏感应用进程所依赖的组件代码。敏感应用除了运行本身的代码之外，还依赖操作系统内核服务、调用各种共享库的功能等；共享库代码是被动态地映射到敏感应用的进程空间，所以需要对敏感应用进程的页表进行持续监控，并保证对该进程的所有代码均进行完整性校验。

将基于 VMM 的代码完整性校验系统用于密码运算云服务的访问控制，还需要考虑如何有效地关联密码运算云服务与虚拟机进程。例如，针对基于网络接口的密码运算云服务（AWS KMS、谷歌云 KMS、微软 Key Vault、阿里云 KMS、AWS 加密服务和谷歌云加密服务），应该有效地关联网络连接与具体的虚拟机进程。针对基于驱动接口的密码运算云服务，应该有效地关联文件句柄与具体的虚拟机进程。

■ 三　国内外相关工作

针对不同应用场景，目前已有多个基于 VMM 的代码完整性校验方案。为了及时发现 rootkit 和恶意进程，Patagonix[11]和 HIMA[2]对虚拟机中所有二进制代码进行完整性校验。当虚拟机加载执行任何二进制文件时，均会触发虚拟机退出（VM Exit），转入 VMM 对该二进制文件进行完整性校验。Patagonix 和 HIMA 不支持细粒度，利用影子页表监控虚拟机所有进程的页表更新，对虚拟机所有进程空间加载的代码页进行完整性校验。在 Patagonix 和 HIMA 中，因为 VMM 需要监控所有影子页表的更新，同步所有影子页表，并完成所有代码页的完整性校验，性能开销较大。

为了保护在不可信操作系统中运行的敏感应用，InkTag[3]、AppShield[4]和 AppSec[5]利用 Intel EPT 技术为指定敏感应用构造隔离执行环境。Intel EPT 是 Intel 提供的硬件机制，用于虚拟机物理地址（GPA）到宿主机物理地址（HPA）的映射。上述三个方案均为虚拟机构造了两个 EPT 页表：安全 EPT 页表和普通 EPT 页表。安全 EPT 页表用于虚拟机中敏感应用的地址映射，普通 EPT 页表用于其他进程的地址映射。设定敏感应用程序的所有资源只能通过安全 EPT 页表访问，为敏感应用构造隔离的执行环境。上述三种方案均实现了代码完整性校验功能，但都不具备透明性。为了标识敏感应用对应的进程，Inktag、AppShield 和 AppSec 都需要修改虚拟机。例如，Inktag 和 AppShield 要求敏感应用调用 hypercall 向 VMM 注册敏感应用，AppSec 要求修改虚拟机的加载器以区分敏感应用进程与其他进程，InkTag 还要求敏感应用使用静态编译共享库以避免共享库的完整性校验。

相比于密钥保护和密码算法安全实现，密码运算服务的访问控制重视程度不足，已有方案难以应用在云计算虚拟化环境。传统的密码运算服务访问控制均需要人工接触密码运算设备，如要求用户在 U 盾上按键确认，但云环境中用户无法直接物理接触密码运算设备。Virtio-ct[10]采用蜂鸣器方式提醒用户密码运算服务被调用，在单机使用或私有云场景中能够及时发现密码运算服务被调用，但在公有云环境中，租户与宿主机不在相同的物理位置，无法发现宿主机的蜂鸣器提醒。

■ 四　创新性解决方法

针对云计算虚拟化环境中代码完整性保护，本文提出一种基于 VMM 的代码完整性校验系统——TF-BIV，该系统同时具备隔离性、一致性、透明性和细粒度。TF-BIV 利用硬件虚拟化支持（如 Intel EPT）和硬件调试特性完成敏感应用及相关代码的细粒度识别和完整性校验，并对校验后的代码提供写保护以提供一致性；被保护的虚拟机和敏感应用无须任何改动即可实现完全的透明部署，而且可以灵活指定被保护的敏感应用。

完成了密码运算服务的可控使用方案，仅当密码运算服务的授权调用进程代码完整性未被破坏时，才能使用密码运算服务，从而防止攻击者控制或篡改调用进程以非法调用密码运算服务。

4.1　预备知识

TF-BIV 通过设置 VMCS（Virtual Machine Control Structure），在相应事件（如目标进程的创建、代码执行和修改等）发生时触发虚拟机退出，以完成在 VMM 中的代码完整性校验；基于 Intel EPT 技术，及时发现代码页的执行和修改，监控进程页表信息。在密码运算云服务访问控制方案中，借助虚拟机自省（VMI，Virtual Machine Introspection）技术，有效地关联密码运算服务与虚拟机的调用进程。本节对相关内容进行简要介绍。

现代处理器为虚拟化提供了硬件支持，以提高虚拟化性能。Intel VT-x 提供了新的硬件指令和两种工作模式（VMX root 模式和 VMX non-root 模式）。虚拟机运行在 VMX non-root 模式下，当需要执行特权指令时，触发虚拟机退出，切换到 VMM（工作在 VMX root 模式）完成特权指令的处理。Intel 提供了 VMCS 数据结构，使 VMM 能够监控并处理虚拟机中的指定事件。如设置 VMCS 的 CR3-load exit，能够监控虚拟机的进程切换（创建）事件；设置 VMCS 的 MTF（Monitor Trap Flag），则虚拟机的每条指令均会触发虚拟机退出，用于系统调试。

虚拟机物理地址需要解析成宿主机物理地址，以完成数据和指令的读写。Intel 提供了 EPT（Extended Page Table）来实现 GPA 与 HPA 之间的快速映射。EPT 页表的条目包含 GPA 对应内存页的访问权限（读、写和执行），当虚拟机中的内存访问违反权限时，将触发 EPT Violation，引起虚拟机退出，在 VMM 中的错误处理程序将接收到该事件并完成相应处理。

由于 VMM 独立于虚拟机操作系统，目前已有多种部署在 VMM 中的安全增强机制（如入侵检测[11]、软件补丁[12-13]和数字取证[14]等），通过 VMI 技术，获取解析虚拟机的语义信息。通过对虚拟机特定事件的监控，VMI 能够获取虚拟机的部分信息。例如，Antfarm[15]通过监控 CR3 寄存器，能够跟踪虚拟机的进程创建、切换和退出。为了获取虚拟机的高层语义信息，VMI 需要虚拟机操作系统的 profile 信息（如系统符号表、内核数据结构等），以完成对虚拟机内存空间的解析[5,11]。然而，拥有虚拟机操作系统管理员权限的攻击者能够篡改内核数据结构[9]，导致 VMI 获取的语义信息不正确。TF-BIV 借助 VMI 语义信息加速完整性校验过程，但错误语义信息不会影响校验结果。

4.2 威胁模型

TF-BIV 的安全假设和威胁模型如下。

（1）安全假设

TF-BIV 的安全假设与现有基于 VMM 的代码完整性校验系统一致。

① TF-BIV 假设所有底层的硬件和固件是可信的，CPU 各项功能（如内存管理、进程切换、权限隔离）均正确实现，CPU 硬件虚拟化技术（如 Intel VT-x、VMCS、EPT、MTF等）均按照预期提供各项功能。② TF-BIV 假设 VMM 正确实现，为虚拟机提供隔离的执行环境，正确管理计算、存储、网络等资源，并向虚拟机提供所分配的资源。VMM 安全性可以通过 HyperCheck[16]、HyperSafe[17]和 XMHF[18]等方案获得。

TF-BIV 用于静态二进制代码的完整性校验。TF-BIV 不支持即时编译器（JIT, Just in Time）或动态二进制技术生成的代码。TF-BIV 依赖标准哈希值对二进制文件的完整性进行校验，所有标准哈希值都是在安全环境中预先计算，并通过安全通道传输到VMM 中。

（2）威胁模型

为破坏虚拟机中敏感应用对应进程（称为 S-process）的代码完整性，攻击者可在敏感应用的分发、部署和执行阶段发起篡改。例如，攻击者可在网络应用二进制文件的下载过程中，劫持网络连接或构造虚假下载地址；利用敏感应用或其依赖组件的软件漏洞，在程序运行期间将恶意代码注入 S-process 进程空间；利用虚拟机操作系统漏洞[19]将恶意代码注入 S-process 进程空间或直接篡改 S-process 代码。

考虑到如下威胁：攻击者通过多种方式篡改合法调用进程的代码或者利用社会工程学、暴力穷举等方式获取调用者的 ID 和口令，进而非授权地调用密码运算服务。所以本文将TF-BIV 用于密码运算云服务的访问控制。

4.3 TF-BIV 系统设计

TF-BIV 基于 CPU 硬件虚拟化特性实现了对虚拟机中敏感应用的代码完整性校验。本节首先介绍 TF-BIV 总体方案，然后描述 S-process 的识别、S-process 的内存监控，说明如何通过一系列虚拟机退出事件实现对 S-process 全生命周期的代码完整性校验，并解释对可加载内核模块及混合页的处理。最后，描述如何将 TF-BIV 用于密码运算云服务的访问控制。

4.3.1 系统概述

TF-BIV 实现了 S-process 全生命周期的代码完整性校验，且具备隔离性、一致性、透明性和细粒度。如图 1 所示，TF-BIV 部署在 VMM 中，在不依赖虚拟机操作系统和敏感应用的前提下，透明地检测虚拟机的 4 种事件。

（1）S-process 的创建与切换

CR3 寄存器变化表明虚拟机有进程切换，TF-BIV 监控 CR3 寄存器值发现进程切换，检查该进程对应代码页的哈希值，确定是否为 S-process。

（2）S-process 页表更新

S-process 的二进制代码、S-process 所依赖的共享库将在运行过程中被映射到 S-process 的进程地址空间。共享库代码可能同时被 S-process 和其他进程所使用。TF-BIV 监控 S-process 页表内容，发现被映射到 S-process 进程地址空间的代码页，从而及时地进行完整性校验。

（3）S-process 进程空间代码页的执行

为实现对 S-process 地址空间所有代码页的完整性校验，TF-BIV 应在 S-process 地址空间中所有代码页执行前对其进行完整性校验。

（4）S-process 进程空间代码页的修改

在 S-process 地址空间中某代码页被校验后，应监控其修改，以便在修改后代码页再次执行前对其进行完整性校验。TF-BIV 通过监控代码页的修改确保一致性，即完整性校验的输入与系统运行状态保持一致。

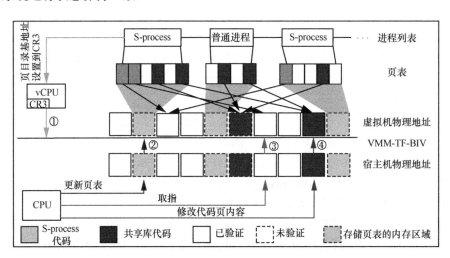

图 1　TF-BIV 架构

TF-BIV 通过 Intel EPT 和 VMCS 的配置，注册虚拟机退出事件处理程序，实现了对上述事件的监控。虚拟机中发生任意一种事件，将触发虚拟机退出，相应的处理程序将完成对 S-process 所有相关代码的全生命周期完整性校验。相应的虚拟机退出事件包括以下 4 种。

（1）CR3-load exiting

当虚拟机 CR3 寄存器发生变化时，触发虚拟机退出[20]。在相应的处理程序中，通过该进程对应的代码页识别 S-process，监控 S-process 的创建和切换。

（2）MTF exiting

TF-BIV 设置 S-process 页表所对应内存空间的写权限，及时发现对 S-process 页表的修改。TF-BIV 设置 VMCS 的 MTF exiting 控制位，在 S-process 页表更新时，启用单步执行模式，跟踪页表更新操作。在页表更新操作完成时，TF-BIV 将 S-process 页表对应的内存空间设置为不可写，确保可以监控 S-process 页表的后续更新。同时，将首次映射到 S-process 地址空间的代码页设置为不可执行，以触发代码完整性校验。

（3）EPT non-executable (NX) exiting

TF-BIV 设置 S-process 代码页对应 EPT 条目的不可执行位（NX-bit），监控 S-process 进程空间代码页的执行，以确保代码页在执行前均完成了完整性校验。

（4）EPT non-writable (NW) exiting

对于已校验过的代码页，TF-BIV 设置对应 EPT 条目的不可写位（NW-bit），实现对 S-process 进程空间代码页修改行为的监控。相应代码页的修改会触发虚拟机退出，在相应的错误处理程序中，TF-BIV 再次将修改后的代码页设置为不可执行，从而实现对 S-process 的持续监控，确保一致性。

TF-BIV 完成对 S-process 所有相关代码的完整性校验，包括 S-process 自身代码、操作系统内核、可加载内核模块（LKM，Loadable Kernel Module）和 S-process 所依赖的共享库。TF-BIV 将 S-process 地址空间中各代码页的哈希值与预先产生的标准值对比，以验证相应代码的完整性。为了生成标准哈希值，TF-BIV 在离线的安全计算环境中，解析二进制代码，生成相应的哈希值，并通过安全信道传输到 VMM 中；当二进制文件发生变化时，需及时更新相应的标准值。

操作系统内核代码在加载完成之后不再变化，所以 TF-BIV 采用 Patagonix[1]的技术方案来验证操作系统内核完整性：在操作系统内核代码执行前，验证其完整性，然后将其设置为不可写。TF-BIV 的主要技术挑战包括 S-process 代码、LKM 和 S-process 所依赖共享库的代码完整性校验。

4.3.2　敏感进程的识别

为了识别 S-process，TF-BIV 维护了两个链表，一个记录虚拟机中所有进程的 CR3 寄存器值，另一个记录虚拟机中所有 S-process 的 CR3 寄存器值。CR3 寄存器值为该进程对应页表目录的物理地址，在一个进程被切换执行时，需要将其页表目录的物理地址加载到 CR3 寄存器中，以支持该进程的内存寻址。在 CR3-load exiting 事件处理程序中，TF-BIV 首先比较当前 CR3 寄存器值，判断是否为新创建的进程；针对新创建的进程，TF-BIV 遍历该进程的页表，获取映射到该进程地址空间的代码页物理地址，以及相应的代码页内容，计算其哈希值，与敏感应用代码页的标准值进行比较，判定其是否为 S-process 进程，并记录在相应的链表中；针对已有的进程，TF-BIV 通过 S-process 的 CR3 寄存器值链表，判定其是否为 S-process。

4.3.3　内存布局的监控

为了实现对 S-process 所有相关代码的完整性进行校验，TF-BIV 需要标识出所有映射到 S-process 进程地址空间的代码页。TF-BIV 监控 S-process 进程页表的更新来发现新映射的代码页并识别新映射的代码页，确定对应的二进制文件，实现完整性校验。

（1）监控页表更新

TF-BIV 通过 MTF exiting 和 EPT non-writable（NW）exiting 的组合使用，对 S-process 页表的更新进行持续监控。当发现新创建的进程属于 S-process 时，TF-BIV 通过 CR3 寄存器确定该 S-process 页表的内存页集合，并设置相应 EPT 条目的权限位，设置其为不可写；在相应的 EPT non-writable exiting 处理程序中，更改对应 EPT 条目的权限位，以允许对页表更新，并设置 VMCS 的 MTF 位，监控 S-process 页表的更新操作。在 MTF exiting 处理程序中，TF-BIV 将新映射到 S-process 地址空间的代码页设置为不可执行，保证在代码页执行时会触发 EPT non-executable（NX）exiting 以实现对代码页完整性校验。同时 TF-BIV 跟踪 S-process 的页表更新操作，当 S-process 页表更新操作完成时，TF-BIV 取消 VMCS 的 MTF 位，并重新设置 S-process 页表对应内存页集合的 EPT 条目，将其设置为不可写，确保持续监控 S-process 内存页的更新操作。

（2）识别新映射的内存区域

通过监控 S-process 页表，当新的代码页被映射到 S-process 地址空间时，需要识别出该代码页对应的二进制文件，以完成代码完整性校验。由于地址空间布局随机化（ASLR）技术广泛应用，无法直接使用代码页的虚拟地址获取其对应的二进制文件及该代码页在二进制文件中的偏移。为了准确获取新映射代码页对应的二进制文件及偏移信息，TF-BIV 计算新映射代码页的哈希值，并将其与 S-process 对应二进制文件所依赖的各个库文件的所有代码页的标准值进行比较，以确定新映射代码页与库文件之间的映射关系。上述过程没有借助 VMI，不依赖虚拟机 profile 信息，但性能开销较大。

在确保校验结果正确的前提下，TF-BIV 进一步利用 VMI 提取的虚拟机操作系统部分语义信息，加速新映射代码页的识别。攻击者无法通过控制 VMI 信息，绕过 TF-BIV 的完整性校验。因为攻击者只能篡改 VMI 语义信息，将新映射的代码对应到错误的二进制文件，由于 S-process 对应二进制文件所依赖的库文件哈希值是事先已知的，上述攻击使正确敏感应用的完整性校验失败，导致拒绝服务攻击缺陷，但恶意代码始终不能在 S-process 地址空间中被执行。

4.3.4 代码完整性校验

在完成 S-process 的识别并监控和识别映射到 S-process 地址空间的代码页之后，TF-BIV 设置相应代码页对应 EPT 条目的权限位，实现对代码页的完整性校验，确保仅通过完整性验证的代码能在 S-process 地址空间中被执行。TF-BIV 确保相应的代码页不会同时具备写权限和执行权限（W⊕X）以实现代码的完整性校验。在代码页被映射到 S-process 地址空间时，将其设置为不可执行，在 EPT non-executable exiting 处理程序中，TF-BIV 对代码页进行完整性校验，并将相应的 EPT 条目设置为不可写。同时，在 EPT non-writable exiting 处理程序中，TF-BIV 设置相应内存页为不可执行，保证该内存页再次执行时，会触发 EPT non-executable exiting 以完成代码完整性校验。

在代码完整性校验过程中，TF-BIV 需要识别并区分操作系统内核代码、S-process 相关代码及无关代码，从而调用相应的完整性校验处理过程。S-process 相关代码是指映射到 S-process 地址空间的代码，包括 S-process 对应二进制文件自身代码及其依赖的库文件代码。

TF-BIV 根据 CR3 寄存器值、GVA 和 GPA 完成三类代码的分类，然后进行相应的代码完整性校验。

4.3.5 混合页的处理

混合页指在一个内存页中同时包含代码和数据。虽然已有多种消除混合页的方案被提出甚至已部署在 Linux 内核中，混合页仍然大量存在[21]。由于混合页中同时包含了代码和数据，为保证系统的正常运行，需要同时设置该内存页的执行权限和写权限，这与 TF-BIV 的工作原理相互矛盾。

TF-BIV 基于 Intel EPT 技术，将混合页对应的地址映射到两个不同的内存页，其中一个内存页中仅包含混合页对应的数据，另一个内存页仅包含代码，从而能够支持通过 W⊕X 实现代码完整性校验。在混合页加载时，TF-BIV 将该内存页中的所有数据复制到新的物理页，并在新物理页中使用 NOP 指令覆盖所有非代码区域。在新物理页上执行完整性校验，若校验通过，TF-BIV 将原始物理页面的 EPT 条目设置为不可执行，但可读可写，并将新物理页设置为可执行，但不可读不可写。

在进程加载之处，混合页被映射到原始的物理页。当需要执行混合页中的代码时，将触发虚拟机退出，在相应的处理程序中，TF-BIV 修改 EPT 条目将其映射到新的物理页，以完成代码执行。当需要操作混合页的数据时，将触发虚拟机退出，此时相应的处理程序再次修改 EPT 条目将其映射到原始的物理页，以完成数据的读写。由于指令 TLB（iTLB）和数据 TLB（dTLB）分别独立缓存了代码和数据对应的 GPA 到 HPA 的映射，所以上述的混合页处理并不会频繁触发虚拟机退出，不会影响 TF-BIV 的效率。

4.4 与密码运算云服务的集成

TF-BIV 支持在 VMM 对虚拟机中指定进程的代码完整性校验。本节将描述如何基于 TF-BIV 为密码运算云服务提供进程级别的访问控制机制，即将密码运算云服务授权给指定的进程（对应的二进制文件），并对该进程的代码进行完整性校验，保证仅允许完整性未被破坏的授权进程调用密码运算云服务。

密码运算云服务的用户在使用密码运算服务前，指定密码运算云服务的授权应用集合。TF-BIV 对授权应用进行分析，确定其依赖的共享库，并在可信计算环境中计算授权应用（对应进程同样称为 S-process）、依赖的共享库、操作系统内核及允许安装的 LKM 标准哈希值，并将这些值通过安全信道传输给 TF-BIV，存储在数据库中。

TF-BIV 支持对多种不同类型密码运算云服务的访问控制，本文以基于网络连接的密码运算云服务为例，描述如何将 TF-BIV 应用在密码运算云服务的访问控制中。如图 2 所示，TF-BIV 负责识别出授权应用对应的进程（S-process），对 S-process 所依赖的所有代码进行全生命周期的完整性校验，维护完整性未被破坏的 S-process 链表。当虚拟机有进程调用密码运算云服务时，将触发虚拟机退出，相应的处理程序通过 TF-BIV 判定调用进程是否为授权进程。在将密码运算服务请求发送到密码运算服务之前，以及将密码运算结果返回给调用进程前，部署在 VMM 的访问控制模块均会检查调用进程是否在 S-process 进程链表中。仅当调用进程位于 S-process 进程链表中时，访问控制模块才会通知 VMM 的网络处理模块把密码请求发送给密码运算云服务，并将计算结果返回给调用进程。

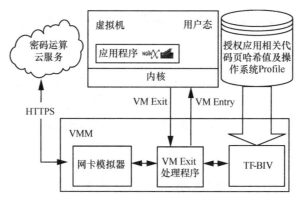

图 2　与密码运算云服务的集成

对于基于网络连接的密码运算云服务（如 AWS KMS 和阿里云 KMS），密码请求和计算结果通过 HTTPS 传输，所以本文将关联密码运算云服务的访问控制模块和 VMM 网卡模拟器后端驱动，实现密码运算云服务的可控使用。通过密码运算云服务提供商的 IP 地址及服务端口，访问控制模块识别出密码运算云服务对应的 HTTPS 连接，并通过该 HTTPS 连接确定虚拟机的调用进程，结合 TF-BIV 提供的 S-process 列表完成访问控制。若该调用进程不在 TF-BIV 提供的 S-process 进程链表中，访问控制模块将直接拒绝该 HTTPS 连接。

为了确定目标 HTTPS 连接所对应的调用进程，本文借助 VMI 完成了对 task_struct、mm_struct、files_struct、fdtable 和 file 内核数据结构以及 init_task、socket_operation 和 socket_dentry_operation 内核符号的语义信息解析。为保证上述语义信息的正确性，在 TF-BIV 已有的安全假设之外，还需要假设虚拟机操作系统上述内核数据结构和内核符号的内存布局信息未被篡改。同时可以通过集成 OSck[22]或 KI-MON[23]公开方案来保证所获得语义信息的正确性。

五　有效性分析

本节首先对 TF-BIV 的有效性进行理论分析；然后描述 TF-BIV 原型系统的实现，并通过实验验证 TF-BIV 的有效性和高效性，以及其在密码运算云服务访问控制中的应用。

5.1　安全分析

TF-BIV 实现了对 S-process 所有相关代码的完整性校验。S-process 相关的代码包括操作系统内核代码、LKM 代码、应用程序代码和该应用所依赖的共享库代码。其中，操作系统内核代码在虚拟机启动时进行完整性校验，LKM 在加载过程中被识别并进行完整性校验，用户空间中与 S-process 进程相关的代码（即应用程序自身代码和该应用所依赖的共享库代码）在其执行前均会由部署在 VMM 中的 TF-BIV 进行完整性校验。

TF-BIV 根据 GVA 和页表信息识别 S-process 所有相关代码，其识别和校验过程不依赖虚拟机操作系统 profile，能够保证识别和校验结果的准确性。尽管 TF-BIV 基于 VMI 解析得到的部分内核数据结构加速了 S-process 相关代码的识别，但攻击者无法通过篡改内核数据结构从而在 S-process 地址空间中执行恶意代码。攻击者仅能使代码页与对应二进制文件的关联错误，导致获取标准值不是对应的杂凑值，完整性校验失败，该代码页被错误地判定为恶意代码而无法执行，引起拒绝服务攻击。通过将完整性校验失败的代码页与所有的标准值逐一比对，不依赖于虚拟机操作系统的内核数据结构，能够缓解上述攻击缺陷，但降低了效率。

TF-BIV 实现了对 S-process 相关代码的全生命周期完整性校验和监控。如果 S-process 相关代码的恶意篡改发生在其加载到内存之前，由于代码页哈希值与标准值不同，无法通过完整性校验，从而无法执行。如果 S-process 相关代码的篡改行为发生在运行阶段，如攻击者通过 S-process 的漏洞（如缓冲区溢出、格式化字符串溢出等）或 double mapping attack 等攻击手段篡改 S-process 内存代码或将恶意代码映射到 S-process 内存地址空间。TF-BIV 能够在虚拟机退出事件处理中及时发现这些破坏 S-process 代码完整性的行为。通过 Intel EPT 技术实现对 S-process 地址空间的持续监控，当 S-process 地址空间的代码被修改时，Intel EPT 机制将会触发对修改后代码页的再次完整性验证。

TF-BIV 能够有效防止攻击者在不修改任何代码页的情形下在 S-process 地址空间中执行恶意代码。在不修改任何代码页的前提下，攻击者有两种方式在 S-process 地址空间中执行恶意代码：一种是通过 address mapping manipulation attack[4]将具有执行权限的恶意代码映射到 S-process 地址空间中，以绕过完整性校验；另一种是将 S-process 中的某个物理页映射到普通进程中，该普通进程无须代码完整性校验，使该物理页具有执行权限。TF-BIV 采用 Intel EPT 实现对 S-process 页表的监控，当任意代码页被映射到 S-process 进程空间时，无论其是否具备执行权限，TF-BIV 均会将其设置为不可执行以触发后续的完整性校验，从而能够有效防范此类攻击。

5.2 系统实现与性能评估

我们在 QEMU-KVM 1.7.1 中实现了 TF-BIV 原型系统，并且将其应用于密码运算云服务的访问控制。

5.2.1 TF-BIV 实现

TF-BIV 是作为 KVM 组件来实现的，其采用 C 语言开发，代码少于 1 000 行。TF-BIV 注册了 4 个虚拟机退出事件：CR3-load exiting、MTF exiting、EPT NW exiting 和 EPT NX exiting。在 CR3-load exiting 处理程序中，TF-BIV 实现对 S-process 创建事件的追踪；通过 MTF exiting 和 EPT NW exiting 的组合使用，TF-BIV 实现对 S-process 内存布局（即页表）的监控；通过 EPT NW exiting，TF-BIV 实现对 S-process 代码页修改行为的监控；在 EPT NX exiting 的处理程序中，TF-BIV 完成对 S-process 相关代码页的完整性校验。TF-BIV 通过调用 KVM 提供的 vmcs_write 函数设置 VMCS 结构体的标志位，以注册 CR3-load exiting 和 MTF exiting 事件；通过设置 EPT 中 pte 条目的权限位，以注册 EPT NW exiting 和 EPT NX exiting 事件。

5.2.2 与密码运算云服务的集成

通过将 TF-BIV 与密码运算云服务进行集成，为密码运算云服务提供进程级的访问控制。在将 TF-BIV 应用到密码运算云服务访问控制时，需要识别出密码运算云服务所对应的网络连接、文件句柄，根据该网络连接或文件句柄确定虚拟机中对应的调用进程，进而根据 TF-BIV 维护的 S-process 实时链表完成访问控制。

针对基于网络连接的密码运算云服务，通过修改 QEMU 中的 e1000 网卡模拟器（修改的代码不超过 400 行），实现基于 TF-BIV 的密码运算云服务可控使用。在 e1000 网卡模拟器，在数据包发送函数 e1000_send_packet 和接收函数 e1000_receive_iov，根据密码运算云服务提供商的 IP 地址和服务端口，标识调用密码运算云服务的网络连接；利用 VMI 技术分析获取该网络连接对应的调用进程；进而根据 TF-BIV 维护的 S-process 链表，确定该进程是否有权限调用密码运算云服务。如果有调用权限，则 e1000_send_packet 和 e1000_receive_iov 正常处理数据包；否则数据包将被直接丢弃。

在关联网络连接与调用进程时，VMI 需要借助操作系统 profile 信息完成语义信息解析。可先在可信计算环境中通过 Volatility（参见 GoogleCode 上的 VolatilityFramework）和 dwarf-tools 生成操作系统 profile，为 VMI 提供必要支撑。

5.2.3　性能评估

本文在实验环境中对 TF-BIV 所引入的性能开销进行了评估；在 Dell Optiplex 9020 主机（Intel i7-4770 CPU、16GB 内存）上部署了 TF-BIV，运行 Linux Kernel v3.13 和 QEMU v1.7.1 为虚拟机提供执行环境；为虚拟机分配了 4 个 vCPU 和 4 GB 内存，虚拟机操作系统为 Linux Kernel v3.13.7。

本文通过 Bootchart 工具评估了 TF-BIV 对虚拟机操作系统启动所造成的影响，TF-BIV 引入的性能开销约为 1.49%。

本文通过 SPECINT 2006 性能测试组件评估了 TF-BIV 对虚拟机处理性能的影响，构造了三种场景。① 虚拟机中执行 SPECINT 2006 测试程序（对应 Native）。② 部署 TF-BIV 但指定的 S-process 为空（对应 TF-BIV）。③ 部署 TF-BIV，且有一个每 5 s 调用一次密码运算服务的进程被指定为 S-process。实验结果如图 3 所示，TF-BIV 引入的性能开销不超过 3.6%。

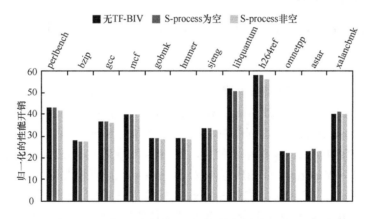

图 3　SPECINT 2006 性能测试

本文将 TF-BIV 与密码运算云服务进行集成，提供进程级的访问控制，并通过 HTTPS 服务调用密码运算云服务完成 RSA-2048 解密操作；在此基础上评估基于 TF-BIV 的访问控制性能开销。本文在虚拟机中运行 Apache 服务，其调用部署在其他主机上 RSA-2048 解密服务以支持 HTTPS，httpd 进程则被设置为 S-process。实验结果如图 4 所示，基于 TF-BIV 的访问控制所引入的性能开销不超过 8.3%。

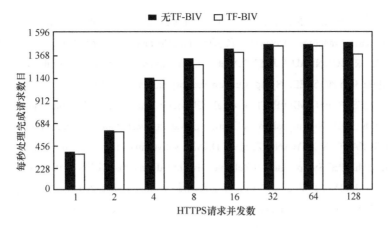

图 4 TF-BIV 对 HTTPS 吞吐率的影响

六 总结与展望

本文利用硬件特性设计和实现了具备隔离性、一致性、透明性和细粒度的代码完整性校验系统 TF-BIV，通过注册 4 个虚拟机退出事件（CR3-load exiting、MTF exiting、EPT non-executable exiting 和 EPT non-executable exiting），实现了敏感进程的标识和内存布局监控，在敏感进程的全生命周期中完成了所有依赖代码（包括操作系统内核代码、LKM 代码和共享库代码等）的完整性校验和监控。TF-BIV 无须虚拟机和敏感应用的辅助，能够透明地进行部署，支持对指定进程的代码完整性校验，为虚拟机的运行代码维护提供更好的灵活性。进一步，本文将 TF-BIV 用于对密码运算云服务提供进程级的访问控制，只有完整性未被破坏的授权进程能够调用密码运算服务，实现了密码运算云服务的可控使用，能够有效防止密码运算服务被非法调用。

参考文献：

[1] LITTY L, LAGAR-CAVILLA H A, LIE D. Hypervisor support for identifying covertly executing binaries[C]//In 17th USENIX Security Symposium. 2008.

[2] AZAB A M, NING P, SEZER E C, et al. HIMA: a hypervisor-based integrity measurement agent[C]//In 25th Annual Computer Security Applications Conference (ACSAC). 2009.

[3] HOFMANN O S, KIM S, DUNN A M, et al. InkTag: secure applications on an untrusted operating system[C]//In 18th Architectural Support for Programming Languages and Operating Systems (ASPLOS). 2013.

[4] CHENG Y Q, DING X H, DENG R H. Efficient virtualization-based application protection against untrusted operating system[C]//In 10th ACM Symposium on Information, Computer and Communications Security (ASIACCS). 2015.

[5] REN J B, QI Y, DAI Y H, et al. AppSec: a safe execution environment for security sensitive applications[C]//In 11th ACM SIGPLAN/SIGOPS International Conference on Virtual Execution Environments (VEE). 2015.

[6] JIANG F J, CAI Q W, GUAN L, et al. Enforcing access controls for the cryptographic cloud service invocation based on virtual machine introspection[C]//In 21st Information Security Conference (ISC). 2018.

[7] CHATTERJEE R, BONNEAU J, JUELS A, et al. Cracking-resistant password vaults using natural language encoders[C]//In 36th 2015 IEEE Symposium on Security and Privacy. 2015.

[8] TANG Y, AMES P, BHAMIDIPATI S, et al. CleanOS: limiting mobile data exposure with idle eviction[C]//In 10th USENIX Symposium on Operating Systems Design and Implementation(OSDI). 2012.

[9] BAHRAM S, JIANG X X, WANG Z, et al. DKSM: subverting virtual machine introspection for fun and profit[C]//In 29th IEEE Symposium on Reliable Distributed Systems (SRDS 2010). 2010.

[10] GUAN L, LI F J, JING J W, et al. Virtio-ct: a secure cryptographic token service in hypervisors[C]//10th International ICST Conference on Security and Privacy in Communication Networks (SecureComm). 2014.

[11] GARFINKEL T, ROSENBLUM M. A virtual machine introspection based architecture for intrusion detection[C]//In 10th Network and Distributed System Security Symposium, NDSS 2003. 2003.

[12] BIEDERMANN S, KATZENBEISSER S, SZEFER J. Leveraging virtual machine introspection for hot-hardening of arbitrary cloud-user applications[C]//In 6th USENIX Workshop on Hot Topics in Cloud Computing (HotCloud). 2014.

[13] CHEN P, XU D Y, MAO B. CloudER: a framework for automatic software vulnerability location and patching in the cloud[C]//In 7th ACM Symposium on Information, Computer and Communications Security (ASIACCS). 2012.

[14] DOLAN-GAVITT B, LEEK T, ZHIVICH M, et al. Virtuoso: narrowing the semantic gap in virtual machine introspection[C]//In 32nd IEEE Symposium on Security and Privacy. 2011.

[15] JONES S T, ARPACI-DUSSEAU A C, ARPACI-DUSSEAU R H. Antfarm: tracking processes in a virtual machine environment[C]//In 2006 USENIX Annual Technical Conference. 2006.

[16] WANG J, STAVROU A, GHOSH A K. HyperCheck: a hardware-assisted integrity monitor[C]//In 13th International Symposium on Recent Advances in Intrusion Detection (RAID). 2010.

[17] WANG Z, JIANG X X. HyperSafe: a lightweight approach to provide lifetime hypervisor control-flow integrity[C]//In 31st IEEE Symposium on Security and Privacy. 2010.

[18] VASUDEVAN A, CHAKI S, JIA L M, et al. Design, implementation and verification of an extensible and modular hypervisor framework[C]//In 34th IEEE Symposium on Security and Privacy. 2013.

[19] WU W, CHEN Y Q, XING X Y, et al. KEPLER: facilitating control-flow hijacking primitive evaluation for Linux kernel vulnerabilities[C]//In 28th USENIX Security Symposium. 2019.

[20] HUA Z C, DU D, XIA Y B, et al. EPTI: efficient defence against meltdown attack for unpatched VMs[C]//In 2018 USENIX Annual Technical Conference. 2018.

[21] RILEY R, JIANG X X, XU D Y. Guest-transparent prevention of kernel rootkits with VMM-based memory shadowing[C]//In 11th International Symposium on Recent Advances in Intrusion Detection (RAID). 2008.

[22] HOFMANN O S, DUNN A M, KIM S, et al. Ensuring operating system kernel integrity with OSck[C]//In 16th International Conference on Architectural Support for Programming Languages and Operating Systems (ASPLOS). 2011.

[23] LEE H, MOON H, JANG D, et al. KI-Mon: a hardware-assisted event-triggered monitoring platform for mutable kernel object[C]//In 22th USENIX Security Symposium. 2013.

关键计算系统的合规性问题
——从参考架构到案例分析

王龙

IBM T. J. Watson 研究中心

摘　要：现在大量的健康医疗、金融、教育、电力等关键服务由云平台、大数据平台等计算系统提供。合规性（Compliance）是对这些关键计算系统的基本系统安全要求。例如，AWS（Amazon Web Services）云符合 CSA、ISO9001、HIPAA、PHIPA 等多项合规性要求，腾讯云符合 CSA STAR、ISO9001、可信云认证、大数据产品能力认证等合规性要求。本文提出了计算系统合规性的全面参考架构，并以该参考架构为蓝本详述计算系统合规性各方面的主要研究问题、挑战和一些前沿的研究工作。最后，本文给出了 IBM 健康卫生云（IBM Watson Health Cloud）上一些合规性方面的创新工作和实验结果。

一　引言

随着云计算和人工智能的大规模应用，越来越多的服务被置于云平台和大数据平台、人工智能平台等计算系统上。其中，有些服务是比较关键的，包括健康与医疗、金融、教育、电力、公共设施、公共交通、电信等。这些服务与人群的生活、生存甚至生命紧密相关，一旦出现诸如数据出错、数据丢失、数据篡改、隐私泄露或者服务被攻击、中断等安全问题或故障情况，可能会导致难以承受的后果。

为了最小化出现类似安全问题或故障情况的风险，这些提供关键服务的计算系统被要求具备合规性。简单地说，一个系统的合规性指的是保证该系统的行为或商业流程（Business Process），在某些方面和事先规定或者预期的一致，通过制定恰当的规定以及要求计算系统与所制定的规定合规，可以确保计算系统不会产生与规定不符的行为而导致难以承受的后果。

很多领域包括机械、食品、医疗等有合规性问题。在计算系统领域，目前还没有被广为接受的对合规性的严格定义。一个可供参考的严格定义是：计算系统合规性指的是计算系统的行为符合外界施加的功能上的安全性要求，并且该计算系统提供了符合这些安全性要求的证据或保证 [1]。

由于大量重要服务越来越依赖于计算系统，合规成为关键计算系统的重要要求。例如，AWS 云符合 CSA、ISO9001、HIPAA、PHIPA 等数十合规性规定，腾讯云符合 CSA STAR、ISO9001、可信云认证、大数据产品能力认证等多项合规性规定，IBM Cloud 云、微软 Azure 云、GoogleCloud 云、阿里云也符合相当数量的合规性规定。在现实中，监管部门对系统安全管理的很重要的一个途径就是通过合规性。系统违反合规性常常会导致相关负责人受到严重惩罚，而不违反合规性的系统安全问题，如新发现的软件安全漏洞，往往不会导致严重惩罚。合规性是提供某些要害服务的前提要求，如美国要求所有提供健康或医疗相关的计算系统必须符合 HIPAA（健康保险流通与责任法案）的规定。因此，在真实世界，合规性在相关计算系统的系统安全中常居于首要位置。

目前，关于计算系统合规性的文献主要分为三大类：①对合规性的高层级（High-Level）的阐述，包括各个云公司实现其合规性的框架描述和白皮书[2-5]；②某些具体的实现合规性的技术，包括对于具体商业流程、风险的建模/验证[6-8]，用于合规性的系统监控、系统测量、系统追踪的具体技术[9-10]，以及其他具体技术，如设计合规性相关的语言，使用人工智能技术等[11-13]；③对某些具体合规性的研究，如对 HIPAA 的评估和成本分析[14-16]。

本文提出了计算系统合规性的全方位的参考架构，并以该参考架构为蓝本详述计算系统合规性各方面的主要研究问题和挑战；然后，以 IBM 健康卫生云为案例讲述在合规性问题上的创新工作[17-19]。

二　计算系统的合规性

合规性规定的内容通常是由立法机构、管理机构、行业机构或者相关客户方提出的正式文本。例如，在安然（Enron）丑闻、世界通信公司（WorldCom）丑闻之后，美国国会通过 Sarbanes-Oxley（SOX）法案，对公司的运营、管理、会计、审计做出了合规性规定，包括微软在内的大公司也相应提出了执行该合规性的技术方案[20]。

作为法案或管理条例，计算系统合规性的规定文本涵盖的方面比较广，除了规章（Rule）、要求（Requirement）、标准（Standard）外，还包括角色（Role）、责任认定（Responsibility）、执行时的指导建议（Guideline）、违反规定的相应惩罚（Penalty）等内容。本文讨论的范围仅限于在真实计算系统中如何使用信息技术实现规章、要求、标准等与系统运行、商业流程的行为联系比较紧密的合规性部分。

这里以健康保险流通与责任法案（HIPAA，Health Insurance Portability and Accountability Act）为例阐述计算系统的合规性。HIPAA 是美国 1996 年通过的关于保护医疗健康数据的隐私和安全的法律，尤其针对由于计算系统受安全攻击而可能导致医疗健康数据泄露、出错、篡改、丢失等提出了一系列规章条例。

图 1 显示了 HIPAA 合规性规定的片段。从图中可以看到，对系统行为的规定是由多层次构成的，其中，最底层是一条条的具体规定条款，如图中的 "Assign a unique name and/or number for identifying and tracking user identity"，而其他各层次则是这些具体规定条款按类/子类划分的集合。

如图 2 所示，合规性条款大致上可以分为技术性合规（Technical Compliance）条款和非技术性合规（Non-technical Compliance）条款两种。技术性合规条款指的是该条款内容主要通过使用或创新信息技术来执行，而非技术性合规条款的执行则和信息技术相关性不大。在 HIPAA 的主要三类合规（行政合规、物理合规、技术合规）条款中（图 1 中的片段只显示了物理合规和技术合规两类），技术合规基本是技术性条款，而其他两类则技术性条款和非技术性条款都有不少；如物理合规条款中与场所（建筑、设施等）相关的合规条款大多是非技术性，而与笔记本电脑、工作站、USB 盘等与计算机相关的合规条款大多是技术性的。

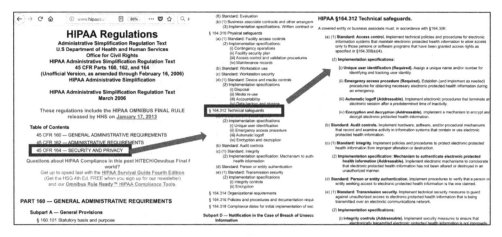

图 1　HIPAA 合规性规定的片段

图 2　计算系统合规性的分类

按使用时的场合/阶段分类，合规性还可以分为开发阶段合规（Development-phase Compliance）条款、测试阶段合规（Test-phase Compliance）条款和操作阶段合规（Operation-phase Compliance）（也叫运行阶段、生产阶段）条款，分别对应于系统开发、测试和运行阶段。在敏捷开发中，某些合规性条款具体归属于哪个阶段可能不能准确区分。

三　实施合规性的参考架构

如前文所述，合规性条款也被称为合规性要求，分为技术性和非技术性两类。如何实施非技术类要求的合规性不在本文的讨论范围，这里只讨论技术类合规要求的实施（Enforcement）。

图 3 显示了在计算系统中实施合规性的参考架构，它是笔者及其所在团队在 IBM 健康卫生云多年科研工作和研发实践的基础上提出来的，涵盖了合规性实施中所有主要的流程和模块。这个参考架构给出了在计算系统中实施技术类合规性的全面清晰的图景，有助于人们在具体系统的合规性实施中有一个好的开始和全面的理解，以及在设计具体实施方案时避免遗漏一些重要的方面。

3.1　对合规性要求的分析

从图 3 可以看到，实施合规性首先需要把合规性文本（Compliance Text）转换成容易直接执行的逐条规则（Rule Specification）。合规性文本是法律法规或者管理条例，撰写者和批准者往往并非技术人员，相关文字注重于用自然语言、法律语言表达人类对事物的理解。要实施这些合规性要求，就必须将合规性文本转化成更加面向技术、面向系统的规则。

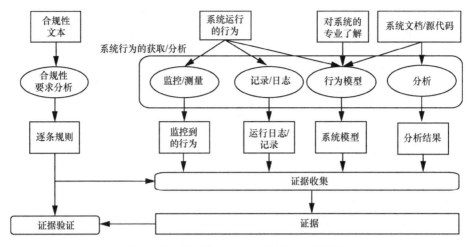

图 3 在计算系统中实施合规性的参考架构

目前，在实践中这项任务主要是通过人工分析，即法律法规专家和信息技术专家以及相应领域专家（对 HIPAA 来说就是医疗卫生专家）一起讨论来完成的。但现在已有一些研究如何从合规性文本原文中提取出面向技术、面向系统的规则的工作。Brandic 等[11]在研究云平台的合规性问题时提出要设计描述和说明这些规则的语言，包括说明计算系统要求的语言，说明相应领域内容的语言，以及说明达成一致的程度、执行合规性需达到的程度等语言。Adam 等[13]对合规性文本中的自然语言文字进行语法分析，提取出规章条例，然后根据美国国家标准技术研究所（NIST）提供的技术术语体系，使用文字归类（Text Classification）技术把这些规章条例归类到 NIST 术语体系内相应的类别中。Thakore 等[12]则定义了一组概念分类，在该概念分类基础上使用机器学习和模型技术来处理合规性文本，消除原始文本中的语义模糊（因为是自然语言，所以有语义模糊问题），获得准确的合规性规则。

3.2 系统行为的获取/分析

实施合规性本质上是把系统行为和相应的规定相比对，确保系统行为符合规定。所以，获取/分析系统的行为是实施合规性必不可少的部分。图 3 中列出了 4 类常见的获取系统行为的技术。

（1）监控/测量

现代的云系统、大数据分析平台、人工智能平台等复杂系统大多提供了一些监控/测量的功能。很多网络监控工具，如 Bro、Zeek（参见 GitHub 的 Bro 和 Zeek 项目）被部署在系统中监控网络事件，而云系统中普遍使用的 software-defined network 模块也提供了某些对网络事件的监控能力。

对各计算节点的应用程序行为和操作系统行为的监控能够为某些特定目的搜集相应的应用程序和系统行为的痕迹。例如，IBM 健康卫生云中，笔者所在团队拦截了某些系统调用和函数库调用，然后通过某些算法把一条服务请求在整个分布式云系统中处理的过程完全重建[18]。这个重建的端到端处理过程可在下文中的证据收集和证据验证步骤中被用于合规性检验。再例如，Burg 等[10]通过拦截系统调用追踪哪些文件在软件编译中被更新，然后根据这些追踪情况确定软件编译过程是否符合该软件许可证所要求的合规性。

除了使用系统/平台提供的监控/测量工具或者在源代码之外，通过拦截系统调用和函数库调用进行监控/测量外，也有直接在源代码中修改，或者在设计和开发计算系统时直接编写代码以提供最直接的监控功能。例如，为了符合 HIPAA 的审计要求（要求医疗数据的每一次改动都登记在案），在 IBM 健康卫生云中，笔者所在团队加入了一个专门的审计服务，该服务对所有医疗数据进行统一监控，而且监控的最小粒度是一条数据库记录的一个字段。

（2）记录/日志

系统运行日志，如 Linux 系统的 syslog，提供了重要的系统运行信息。很多真实世界中的云平台大数据分析平台有专门的日志服务。这些日志在实施合规性中往往起着重要作用。一个例子是文献[9]，在这项工作中数据库的事务日志被用于不间断的合规性审计。

除了软件系统本身提供的日志，对于某些特定的合规性要求，需要专门的记录。如 IBM 健康卫生云的合规性验证中，笔者所在团队记录了 shell 终端中所有命令和它们的运行结果。

（1）行为模型

不少研究文献创建了商业流程的行为模型并将它们用于验证或实施合规性。如图 3 所示的参考架构，这些行为模型的建立有些是基于系统本身的运行情况，有些是基于系统的明确说明（Specification），甚至是基于该系统的源代码，也有些只是基于人们对该系统的专业知识。

一些相关的工作如下。Majumdar 等[7]设计了一种合规性验证的技术。他们手动创建了 Openstack 云系统基础结构的依赖模型（Dependency Model）和相关的威胁模型（Threat Model），根据这两个模型辨认和挑选出不同云操作流程中相应的关键节点，然后在系统实际运行中对这些关键节点进行主动攻击，看系统的反应是否与合规性要求一致。Esayas[6]使用 CORAS 工具对商业流程中的风险和威胁建模来验证合规性，Governatori 等[8]则利用形式语言手动创建模型，用于描述商业流程和验证合规性。

（2）对系统文档或者源代码的分析

有一些合规性要求通过检查和扫描系统的安装文件和源代码即可知道是否符合要求，如加密方法、密钥长度、传输协议是否符合安全级别等。此外，一个可能的研究方向是利用对程序的静态分析（Static Analysis）或对源代码的机器学习来刻画系统行为，为之后的证据验证服务。

3.3 证据收集和证据验证

实施合规性本质上是检验系统行为是否符合事先的规定。在上面步骤中，本文获取了系统行为的数据，下一步是从中筛选和提取出哪些行为的数据和需要验证的合规性要求相关（图 3 中的证据收集步骤），然后把提取出的系统行为（Evidence）和合规性文本分析的结果相比对（Evidence Validation）。

（1）人工审计

在真实系统中，对系统合规性的审计（Audit）是证据验证的主要形式之一。由于需要审计的计算系统往往是提供关键服务的系统，而法律法规要求有人对它们的系统安全负责，所以在审计过程中证据收集和证据验证的部分主要是由相关人员手动完成的。在审计通过之后的系统运营过程中，持续的合规性证据收集和验证则可以通过自动化的合规性验证来完成（3.4 节有更多关于在合规性角度下系统生命周期的讨论）。

在人工审计的过程中，一些自动化工具会被使用。例如，笔者所在团队研发了一个一致性检查工具对 IBM 健康卫生云中所有数据存储（Data Store）中的数据进行实时检查，确保其符合 HIPAA 和 GxP 中某些重要的一致性要求。这个工具在审计过程中被调用来提供数据一致性的证明，也可以在自动化的合规性验证过程中使用。

在人工执行审计和证据验证的过程中，有一些规范操作和最佳实践（Best Practice），所以审计往往是由具有丰富审计经验的专家主持的。这部分人工操作/实践的内容不在信息技术的范畴内，本文不讨论。

（2）自动化的合规性验证

自动化的合规性验证过程可以是简单的对人工审计过程的自动化。比如，人工审计过程的所有步骤被记录下来，然后在审计通过后把这些步骤用脚本语言实现。证据收集，即从获取的系统行为数据中筛选和提取所需的文件或数据，能够这样自动化，尤其是考虑到每次证据验证很多文件和数据地点（如数据库中表的名称）是固定的（或者仅仅是文件名中的日期部分不同），可以在脚本程序中硬编码（Hard-Coded）。证据验证部分则继续使用人工检查，或者运用一些机器学习技术进行智能比对。

人工审计过程的自动化有简单易实现的优点（虽然某些证据验证部分可能仍需要人工执行），但通用性差，往往是完全为某一个系统定制的。考虑到人工审计是关键系统必不可少的操作，这个通用性差的缺点并非不可忍受。但最新的一些研究工作开始探索更通用的技术。在 IBM 混合云的合规性实施中，Adam 等[13]先把合规性文本转换为 NIST 术语体系中的条款，然后为每一个 NIST 术语体系中的资源术语（如果它出现在转换后的条款中）编写一些脚本程序来查询和操控 IBM 混合云中的该种资源。这样，理论上每一条以 NIST 术语表示的合规性条款可以看作一个调用这些脚本程序的主程序，只需执行该主程序即可完成对该条款的验证（某些证据验证部分依然需要人工或使用机器学习技术进行比对）。因为 NIST 是一个标准技术术语体系，美国大量的技术合规性文本已经直接使用或者映射到了 NIST 术语，而且不同的计算系统对同一类资源的管理方式类同，所以这个技术比人工审计过程的自动化更通用。对于那些专门领域的合规性，如 IBM 健康卫生云中的 HIPAA 和 GxP，这个基于 NIST 术语的技术就不适用了。

3.4 合规性角度的系统生命周期

图 4 显示了合规性角度下计算系统的生命周期。在开发阶段结束后系统进入审计阶段；上文所述的人工审计过程发生在这个阶段。审计通过后系统经过发行进入实际运营阶段。注意，图 4 这个状态转换图仅限于说明图 2 中操作性合规条款的情况，当然，这类条款是关键系统合规性问题中的主要部分。其他两类合规条款也需要在相应的阶段实施，如开发阶段合规条款，包括对源代码库的管理要求、对开发工具的合规性要求等，需要在图中的开发阶段实施。

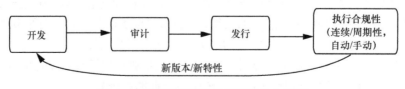

图 4 合规性角度下的计算系统生命周期

实施合规性要求在系统实际运营阶段不断检验该系统的行为是否持续符合所规定的条款。这是因为云平台、大数据平台、人工智能平台等系统总是处在持续不断的变动中，它们的行为一直在不断演化。自动化的合规性验证很适合这个阶段。如果没有部署自动化的合规性验证，则可以使用周期性的人工验证。有些合规性文本，如 HIPAA，会对实际运营中系统的某些变化有具体要求。这些具体要求可能不同于审计阶段的要求，因而需要根据相应的合规性文本对这些变化实施人工验证。

如果要给系统增加新的特性或者开发该系统的新版本，则系统状态回到开发阶段，如图中从执行合规性阶段返回到开发阶段的箭头所示。

■ 四　关键研究问题和挑战

上文提出了实施合规性的参照架构并对它作了详尽讨论。从中可以看到，实施合规性有如下关键研究问题和挑战。

（1）如何把法律法规或者管理条例等合规性文本变换为面向技术、面向系统的规则？

具体的技术挑战包括使用文本分类、机器学习、自然语言处理、语法分析等技术辨认出合规性文本中的关键概念、语句，定义类似于 NIST 的技术术语体系或者其他描述更多技术细节的面向技术、面向系统的语言，以及使用基于规则的专家系统或者机器翻译技术建立从合规性文本中的概念、语句到技术术语、技术语言的映射。

（2）如何对复杂系统及其上应用程序的行为进行有效的监控和测量，并从中获取更多的语义理解？

相关的技术挑战包括在操作系统、分布式系统中通过拦截系统调用、函数库调用等，重建服务请求在该复杂系统中处理的完整路径，结合服务请求的路径和系统运行日志辨认系统行为的语义或相应服务行为的语义，结合服务请求路径和对程序源代码的分析来理解软件行为，通过创新对各类资源的监测、操控、管理方式以更好地实现对系统行为和具体服务行为的语义理解等。

（3）如何通用、低成本地实现对敏感数据的精细粒度监测，为审计提供所需的合规证据？

IBM 健康卫生云的开发过程中大量的成本耗费在监测和审计对敏感数据的操作上，其监测粒度为每条数据库记录中的每个字段。现有方法是在设计和开发过程中编写定制代码。如何通用而低成本地实现这种监测是一个巨大的挑战。

（4）如何准确地建立商业流程（Business Process）的模型？有没有通用方法？

创建商业流程的模型以用于评估和研究系统的合规性是当前的一个普遍方法。很多时候商业流程并没有明显地表达在像程序源代码那样严格、规范的说明，因而，如何保证对高层级和抽象的商业流程的建模足够准确、确实符合实际系统运营，是一项很大的挑战。

（5）如何自动化通用的合规性验证？

如 3.3 节所述，通用的自动化的合规性验证目前还处于早期研究阶段。其难点主要在于如何把合规性条文中的各个概念、操作、场景和要求等说明文字映射到实际系统中的资源、真实操作、真实场景、实际验证方式等，并把它们结合起来完成自动化的合规性验证。

（6）如何运用人工智能技术进行证据的智能比对？

在自动化的证据验证中，一个难点是如何进行自动化地智能比对。在实际系统的合规性验证中，证据的形式多种多样，包括文字、代码、数字、图片、视频等。自动化地把规定条款中的说明文字与这些具体文字、代码、数字、图片、视频等形式的证据内容相比对，目前还没有很好的办法。

■ 五 案例分析：IBM 健康卫生云

IBM 健康卫生云是一个医疗大数据的云平台，为医疗机构、医生、患者、药厂、医疗保险公司、独立研究机构等客户提供多种不同类型的服务，包括客户的日常服务（如患者付账、医生查看病历）、数据服务（匿名化后的各种数据可供查询和研究使用），以及数据分析服务（给客户提供丰富的分析工具和可视化工具，如医疗保险公司可以使用这些工具创建更优化的保险套餐）。该平台目前主要为北美和欧洲的客户提供服务，需要符合多项相关合规性，包括美国的 HIPAA、GxP 和欧洲的 GDPR（General Data Protection Regulations）。这里给出笔者在健康卫生云上实施合规性的两个创新工作。

5.1 重建完整的服务执行路径

上文中提到的一个重要的研究问题是如何对复杂系统及其上应用程序的行为进行有效的监控和测量，并从中获取更多的语义理解。由于在云系统中一条服务请求被多个节点中的多个组件处理，一种有助于理解服务请求全过程的研究思路是重建完整的端到端的服务执行路径。

具体地说，本文定义服务执行路径（REP，Request Execution Path）为系统中处理某条服务请求的完整路径，它覆盖了该系统中所有组件在处理这条服务请求时的所有执行片段，包括进程和线程的运行以及它们之间的通信；辨认出所有这些执行片段，把它们按照准确的因果顺序或同一线程内连续的时间顺序链接在一起，最终形成一条处理该服务请求的完整无缺、没有间断的路径。

笔者所在团队研发了 REPTrace 技术，一种通用且透明地获取包括云系统在内的分布式系统中服务执行路径的方法。它拦截了如函数库调用和系统调用等运行环境中的事件，确定它们之间的因果关系或同一线程内连续的时序关系，然后把它们连成服务执行路径。整个过程不需要使用或修改软件的源代码，也不依赖于特定的处理服务请求的消息模式。

（1）对服务请求处理的执行情况的全面分析

REPTrace 技术是建立在对服务请求处理的执行情况的全面分析上的。具体来说，笔者所在团队根据多年在各种云平台、大数据平台上的研发和运营经验，发现共有 7 种可能的执行情况（如图 5 所示）。

① 线程内的顺序执行。

② 创建新线程，处理服务请求的逻辑转到新线程继续执行。

③ 创建新进程，处理服务请求的逻辑转到新进程继续执行。

④ 当前处理服务请求的进程/线程发送消息给另一个进程/线程（在同一个计算节点或另一个节点），后者开始处理该请求，而当前进程/线程可能停止或继续处理该请求。

⑤ 当前进程/线程通过进程间通信（IPC）与另一个进程/线程同步，如 process wait、thread join、signal、lock/unlock、semaphore 等机制。

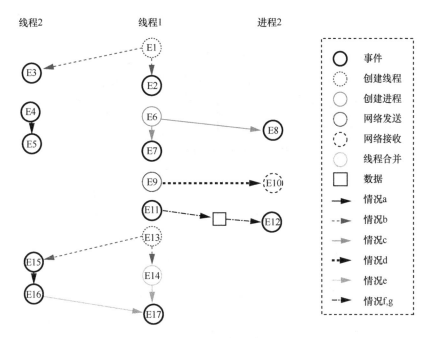

图 5　服务请求处理的 7 种执行情况

⑥ 当前进程/线程把某些中间结果存入消息队列，另一个进程/线程稍后从这个消息队列读取这个中间结果并继续处理该请求。

⑦ 当前进程/线程把某些中间结果存入共享内存、共享变量、外存空间（文件、映射磁盘驱动器等），另一个进程/线程稍后从相应的内存或外存位置读取这个中间结果并继续处理该请求。

（2）REPTrace 技术

图 6 展示了 REPTrace 的体系结构。每个计算节点（虚拟机、容器或者物理机器）中安装了一个 REPAgent，它拦截了计算节点中的某些函数库调用和系统调用，然后给中央的 Central Generator 发送一个相应的跟踪事件（Trace Event）。跟踪事件中包含了节点信息、进程信息、线程信息、函数调用信息等。Central Generator 收集这些来自各个节点内的跟踪事件，同时辨别它们之间的因果关系/时序关系，把它们链接成服务执行路径（一张有向无圈图）。

本文引入了两个 ID 用于辨别跟踪事件之间的因果/时序关系。

① DATA_ID，标记每条网络消息的唯一性 ID。发送和接收该消息的跟踪事件都标记了这个 DATA_ID，因而 Central Generator 能够知道它们之间存在因果关系。这个 ID 可以建立跨进程的跟踪事件之间的因果关系。

② UNIT_ID，标记一个线程内发送或接收相邻两条网络消息之间计算的唯一性 ID。所有在其中发生的跟踪事件都标记了这个 UNIT_ID。这个 ID 可以建立进程/线程内的跟踪事件之间的时序关系。

在图 5 的 7 种执行情况中恰当使用这两个 ID，可以把所有节点内产生的跟踪事件链接成服务执行路径，具体算法见文献[18]。

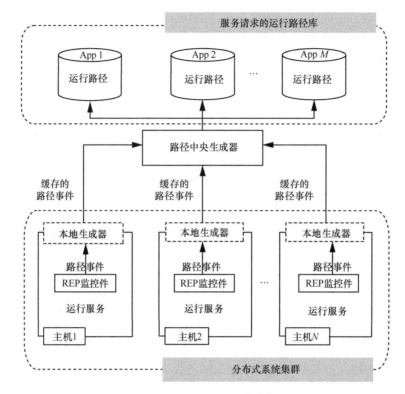

图 6　REPTrace 的体系结构

（3）获取系统行为的语义理解

图 7 说明了服务执行路径是如何用于获取系统行为的语义理解的。整个处理流程包括预处理路径数据、辨认组件和辨认消息等步骤。

预处理步骤辨认出由于循环或执行同一段代码的多线程并发而在服务执行路径中产生的相同跟踪事件模式的重复，并删减这些重复的跟踪事件模式，只留下一份。辨认组件步骤从所有跟踪事件的进程信息中获取组件信息，形成组件列表。辨认消息步骤则把服务执行路径转换成静态的系统体系架构图和动态的该服务请求在系统中处理的全部过程。这些步骤的具体细节参见文献[19]。

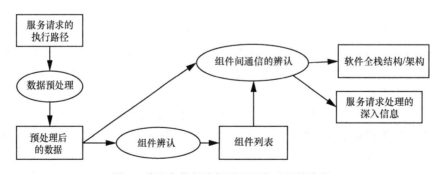

图 7　将服务执行路径用于语义理解的流程

（4）实验结果

本文在 IBM 健康卫生云的某些计算平台上实验了 REPTrace 技术。图 8 中左图是

REPTrace 在平台执行 Hadoop 任务时自动获取的 Hadoop 系统静态架构。作为比较，右图是 Hadoop 正式文档中的体系架构。

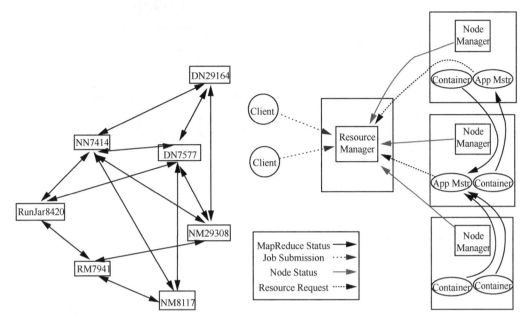

图 8　比较 REPTrace 获取的体系架构（左）与 Hadoop 正式文档中体系架构（右）

从图中可以看到，REPTrace 获得的架构图中含有 Yarn 的组件（RM 代表 Resource Manager，NM 代表 Node Manager），还含有 HDFS 的组件（NN 即 Name Node，DN 即 Data Node），而 Hadoop 正式文档中的体系结构图中只有 Yarn 的组件。这一点说明通过直接监控系统运行可以获得一个系统的多层级全软件栈的整个架构，而软件的正式文档中一般只有单个软件自身的架构，而不会有这种含多个层级的整个软件栈架构。这是通过监测系统行为来直接理解系统优于通过软件源代码或正式文档来理解系统的一个地方，后者往往只牵涉单个软件本身而缺乏全系统部署的全局图景。

图 9 显示的是 REPTrace 获取 Hadoop 系统和腾讯 Angel 软件中运行某任务请求时的部分动态消息传递过程（纵坐标是时间），它们能够揭示出任务运行的某些深入信息。图 9（a）显示 Hadoop 在执行所提交的任务时分为 3 个阶段（看 DN 和其他组件之间的通信）。中间有一个阶段（图中的阶段 2）DN 和其他组件之间没有通信，这意味着没有 HDFS 上的数据读写。此前的阶段 1 有频繁的 NM、NN 和 DN 之间的通信从 HDFS 中读出数据，而此后的阶段 3 NM 与 NN、DN 之间的通信是写出数据到 HDFS。图 9（b）显示了在 Angel 上运行一个机器学习任务的动态消息传递过程。从图中可以看到 Worker 与模型参数服务器（PS，Parameter Server）之间没有直接通信，而是通过 AngelAM 与 PS 间接通信，获取/更新神经网络模型的参数。图中还显示每经过 5 批 Worker 与 AngelAM 的通信就有一次 AngelAM 与 PS 的通信。这表明这个任务的执行在机器学习模型中使用了 batch 值为 5 的 mini-batch 方法。

以上实验结果表明，服务请求路径技术可用于监控复杂系统及其上应用程序的行为，从中获取某些重要的语义理解。

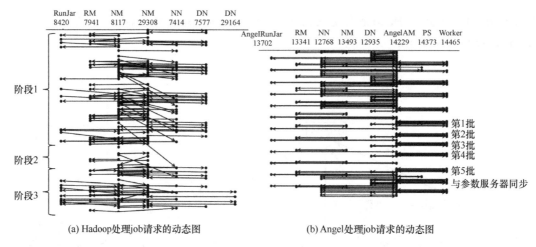

（a）Hadoop处理job请求的动态图　　　　　（b）Angel处理job请求的动态图

图9　REPTrace 获取的服务请求处理的部分动态过程

5.2　多个数据存储的数据一致性

图 10 显示了 IBM 健康卫生云的高层体系架构。它有多个数据存储，包括 FHIR Data Repository、Patient Data Warehouse、Data Lake、Data Reservoir、Data Marts 等。IBM 健康卫生云是一个混合云，这些数据存储分布在多个公有云、私有云上，并且分属于不同的所有者。根据 GxP 合规性要求，即图中的 CFR Part11（美国 Code of Federal Regulations Title 21 Part 11），这些医疗数据库中所存储数据必须符合一致性的审计要求。简单的一致性例子是：如果 Data Lake 中某数据库 A 含有某病人某次看医生的记录，那么该病人的记录就必须存储于病人数据仓库中某数据库 B，且该医生的记录必须存储于 Data Lake 中某数据库 C，即使这几个数据库属于不同的所有者。

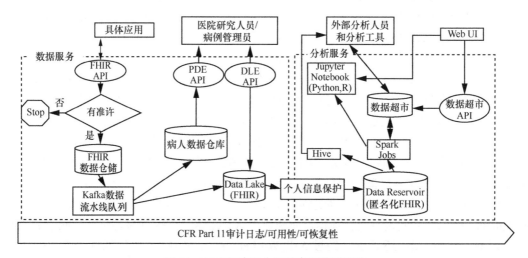

图10　IBM 健康卫生云的高层体系架构

（1）数据一致性的参照标准——审计服务数据库

HIPAA 和 GxP 规定都要求 IBM 健康卫生云必须对所有医疗数据进行统一监控，保证每一个数据都可审计（谁在何时何地提供了该数据、修改了该数据、有何证明等），监控的最小粒度是一条数据库记录的一个字段。为此，笔者所在团队设计了专门的审计服务，其中审计服务数据库存储了所有数据的审计信息。因此，在数据一致性的解决方案中，本文以审计服务数据库作为一致性的参照标准，其他数据存储必须与它相一致。本文还在所有医疗数据库中加入了和审计服务数据库相关联的字段，并在各个数据操作中加入了相应的日志记录步骤，包括在审计服务数据库中记录下该操作的日志以及在对应的医疗数据库中记录下所关联的审计记录。

（2）持续的数据一致性检查

笔者所在团队研发了一款数据一致性检查工具对所有的医疗数据存储进行实时检查，以及为审计服务提供证明。这个工具按照预先明确说明的一套规则对相关数据库中数据进行检查。这套规则是根据医疗领域专家知识制定的，涵盖了审计专家认为重要的那些数据一致性内容。如果发现有数据不一致的情况，这个工具会以审计服务数据库为准更改其他数据库的内容，使最终数据保持一致。

（3）从备份中恢复数据后保持数据一致性

当系统因为故障或者受攻击而导致数据篡改、数据丢失时必须从备份中恢复数据。由于数据存储是由不同的所有者放置在多个不同的公有/私有云上，如何在恢复数据后保持整个系统的数据一致性是一个巨大的挑战。传统的分布式系统中保证存储数据一致的检查点技术（Consistent Checkpoint）在这里不适用，因为这些检查点技术（如 Two-phase Commit）要求所有的组件使用同一协议相互协调[21]，而这一点在不同所有者、不同软件栈、不同云平台的情况下很难做到，且其备份操作的时间成本很高。

一个简单的解决方案是调用本文的数据一致性检查工具处理恢复后的数据，从而保证所有数据库中数据与恢复后的审计服务数据库一致。但实践表明，这样做会丢失大量本可以恢复的数据，因为很多其他数据库中可以恢复的数据会更新审计服务数据库而不必被丢弃。

如何既保持数据一致性又最大限度地保留数据不丢失，同时获得较低的日常运行成本？下面给出了解决方案[17]，该方案通过结合低成本的各数据存储的独立备份操作和从系统中的数据流水线队列（图10中的Kafka数据流水线队列）回放恢复的数据，达到上述要求。

① 在日常运行中：各数据存储在近似同一时间开始进行独立的备份操作，它们之间不需要时间同步或相互协调。

② 在恢复数据时：首先把各数据存储的状态恢复到某个时间点的备份，然后在全系统中回放数据流水线队列中恢复的数据，重新产生某些缓存数据库中的数据，最后再调用数据一致性检查工具进行检查和更改。整个过程如图11所示。各数据存储所要恢复的备份时间点须仔细选择才能保证回放的正确性。如何选择这些备份时间点的详情见文献[17]。

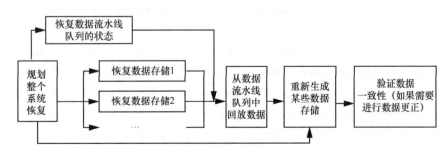

图11 恢复数据操作的流程

六 总结与展望

由于如医疗、电力、金融、教育、公共设施等服务的关键性，各国政府和监管部门订立了相关的法律法规或监管条款；对于提供这些关键服务的计算平台，合规性是基本的系统安全要求。合规性要求的核心是确保计算系统的行为符合法律法规或监管条款的规定，而且有确凿的证据证明这一点。

合规性是真实世界中系统安全的核心内容，各主要的计算平台如 AWS 云、Google 云、IBM 云、腾讯云、阿里云等须满足多项合规性，相关成本很高。例如，IBM 健康卫生云有近一半的开发成本耗费在符合 HIPAA、GxP 等医疗服务的合规性上。

本文介绍了笔者所在团队在多年 IBM 健康卫生云研发基础上所提出的计算系统合规性的全面参考架构，并基于这个参考架构讨论了计算系统合规性的主要研究问题、挑战和当前的研究情况。作为案例分析，本文还叙述了在合规性方面的部分创新工作。

虽然在实际的关键系统中合规性处于系统安全的核心地位，但是学术界对合规性的研究还不多。由于越来越多的关键服务、要害设施建立在云平台、人工智能平台等计算系统上，对合规性的研究正变得日益重要。随着人工智能的大规模发展，计算系统日益动态化、智能化、自调整化，在这种情形下保证计算系统的行为符合人类事先制定的要求条款显得意义尤为重大。对合规性的研究，尤其是对把条款变换为面向技术的术语规则、系统行为的证据收集、证据和规则的比对验证等的研究，会是研究计算系统行为符合人类要求的一个突破口。

参考文献：

[1] JULISCH K. Security compliance: the next frontier in security research[C]//ACM NSPW. 2008.

[2] GUDIVADA V, NANDIGAM J. Corporate compliance and its implications to IT professionals[C]//The Sixth International Conference on Information Technology: New Generations. 2009.

[3] SOLMS S. Information security governance-compliance management VS operational management[J]. Computers & Security, 2005, 24(6): 443-447.

[4] BEAUTEMENT A, SASSE M, WONHAM M. The compliance budget: managing security behaviour in organizations[C]//ACM NSPW. 2008.

[5] RAGAN T. Keeping score in the IT compliance game[C]//ACM Queue Focus Compliance. 2006.

[6] ESAYAS S. Structuring compliance risk identification using the CORAS approach: compliance as an asset[C]//IEEE ISSREW. 2014.

[7] MAJUMDAR S, JARRAYA Y, MADI T, et al. Proactive verification of security compliance for clouds through pre-computation: application to OpenStack[C]//Computer Security – ESORICS. 2016.

[8] GOVERNATORI G, ROTOLO A. How do agents comply with norms[C]//IEEE/WIC/ACM International Conference on Web Intelligence and Intelligent Agent Technology – Workshops.2009.

[9] HASAN R, WINSLETT M. Efficient audit-based compliance for relational data retention[C]//ASIACCS. 2011.

[10] BURG S, DOLSTRA E, MC-INTOSH S, et al. Tracing software build processes to uncover license compliance inconsistencies[C]//ACM ASE. 2014.

[11] BRANDIC I, DUSTDA S, et al. Compliant cloud computing (C3): architecture and language support for user-driven compliance management in clouds[C]//IEEE International Conference on Cloud Computing. 2010.

[12] THAKORE U, RANCHAL R, WEI Y, et al. Combining learning and model-based reasoning to reduce uncertainties in cloud security and compliance auditing[C]//SRDS Industry Track 2019.

[13] ADAM C, BULUT M, HERNANDEZ M, et al. Cognitive compliance: analyze, monitor and enforce compliance in the cloud[C]// IEEE International Conference on Cloud Computing. 2019.

[14] KILBRIDGE P. The cost of HIPAA compliance[J]. The New England Journal of Medicine, 2003, 348(15).

[15] ARTNAK K, BENSON M. Evaluating HIPAA compliance: a guide for researchers, privacy boards, and IRBs[J]. Nursing Outlook, 2005, 53(2).

[16] KIBBE D. 10 steps to HIPAA security compliance[J]. Family Practice Management, 2005(4).

[17] WANG L, RAMASAMY H, SALAPURA V, et al. System restore in a multi-cloud data pipeline platform[C]//IEEE International Conference on Dependable Systems and Networks, Industry Track. 2019.

[18] YANG Y, WANG L, GU J, et al. Transparently capturing execution path of service/job request processing[C]//International Conference on Service-Oriented Computing .2018.

[19] GU J, WANG L, YANG Y, et al. KEREP: experience in extracting knowledge on distributed system behavior through request execution path[C]//IEEE International Symposium on Software Reliability Engineering, Industry Track. 2018.

[20] CANNON J, BYERS M. Compliance deconstructed[C]//ACM Queue Focus Compliance. 2006.

[21] WANG L, PATTABIRAMAN K, KALBARCZYK Z, et al. Modeling coordinated checkpointing for large-scale supercomputers[C]// International Conference on Dependable Systems and Networks. 2005.

基于体系结构安全扩展的多方数据可信处理

夏虞斌

上海交通大学

摘　要：数据产生价值，来自多方的多维度大数据融合往往能产生更高的价值。然而，现实中，数据拥有方为了保护数据，往往将数据隔离存储并严格限制其流通，在客观上导致数据无法融合而形成数据孤岛。如何在数据不泄露的前提下，统一处理分布在多方数据源的数据以产生更大的价值，是一个亟待解决的问题。传统的基于第三方中心化处理分布数据的方案过度依赖对第三方的信任，基于密码学的安全多方计算和全同态加密方案在兼容性、可验证性和性能方面依然存在局限。本文提出面向可信数据处理的体系结构支撑方法，从多层次动态数据隔离保护技术、支持溯源的计算过程完整性验证机制，以及数据安全处理的性能与可扩展性优化三方面展开研究，利用体系结构扩展为数据的可信处理提供更好的隐私性、可验证性、兼容性和高效性。

一　背景介绍

随着大数据和人工智能等应用的不断增长，"数据产生价值""数据即资产"等理念已得到广泛共识。对于互联网企业、政府部门、医疗单位、科研机构等拥有大量数据的组织，数据已经成为一种极其重要的资产和核心竞争力；对于个人用户来说，无论是其自身所包含的静态数据（如个人信息、基因数据等），还是每天产生的大量动态数据（如位置数据、通信数据、购物数据等），都包含巨大的商业价值。然而，这些产生价值的数据已经成为攻击者的目标，企业发生数据泄露、用户隐私被恶意利用的新闻层出不穷。2017 年 8 月 3 日，人民日报发表时评《让隐私保护跟上大数据时代》，指出"当前中国对个人信息的各种商业利用已远远走在了隐私保护前面……，潜藏着巨大的风险"。近年来，我国各领域相继出台了数据安全保护政策。2016 年国务院发布《促进大数据发展行动纲要》，强调依法加强安全保障和隐私保护；2017 年 6 月 1 日开始实施《中华人民共和国网络安全法》，规定非法获取出售 50 条以上用户数据即可入罪；2018 年颁布的《信息安全技术个人信息安全规范》进一步增强了用户对数据的控制。同样，欧洲于 2018 年 5 月开始实施《通用数据保护条例》（General Data Protection Regulation），对违规企业的处罚金额提高到 2000 万欧元或企业全球年营业额的 4%；美国政府问责局于 2019 年撰写的独立报告建议制定互联网数据隐私立法，以加强对用户数据的保护。

然而，正如在中国信息通信研究院 2018 年发布的《大数据安全白皮书（2018 年）》中所指出的那样："数据能够在流通和使用过程中不断创造新的价值，然而跨界流通本身则会导致泄露风险。"数据的高价值和高风险导致了一个两难问题：一方面，为尽可能从数据中挖掘出更多价值，需要融合同一领域的相似数据和不同领域的相关数据，这依赖于数据的高度集中；另一方面，数据的可复制性导致其极易泄露，因此数据拥有方往往制定严格的数据隔离存储规范以阻止数据流出，导致不同企业和机构的数据很难集中，在客观上形成

"数据孤岛"问题。与数据安全相关的法令和规范，在保护用户隐私性的同时，对数据的合法利用提出了更高的要求。

解决上述问题的一个简单方案是引入可信的集中式数据处理方（如独立的第三方可信云平台），由其负责接收、存储和集中处理来自不同数据源的数据，并返回计算与处理后的结果。该方案具有一定的实用意义，其优点在于无须改动现有的数据处理算法，适用于处理非关键数据；但对于关键数据，如基因数据、金融数据、个人隐私数据、企业内部数据等则并不适用。这是由于对集中处理方的信任往往没有技术保证，导致数据依然面临来自企业内部和外部的威胁：首先，企业内部员工可能通过沉淀数据等方式非法获取用户数据；其次，企业由于集中了大量高价值数据，往往成为外部攻击者的目标而面临更多的威胁；再次，其不可审计等缺点导致数据泄露事故发生后无法定责与追责，很多企业的数据泄露事件是等到该数据已在黑市兜售才被发现的，而此时距事故发生往往已经过去了几个月甚至几年。例如，据华尔街见闻报道，万豪酒店由于数据库管理不慎导致 5 亿用户隐私数据泄露，在 4 年后才发现问题。2018 年 7 月，以色列基因公司 MyHeritage 发布声明称超过 9 200 万用户的电子邮件地址和密码遭窃取，其称对用户信息"失窃"不知情，直到被一名研究人员告知发现一台私人服务器存有 9 228 万名用户的电子邮件地址和散列密码，据调查该泄露事故可能发生在 1 年前。因此，基于集中处理方的方案存在严重的信任缺失和不可审计等问题，无法直接满足数据可信处理的需求。

在不依赖于集中处理方且不泄露数据的前提下，对数据进行通用计算的技术可以分为两大类：基于密码学加密技术和基于可信硬件扩展技术。

第一类技术以密码学方法为基础，主要包括安全多方计算（sMPC，secure Multi-Party Computing）[1]和全同态加密（Fully Homomorphic Encryption）[2]等，通过密码学对数据本身以及数据处理过程进行保护，可在不需要数据明文的前提下得到指定的计算结果，从而防止数据泄露。对于现有的实际数据处理场景来说，这类方法通常在兼容性、可验证性、高效性等方面有一定的局限：首先，需要对现有算法进行改造，使其适应安全多方计算和同态加密的要求；其次，计算过程的完整性无法得到保证，如计算节点若为降低计算成本跳过处理过程直接返回预定义结果，接收方无法直接判断结果的有效性，往往需要额外的验证步骤；再次，现有的多方计算和同态加密计算往往引入数十倍甚至上千倍的性能开销[3]，这些局限导致基于密码学的多方安全计算在海量数据的真实环境中实际可用还存在一定距离。

第二类技术以可信硬件技术为基础，如 Intel SGX（Software Guard eXtension）技术[4]、ARM TrustZone 技术、AMD SME/SEV 技术[5]等。这些技术通常基于硬件隔离飞地（Enclave）（或称"安全世界"）为隐私敏感的计算构造可信执行环境（TEE，Trusted Execution Environment），将关键数据明文的暴露时间压缩至仅在处理器内部，使数据在内存、存储、网络中均以密文形式存在，从而大幅提高了窃取数据的难度；其次，对 Enclave 的远程认证和对内存完整性的保证使代码本身和代码执行过程得到保护；再次，硬件的支持对现有软件算法较为友好，大部分已有代码可以直接运行在 Enclave 中。因此，该类技术在通用性、兼容性和性能方面，相对第一类方法能更好地满足现有数据类应用的需求。

在工业界，主流云厂商纷纷利用可信硬件技术打造安全的数据处理系统。2017 年，亚马逊推出了支持 Intel SGX 技术的云服务器，允许用户使用 Enclave 硬件特性。同年，微软推出了基于 Intel SGX 的 ACC（Azure Confidential Computing）产品，并开发了 VC3[6]系统，利用 SGX 运行 Hadoop 实现可信数据处理平台；2018 年，谷歌基于 SGX 开发了 Asylo 系统，对 Enclave 进行了一层封装，允许用户利用硬件 Enclave 在其云平台构建可信的数据处理应用。阿里云已经推出支持 Intel SGX 的裸金属服务器，UCloud 云的产品安全屋也使用了 Enclave 技术以保护用户的数据安全。这些厂商已经充分认识到硬件 Enclave 在数据可信处理方面的作用。

然而，基于可信硬件的数据处理平台依然面临着以下三个方面的挑战。第一，现有硬件 Enclave 技术的安全性依然存在较大的提升空间。现有的 Enclave 设计聚焦在如何抵御来自 Enclave 外部的攻击，对 Enclave 内部运行的代码则完全信任，这导致攻击者能利用内部代码的漏洞进行攻击，从内部将堡垒攻破；同时，硬件 Enclave 依然无法完全抵御侧信道等攻击（Side-channel Attack），如 2018 年的熔断[7]、幽灵[8]、L1TF[9]等漏洞依然可能导致 Enclave 内部数据泄露。单纯依靠体系结构的保护无法完全保证数据安全，需要从系统平台的整体需求出发对硬件设计进行再思考。第二，现有的硬件 Enclave 缺乏对可信数据处理提供平台层的语义支撑。现有的 Enclave 设计主要集中在单个节点的保护和可信认证；在数据方、算法方、计算方三方分离的情况下，Enclave 不仅要提供单节点的计算过程证明，而且提供跨节点的数据流通证明，以支持数据可信溯源等。第三，硬件 Enclave 的性能和可扩展性需要进一步增强，以适应更大规模的数据计算。现有的 Enclave 设计仅面向规模较小的关键数据（如 Intel SGX v1 仅支持 256 MB 物理内存），其创建和切换过程会引入较大的开销，因此需要研究如何在保证安全性的同时，设计 Enclave 体系结构以支持更大规模的数据和计算。

本文提出以基于可信硬件的隔离计算作为切入点，研究数据处理过程中的各方如何在互不信任的前提下进行协同计算，以此为目标探索面向可信数据处理的体系结构支撑方法，具体来说包含以下三方面：首先，研究多层次动态数据隔离保护技术，通过设计新的 Enclave 体系结构，进一步提高系统对数据的保护能力；其次，研究支持溯源的计算过程完整性验证机制，在数据处理平台的层次提供更高层次语义的保护，支持计算验证和数据溯源；再次，研究数据可信处理的性能与可扩展性优化，通过体系结构扩展支持对大数据量计算的支持，并优化 Enclave 的启动和切换延迟，提高整体运行效率。本文通过对这三个方面的研究，充分利用体系结构扩展，为可信数据处理提供更好的隐私性、可验证性、兼容性和高效性。

■ 二　关键科学问题与挑战

对数据价值的追求以及对数据资产的保护之间所存在的矛盾，对可信的多方数据处理技术提出了迫切的需求。具体来说，多方数据处理的参与者可分为以下三方。

（1）数据拥有方：可存在多个节点，每个节点拥有一部分数据。

（2）数据需求方：提供处理算法，期望通过处理数据得到返回结果。

（3）计算提供方：提供运行环境，算法在运行环境中处理数据。

传统的中心化数据处理平台同时承担了三方的角色；而当数据拥有方、数据需求方和计算提供方分开时，三方对彼此皆不信任，形成了一个不同于中心化数据处理平台的威胁模型矩阵，如表 1 所示。

表 1　多方数据处理平台上不同参与方的威胁模型

主体	对象		
	数据拥有方	数据需求方	计算提供方
数据拥有方	信任	算法恶意窃取数据 算法有漏洞被攻击	数据是否被泄露 数据被谁访问过
数据需求方	原数据正确性	信任	算法是否被泄露 算法是否完整执行 返回结果是否正确
计算提供方	原数据完整性	算法是否恶意攻击	信任

其中，数据拥有方主要关注数据不被泄露，同时关注数据访问的可审计性（如通过访问次数进行收费）；数据需求方主要关注数据处理过程的正确性，包括原始数据本身的正确性以及计算过程的完整性，同时关注算法本身的隐私性（算法本身也是一种数据）；计算提供方则主要关注计算环境本身的安全，同时希望向数据拥有方和需求方证明其所提供计算资源的数量和计算服务的正确性。

基于以上分析，本文进一步梳理了数据可信处理的问题和挑战，并归纳出下面三个关键科学问题。

（1）不可信节点计算过程的数据安全性保护问题

计算环境的安全性直接关系到数据和算法的安全性，若计算环境存在安全漏洞，则输入数据、输出数据和算法数据都可能被窃取，算法的执行完整性也无法得到保证。现有的远程认证方法局限在对 Enclave 内部运行代码的证明，无法抵御从 Enclave 外部发起的侧信道等攻击，因此需要设计一种动态的全栈认证机制，以保证执行软硬件环境的可控性。这对数据拥有方和数据需求方来说都是一个关键的问题。

（2）不可信算法处理过程的数据隐私保护问题

算法在可信执行环境中可访问到数据的明文，若算法为恶意，则存在直接窃取用户数据的可能性。沙盒执行环境可保证数据的入口和出口唯一，但无法保证从沙盒中流出的返回数据（如机器学习后的模型数据）不包含可逆推出原始数据的信息。由于系统级的防御方法缺乏对应用层算法语义的理解，因此需要设计一种多层次的方法用于证明算法无法窃取数据。这对数据拥有方来说是一个关键的问题。

（3）不泄露数据明文前提下的数据有效性证明问题

真实的数据才能产生价值。数据拥有方可能通过伪造数据欺骗数据需求方以生成错误的结果或恶意骗取访问数据的费用。仅仅依靠哈希值能保证数据的完整性，却无法证明数据的有效性；而依靠线下的第三方证明则无法与数据计算平台无缝对接。同时，该证明过程不需要数据的明文以保证数据的隐私性。这对数据需求方来说是一个关键的问题。

■ 三　国内外相关工作

学术界和工业界在硬件 Enclave 的体系结构扩展和对数据的保护方面开展了许多工作，

部分研究成果已应用到实际的软硬件产品中，本节介绍在安全处理器与可信体系结构扩展，以及现有软件对硬件安全特性的支持这两方面的相关工作。

3.1 面向数据隔离的新型处理器与体系结构扩展

安全处理器在过去十年已被广泛研究[10-13]。Lie 等[10]提出了 XOM 处理器，在处理器中加入了安全增强的模块和加解密逻辑，用户程序代码和关键性数据在运行时仅在处理器内部进行解密，而在交换到内存时进行加密。Suh 等[11]设计了 Aegis 安全处理器，AEGIS 使用了 Merkle 哈希树技术来保证内存数据的完整性，根哈希值保存在处理器内部，可防止物理重放攻击。Rogers 等[12]提出了"基于计数器的地址独立 seed 加密（AISE）"内存加密和用于做完整性检查的 Bonsai Merkle Tree（BMT）两个优化方法，大大降低了安全处理器加解密所带来的额外负载。Ascend[13]和 Phantom[14]安全处理器将 O-RAM（Oblivious RAM）技术引入 CPU 的内存控制器中，从而可以防御对内存总线的地址监听攻击，阻止攻击者通过访存模式获得容器内应用的运行信息。

在系统软件协同方面，Champagne 和 Lee[12]提出了软硬件协同的安全架构 Bastion，引入了可信的 Hypervisor 为应用程序提供安全容器，允许其运行在没有修改过的不可信操作系统上。H-SVM[15]和 HyperWall[16]等研究工作提出通过新的硬件特性将虚拟机监控器的安全保护与内存资源管理进行解耦。其中，H-SVM 提出在硬件上使用微程序来执行内存保护，而 HyperWall 引入了 CIP（保密性和完整性保护）表来对虚拟机进行内存隔离。Xia 等[17]提出的 HyperCoffer 安全处理器，通过拦截 VMExit 和 VMEntry，在特权级切换的时刻对交互数据进行保护，并对敏感操作进行审查，以保证虚拟机监控器操作的合法性。

在现有硬件平台上，Intel 的可信执行技术（TXT，Trusted Execution Technology）[18]使用了动态可信根，从而允许计算机在启动后仍然可以加载新的安全代码并对其进行认证。Intel 的 SGX 技术[4]可保证运行在 Enclave 中的数据和代码的完整性和隐私性，且可防御物理攻击；2015 年，SGX 已经在 Intel 的 Skylake 平台上实际部署。ARM 平台的 TrustZone 安全体系扩展已经在大部分移动平台部署，并逐渐在服务器平台得到应用，其即将推出的 Bowmore 技术采用硬件加密的方式保护内存，并支持对系统软件的保护与多层嵌套。AMD 也推出了类似 Intel SGX 的安全硬件扩展技术 SME（Secure Memory Encryption）和 SEV（Secure Encrypted Virtualization）[5]，通过对内存进行加密防御物理攻击，同时对虚拟化提供良好的支持。

3.2 基于新型体系结构扩展的系统软件

微软研究院与 Intel 合作，基于 SGX 设计并实现了 VC3[6]系统和 Haven[19]系统。其中，VC3[6]利用 SGX 来保护 Hadoop 中的用户代码，TCB 中不包含操作系统、Hypervisor 和 Hadoop 框架本身，因此其尺寸大大降低。Haven[19]将整个客户系统作为一个应用运行在 Enclave 中，仅将部分系统调用重定向到外部不可信操作系统中，从而扩展 SGX 的系统执行能力。Gupta 等[20]将 SGX 应用在了双方安全计算中，使其在特定威胁模型中更为实用、也更高效。Cheng 等[21]为 SGX 等隔离执行环境实现了一套新的接口——SuperCall，使运行在隔离环境中的应用逻辑可以安全地使用外部函数和外部资源，从而不再要求隔离执行环境中的应用逻辑自包含，使隔离应用逻辑的设计和实现更为灵活。

在基于 ARM TrustZone 的系统软件方面,微软研究人员提出了 TLR 可信运行时系统[13],利用 TrustZone[12]技术结合微软.NET 平台执行环境为隐私数据相关的应用提供一个完全隔离运行的可信执行环境。SPROBES[22]和 TZ-RKP[23]通过将一部分普通世界运行的关键操作(如内存管理)移入安全世界运行,以保证对这些操作的访问控制无法被绕过。SeCRet[24]则在此基础上进一步实现了两个世界之间的安全通信。

在基于硬件虚拟化技术的安全隔离方面,许多研究者通过在硬件和操作系统之间增加额外的虚拟化层,在不同的粒度对关键数据和代码进行隔离,从而获得良好的可维护性、容错性以及可拓展性[25-27]。

3.3 国内相关研究进展

国内在基于体系结构支撑的系统与应用安全方面也有大量研究,王高祖等[28]提出将 ucLinux 与 TrustZone 结合,并与 Linux 权限管理系统整合以提供更灵活的保护[29]。Sun 等提出了 TrustICE 系统[30]和 TrustOTP 系统[31],利用 TrustZone 技术分别实现了隔离执行环境和安全的一次性密码(OTP,One Time Password)。Li 等[32]提出了一种不依赖于硬件驱动的可信执行环境设计方法,通过复用非可信设备驱动的方式,将驱动代码从可信基中移除,从而进一步减小了可信计算基。范冠男等[33]提出了基于 TrustZone 的可信执行环境构建技术,通过对主流的安全操作系统 OP-TEE 深入分析,研究可信执行环境的整体结构,提出可信应用的开发方法;同时,利用 TPM 硬件,提出了基于反向完整性验证的 Linux 安全启动方法[34]。

此外,上海交通大学也在利用体系结构特性保护数据方面做了一系列工作:基于硬件虚拟化提出了 CHAOS[25]系统和 CloudVisor[27]系统,分别从进程的粒度和虚拟机的粒度提供隐私性与完整性保护。其中,CHAOS[25]利用硬件虚拟化技术将操作系统作为不可信软件层进行隔离,操作系统可以管理应用程序并为其提供系统调用服务,但无法窃取或篡改应用程序的数据。CloudVisor[27]则利用嵌套虚拟化技术将 Hypervisor 与客户虚拟机进行隔离,在不信任 Hypervisor 的前提下仅允许其对客户虚拟机进行管理,不允许其非法读写客户虚拟机的内存。基于 ARM TrustZone,分别在手机端[32,35-36]和服务器端[37]保护数据和操作的安全性与可验证性,同时进一步减小可信计算基。

3.4 现有工作的不足

现有工作的重点还是围绕体系结构与系统软件,从数据处理的角度出发保护数据安全与隐私的工作相对较少,在硬件 Enclave 所提供的安全性与数据处理所需的可信之间依然存在鸿沟。另外,现有工作并没有完全考虑侧信道攻击所带来的数据泄露,过度依赖体系结构在组件层面而非系统层面所提供的安全性。这些局限导致现有的工作并不能直接解决数据可信处理的需求。

■ 四 创新性方法与思路

针对当前由于数据隔离而导致的数据孤岛问题,面向在数据不泄露的前提下统一处理分布在多个数据源的数据以产生更大价值的实际需求,本文提出基于体系结构扩展支撑数据可信处理的研究思路，在多计算节点互不可信的场景中实现多方数据的可信处理。首先，通过安全增强的硬件 Enclave 机制以及软硬件框架，突破防御侧信道等攻击的关键技术，实现保护用户数据隐私的执行环境；其次，基于可认证的数据处理机制，突破基于数据认证、执行认证的数据溯源关键技术；再次，针对可信执行环境性能额外负载较高的问题，从硬件快速切换、大数据高效访问以及多节点互操作的角度对性能进行多层次的优化研究，为数据的可信处理提供更好的隐私性、可验证性、兼容性和高效性。研究思路的整体架构如图1所示。

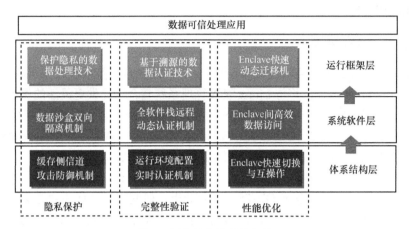

图 1　研究思路的整体架构

4.1　多层次动态数据隔离保护技术

硬件 Enclave 通过内存加密和隔离技术增强运行时数据的安全性，可在一定程度上防止数据在计算过程中被 Enclave 外部的攻击者恶意窃取。现有 Enclave 的安全性完全依赖于硬件实现的正确性和 Enclave 内部算法软件的正确性。然而，在多节点互不信任的情况下，Enclave 内部运行的算法本身不再被数据拥有方所信任；算法本身也可能存在安全漏洞，一旦被攻击者利用，则可从内部泄露数据。此外，硬件实现同样可能存在安全缺陷，可能由于计算资源共享导致侧信道攻击而泄露用户数据。

基于硬件 Enclave 的数据可信处理系统软硬件的研究思路包含以下三方面。

首先，在体系结构层，研究对缓存侧信道攻击的防御机制，从最底层提高 Enclave 的数据隐私保护能力。现有硬件中，Enclave 的页表仍然由操作系统直接管理，因此一个恶意的操作系统可以操控页表并通过运行时的缺页异常发生的模式对 Enclave 内部数据进行侧信道攻击；同样，Enclave 内部与外部共享 CPU 的缓存、TLB、跳转预测表等硬件，因此外部可能通过残留在这些硬件模块中的数据以及 Enclave 中运行的算法逆向推导出 Enclave 的内部数据。为抵御侧信道攻击，需要研究缓存隔离技术，通过对缓存在时间和空间上的隔离，使 Enclave 外部无法获取 Enclave 内部对缓存的使用模式；同时，研究 Enclave 内外的页表组织方式，在保证原有语义的同时，将对 Enclave 页表的控制转移到 Enclave 内部，从而防止外部的操作系统通过缺页异常行为推断 Enclave 内部的关键数据。

其次，在系统软件层，研究面向硬件 Enclave 的双向隔离沙盒机制，在假设 Enclave 内部软件存在漏洞的前提下，保证数据不会泄露。具体来说，需要研究系统级的内存访问隔离技术，对于 Enclave 的访存操作进行监控和限制，控制 Enclave 代码对外部内存的访问；研究系统级 I/O 隔离技术，限制 Enclave 在运行时的所有外部 I/O 操作，在保证功能正确性的同时审计 I/O 的内容；研究多 Enclave 协同的安全互操作，允许多个 Enclave 组成更大的可信执行环境，并对隔离的边界进行相应的扩展。

最后，在运行框架层，研究保护隐私的数据处理技术，保证算法返回的处理结果不会泄露用户的隐私数据。算法本身可能通过对关键数据的部分信息进行编码，并通过合法的数据通道以返回值的形式泄露关键数据。具体来说，需要研究基于软件错误隔离技术的数据访问控制，以更细的粒度控制 Enclave 中的算法对数据的访问能力；研究数据流追踪和控制技术，跟踪所有由关键数据生成的中间数据与结果数据，控制包含关键数据相关信息的数据流出；研究多个 Enclave 间的数据流控制技术，确保隐私保护算法模块在数据流动过程中不可被绕过，以保证返回数据所包含的信息无法被逆向推导出原始数据的信息。

4.2 支持溯源的计算过程完整性验证机制

数据拥有方与数据需求方在计算过程中的分离，使对计算环境和计算过程的验证变得非常重要。

一方面，数据拥有方在将加密数据传输至计算节点之前，需要先对计算节点的环境进行远程认证，以检验其计算环境的安全性。具体来说，需要认证 Enclave 硬件的合法性，以及运行在计算节点上软件的完整性。然而，现有的 Enclave 远程认证技术仅能认证运行在 Enclave 内部的软件，无法验证 Enclave 外部软件环境（如操作系统）和硬件环境配置（如内存页表的配置等），这导致恶意的计算节点可通过在 Enclave 外部部署恶意软件，在本机进行侧信道等攻击窃取 Enclave 内部数据。

另一方面，数据需求方需要对数据处理过程进行验证，以保证计算结果的正确性。具体来说，需要验证计算返回的结果确实来自正确的算法处理正确的原始数据。这意味着在数据处理的过程中，除了生成计算结果还需要生成相应的证明，包含验证时所需要的元数据，该元数据不应包含任何可能泄露原始数据的信息，且无法被篡改，从而实现数据的可信溯源。现有的硬件 Enclave 认证机制仅支持对所加载代码的静态认证，缺乏对计算过程完整性的验证，因此无法满足数据溯源的需求。

可验证数据处理系统软硬件的研究思路包含以下三方面。

首先，在系统结构层，实现对运行系统配置的实时验证，进一步增强 Enclave 对系统运行环境的可控性和可检验性。现有的 Enclave 不支持对外部环境的验证，导致 Enclave 内部无法判断外部的系统软件是否按照 Enclave 的要求对硬件做出正确的配置；已知的一些攻击往往利用这一点进行侧信道攻击，如将 Enclave 与恶意线程调度在同一个 CPU 核上的不同超线程运行，利用 CPU 中的缓存访问行为推断 Enclave 中的关键数据。具体来说，需要研究 Enclave 安全对外部硬件配置的依赖，从硬件资源共享的角度考虑所有可能泄露 Enclave 行为模式的硬件模块；研究计算资源动态配置的方式，通过扩展硬件的方法为系统软件提供新的接口以实现对资源的划分；在上述基础上，研究为 Enclave 提供硬件资源配置的证明方式，允许 Enclave 内部对资源的具体划分方式进行检验，从而阻止系统软件通过共享的硬件模块发起侧信道攻击来窃取 Enclave 内部的隐私。

其次，在系统软件层，研究面向全软件栈的远程认证技术，允许计算节点动态认证包括虚拟机监控器、操作系统和数据处理算法在内的所有软件，同时对执行过程生成不可篡改的可验证证明。具体来说，需要研究双层验证技术，即对系统软件层完整性证明与 Enclave 软件层完整性证明的结合，以保证加载过程的安全性；研究从源码到程序二进制之间的证明，以保证所加载的二进制代码与源码的确定性对应关系；研究对动态执行过程的完整性保护，如何通过插桩等方式在运行时生成记录，以证明系统整体代码执行流的正确性。通过对系统整体软件栈的验证，一方面可为上层的数据溯源提供支撑，另一方面可进一步缩小所运行代码数量，从而减小攻击面，防止在系统软件层面的侧信道攻击。

最后，在运行框架层，利用系统软件所提供的执行过程证明，构造数据全生命周期的溯源框架，允许数据使用者在不获取原始数据明文且无须重复计算的前提下，高效检验返回结果的正确性。具体来说，研究面向证明的数据与代码的抽象模型，使证明中包含必要的元数据信息以用于支撑对数据流的溯源；研究可信的数据确权证明，在不泄露用户隐私的前提下，允许用户证明对数据的拥有权；研究对证明数据的可信签名技术，保证并证明签名所用私钥的安全属性，包括唯一性、不会离开 Enclave、可容错性等，用于支持数据溯源证明框架。通过上述研究，形成三种证明：数据源的合法性证明（即确权证明）、处理算法的运行证明，以及处理后所生成的结果数据的证明。这三种证明组合后形成数据流动的证明链，其中，每一点的数据皆可通过证明追溯到对应的数据源和处理算法，从而可检验所有数据的合法性。

4.3 数据可信处理的性能与可扩展性优化

目前的硬件 Enclave 在提供隔离保护的规模上仍然存在局限，通常只用于提供对用户程序的小部分私密代码或数据的隔离保护，不适用于大规模数据的处理和保护。例如，在 Intel SGX 的设计中，当需要对敏感数据进行操作或进行某些敏感计算时，用户程序需要显示地将敏感代码和数据放在 Enclave Page Cache（EPC）中；然而，当需要隔离保护的数据量比较大，并且有多个互不信任的用户程序或算法需要访问该数据时（如多线程的 Web 服务），采用这种 Enclave 设计往往意味着为每个不同客户创建多个彼此独立的 Enclave，其间会有大量 EPC 的分配、Enclave 的退出重入以及私密数据的复制操作，并造成比较大的性能开销。因此，传统的硬件 Enclave 设计并不适用于这种数据量大、用户数多的应用场景。

对数据可信处理的软硬件系统的性能和可扩展性优化的研究思路包含以下三方面。

首先，需要研究多个 Enclave 之间的高效数据可信处理。现有的硬件加密机制限制了多个 Enclave 之间的数据共享能力，因此需要研究新的内存映射和数据加密机制，允许同一块内存同时映射到多个 Enclave 的地址空间，从而避免数据在多个 Enclave 之间的加密、解密与复制。为此，需要在体系结构层研究 Enclave 的密钥管理，以及对安全共享内存的完整性保护机制，从而为系统软件的内存共享提供支撑。系统软件层则需要研究如何利用新的硬件机制来设计多个 Enclave 间的内存共享方式，分析共享数据的安全模型，研究共享数据的访问同步机制。

其次，需要研究 Enclave 的快速创建与高效切换机制。在现有的 Enclave 创建过程中，需要执行安全内存相关数据结构的配置、远程验证等 Enclave 初始化操作，延迟较高，若同时创建大量的 Enclave，则对延迟的影响更大；在 Enclave 创建完成后，进出 Enclave 也存在较大性能开销，尤其对于较细的隔离粒度应用，往往导致 Enclave 频繁地进出切换。为此，需要在体系结构层研究 Enclave 的快速初始化技术，避免重复的初始化流程；研究快速认证技术，在保证安全性的前提下消除对新创建 Enclave 的冗余认证；研究 Enclave 快速切换技术，对细粒度隔离应用中的特定场景进行动态识别和有针对性的优化。

最后，在运行框架层，研究 Enclave 在多个物理主机间的快速动态迁移。现有隔离机制通常会绑定硬件与在隔离环境中运行的软件，不同 CPU 对内存的加密密钥不可导出，这为云计算平台场景中包含 Enclave 的虚拟机迁移带来了障碍。同时，当 Enclave 中包含的数据量较大时，对内部数据的加密和解密操作将会大大增加迁移的时间开销。因此，需要探索一种支持隔离执行环境快速动态迁移的方法，包括应用状态的状态串行化、加解密保护与密钥部署、迁移节点间的安全会话建立与迁移协议，以及动态迁移的触发过程控制管理；同时需要研究 Enclave 对数据的访存行为与迁移时间之间的量化关系，通过减少 Enclave 中的活跃数据量降低加解密带来的开销，提升迁移的性能。

五 有效性分析与论证

本文提出的研究方法与思路对数据拥有方、数据需求方和计算提供方的划分方法与威胁模型分析符合实际的需求，所提出的关键问题也与实际情况相符。硬件 Enclave 技术在数据隐私保护方面得到了一定的应用和验证，主流芯片厂商纷纷推出基于体系结构的安全扩展，并在手机终端、云服务器等多个领域得到实际部署。基于已有的软硬件系统和经验，一方面通过对现有系统软件（包括操作系统、运行时框架等）进行重新设计以满足体系结构扩展的特性，另一方面则通过对体系结构进行改进以更合理地实现功能划分和性能优化。

本文提出的研究方法在理论上得到了初步验证。

首先，研究人员在类 Intel SGX 的安全处理器方面，提出了一种支持虚拟化的安全处理器 HyperCoffer[17]，可满足现有虚拟化平台的兼容性需求，从而使安全处理器可直接支持现有虚拟机镜像；提出了基于垫片（Shim）机制的安全处理器设计方法，将安全处理器与虚拟机监控器的交互通过垫片逻辑来实现，减少对现有系统的修改。这为本文中对体系结构的改进与支撑相关研究内容提供了基础。

其次，在 ARM TrustZone 方面，研究人员提出了利用 ARM TrustZone 防御移动平台广告单击欺诈的方法 AdAttester[35]，利用 ARM TrustZone 硬件特性在智能手机平台实现两个操作原语：不可伪造的用户单击和可验证的显示，并利用该原语在移动平台双域计算环境下实现了基于用户操作认证的方法，可有效地检测与防御目前已知的移动广告欺诈行为。相关工作所基于的 T6 安全操作系统具有很小的计算可信基和较强的可扩展性，为本文中基于 Enclave 的数据与算法执行过程证明的相关研究内容提供了基础。

最后，在跨域交互优化方面，研究人员提出了一种软硬件结合的跨域调用机制[38]，在结合现有的垂直分层权限模型的基础上，增加了横向跨域互操作接口，允许在复杂软件栈尤其是虚拟化环境下，两个执行域之间可直接切换，从而避免了在不同层次间的冗余切换；提出了将硬件认证与软件授权分离的机制，从而提高跨域调用的性能。相关工作为本文中的性能与可扩展性优化的相关研究内容提供了基础。

六　总结与展望

如何安全且高效地利用多维度的大数据，从而通过多方数据融合产生更大的价值，是一个亟待解决的问题。当前由于缺乏有效的数据管控方式，数据拥有方为了保护数据，往往将数据隔离存储并严格限制其流通，在客观上导致数据无法融合而形成数据孤岛。传统的基于第三方中心化处理分布数据的方案过度依赖对第三方的信任，基于密码学的多方安全计算和全同态加密方案在兼容性、可验证性和性能方面依然存在局限。本文则提出面向可信数据处理的体系结构支撑方法，从多层次动态数据隔离保护技术、支持溯源的计算过程完整性验证机制，以及数据安全处理的性能与可扩展性优化三方面展开研究，利用体系结构扩展为数据的可信处理提供更好的隐私性、可验证性、兼容性和高效性。

参考文献:

[1] GOLDREICH O. Secure multi-party computation[J]. Manuscript. Preliminary Version, 1998(78).

[2] GENTRY C. Fully homomorphic encryption using ideal lattices[C]//ACM Symposium on Theory of Computing. 2009: 169-178.

[3] ZHU R Y. NANOPI: extreme-scale actively-secure multi-party computation[C]//Proceedings of the 2018 ACM SIGSAC Conference on Computer and Communications Security. 2018.

[4] MC-KEEN F. Innovative instructions and software model for isolated execution[C]//Proceedings of the 2nd International Workshop on Hardware and Architectural Support for Security and Privacy. 2013.

[5] AMD Incorporated. AMD memory encryption - AMD Developer[R]. White Book, 2016.

[6] SCHUSTER F. VC 3: trustworthy data analytics in the cloud[C]//Proceedings of the 36th IEEE Symposium on Security and Privacy. 2014.

[7] MORITZ L, SCHWARZ M, GRUSS D, et al. Meltdown.[J]. arXiv preprint arXiv:1801.01207, 2018.

[8] KOCHER P, GENKIN D, GRUSS D, et al. Spectre attacks: exploiting speculative execution[J]. arXiv preprint arXiv:1801.01203, 2018.

[9] BULCK V, MINKIN J, WEISSE M. et al. Foreshadow: extracting the keys to the Intel {SGX}kingdom with transient out-of-order execution[C]//27th USENIX Security Symposium (USENIX Security 18). 2018: 991-1008.

[10] LIE D, THEKKATH C, MITCHELL M, et al. Architectural support for copy and tamper resistant software[C]// Proceedings of the ASPLOS. 2000: 168-177.

[11] SUH G, CLARKE D, GASSEND B, et al. AEGIS: architecture for tamper-evident and tamper-resistant processing[C]// Proceedings of the Supercomputing, 2003.

[12] CHAMPAGNE D, LEE R B. Scalable architectural support for trusted software[C]//2010 IEEE 16th International Symposium on High Performance Computer Architecture (HPCA). 2010: 1-12.

[13] FLETCHER C W, DIJK M V, DEVADAS S. A secure processor architecture for encrypted computation on untrusted programs[C]//Proceedings of the Seventh ACM Workshop on Scalable Trusted Computing. 2012: 3-8.

[14] MAAS M, LOVE E, STEFANOV E, et al. Phantom: practical oblivious computation in a secure processor[C]//Proceedings of the 2013 ACM SIGSAC Conference on Computer & Communications Security. 2013: 311-324.

[15] JIN S, AHN J, CHA S, et al. Architectural support for secure virtualiza-tion under a vulnerable hypervisor[C]//Proceedings of the MICRO. 2011.

[16] SZEFER J, LEE R. Architectural support for Hypervisor-secure virtualization[C]//Proceedings of the AS-PLOS. 2012.

[17] XIA Y B, LIU Y T, CHEN H B. Architecture support for guest-transparent VM protection from untrusted hypervisor and physical attacks[C]//Proceedings of 2013 International Symposium on High Performance Computer Architecture (HPCA'13). 2013.

[18] GRAWROCK D. Dynamics of a trusted platform: a building block approach[M]. Intel Press, 2009.

[19] BAUMANN A, PEINADO M, HUNT G. Shielding applications from an untrusted cloud with haven[C]// USENIX Symposium on Operating Systems Design and Implementation (OSDI). 2014.

[20] GUPTA D, MOOD B, FEIGENBAUM I, et al. Using intel software guard extensions for efficient two-party secure function evaluation[C]//International Conference on Financial Cryptography and Data Security. 2016: 302-318.

[21] CHENG Y Q. SuperCall: a secure interface for isolated execution environment to dynamically use external services[M]//Security and Privacy in Communication Networks. Springer International Publishing. 2015: 193-211.

[22] ZHOU Y J. Hybrid user-level sandboxing of third-party Android apps[C]//Proceedings of the 10th ACM Symposium on Information, Computer and Communications Security. 2015.

[23] AHMED A M. Hypervision across worlds: real-time kernel protection from the arm trustzone secure world[C]//Proceedings of the 2014 ACM SIGSAC Conference on Computer and Communications Security. 2014.

[24] SOO J J. SeCReT: secure channel between rich execution environment and trusted execution environment[C]//NDSS. 2015.

[25] CHEN H B, ZHANG F Z, CHEN C, et al. Tamper-resistant execution in an untrusted operating system using a virtual machine monitor[R]. 2007.

[26] CHEN X, GARFINKEL T, LEWIS E, et al. Overshadow: a virtualization-based approach to retrofitting protection in commodity operating systems[C]//Proceedings of the 13th International Conference on Architectural Support for Programming Languages and Operating Systems. 2008: 2-13.

[27] ZHANG F Z, CHEN J, CHEN H B, et al. CloudVisor: retrofitting protection of virtual machines in multi-tenant cloud with nested virtualization[C]//Proceedings of the Twenty-Third ACM Symposium on Operating Systems Principles (SOSP '11). 2011: 203-216.

[28] 王高祖, 李伟华, 徐艳玲, 等. 基于 TrustZone 技术和 μCLinux 的安全嵌入式系统设计与实现[J]. 计算机应用研究, 2008.

[29] 莫毅君, 李伟华, 王高祖. 操作系统安全增强技术中访问控制的研究[J]. 计算机工程与设计, 2008.

[30] SUN H. TrustICE: hardware-assisted isolated computing environments on mobile devices[C]//2015 45th Annual IEEE/IFIP International Conference on Dependable Systems and Networks (DSN). 2015.

[31] SUN H. TrustOTP: transforming smartphones into secure one-time password tokens[C]// Proceedings of the 22nd ACM SIGSAC Conference on Computer and Communications Security. 2015.

[32] LI W H, MA M Y, HAN J C, et al. Building trusted path on untrusted device drivers for mobile devices[C]//Proceedings of the 5th Asia-Pacific Workshop on System (APSys'14). 2014.

[33] 范冠男, 董攀. 基于 TrustZone 的可信执行环境构建技术研究[J]. 信息网络安全, 2016(3): 21-27.

[34] HUANG C, HOU C, DAI H, et al. Research on Linux trusted boot method based on reverse integrity verification[J]. Scientific Programming, 2016.

[35] LI W H, LI H B, CHEN H B, et al. AdAttester: secure online advertisement attestation on mobile devices using TrustZone[C]//Proceedings of the 13th International Conference on Mobile Systems, Applications, and Services (MobiSys'15). 2015.

[36] LI W H, LUO S Y, SUN Z C, et al. VButton: practical attestation of user-driven operations in mobile apps[C]//The 16th Annual International Conference on Mobile Systems, Applications, and Services. 2018.

[37] HUA Z C, GU J Y, XIA Y B, et al. vTZ: virtualizing ARM TrustZone[C]//Usenix Security Symposium 2017. 2017.

[38] LI W H, XIA Y B, CHEN H B, et al. Reducing world switches in virtualized environment with flexible cross-world calls [C]//The 42nd International Symposium on Computer Architecture (ISCA'15). 2015.

程序漏洞分析

基于语义推理的二进制程序自动分割技术

韩皓

南京航空航天大学

摘　要： 内存数据被污染往往是软件攻击的关键原因。从功能角度把程序内存数据划分为控制相关和非控制相关，由此引出控制流劫持攻击和非控制数据攻击（也被称为"面向数据"攻击）。现有研究已经提出了大量用于控制流劫持攻击的防御措施，包括数据执行保护（DEP，Data-Execution Prevention）、内存随机化、控制流完整性（CFI，Control-Flow Integrity）等。但是，针对非控制数据攻击，目前还没有一种实际有效的防御方法。现有的动态污点分析（DTA，Dynamic Taint Analysis）和数据流完整性（DFI，Data-Flow Integrity）方法都会造成巨大的运行开销。

与上述解决方案不同，浏览器等现代应用程序旨在遵循多进程模型将程序功能隔离到不同的进程中，因此一个进程中的内存错误不会直接影响其他进程，这样可以减少内存污染攻击的危害。但目前缺乏一种自动化的方法来分割已有应用程序。本文围绕在不改变程序语义的前提下如何自动分割程序，保证分割后的程序能够正确运行，并减少程序运行开销等问题展开研究。利用代码重写工具，根据数据机密性和上下文信息，将二进制程序自动分割成多个可执行单元，并遵循最小权限原则，保证一个单元的破坏不会影响到其他单元的安全。本文研究对降低程序被攻击空间有着重要意义，为防御内存数据污染攻击提供了一种新的思路。

■ 一　背景介绍

随着软件规模越来越大，软件开发、集成和持续演化越来越复杂，软件运行环境从传统的封闭静态环境拓展为开放、动态、多变的互联网环境，软件安全已成为现代软件技术发展和应用的一个重要研究课题，对促进我国软件产业的振兴与发展具有重大的现实意义。

内存是软件执行的核心载体。内存数据污染（Memory Corruption）通常是由于使用未初始化的内存，使用先前释放的内存或访问超出分配大小的数据缓冲等行为所引起的，内存数据被污染往往是程序漏洞被利用的本质所在。攻击者可以通过内存数据污染劫持程序运行、提升系统权限或偷取机密信息。这种攻击已经成为当下一种主流的系统攻击手段。

目前，内存数据污染主要用来劫持应用程序的控制流。攻击者通过篡改内存中控制流相关数据，如函数栈上的返回地址、堆栈上存贮的函数指针等，使程序执行转向非预期的内存地址，进而执行非法代码。早期的控制流劫持攻击主要集中于代码注入（Code Injection），而近期的攻击则主要利用面向返回编程（ROP，Return-Oriented Programming）[1]以及 JIT（Just-In-Time）ROP[2]方法进行代码重用（Code Reuse）攻击。针对这一问题，研究者提出了许多针对控制流攻击的防御办法，包括 DEP，代码随机化[如地址空间布局随机化（ASLR，Address Space Layout Randomization）、数据空间随机化（DSR，Data Space Randomization）[3]和随机插入 NOP 指令[4]]，CFI[5-6]，代码指针保护[如密码强制控制流完整性（CCFI，Cryptographically Enforced Control Flow Integrity）[7]、代码指针隔离（CPS，

Code-Pointer Sepration）/代码指针完整性（CPI, Code-Pointer Integrity）[8]和 TASR（Timely Address Space Randomization[9]）]等。这些方法在实践中不断被完善，现已趋于成熟。

然而，控制流攻击并不是内存数据污染的唯一后果。随着 Web 浏览器、文档编辑器和服务器等现代应用程序在内存中存储数据的增加，非控制流攻击或面向数据的攻击逐渐被重视起来。在内存地址空间中，非控制数据远比控制数据丰富得多。攻击者可以通过破坏与安全相关的非控制数据，如存储认证结果的变量以及指向密钥的数据指针，来升级系统权限、泄露或篡改机密信息等。2005 年，文献[10]提出了非控制流攻击的概念，但该攻击依赖特定的程序语义，攻击者在实际中难以利用，所以当时并没有得到业界的重视。近几年来，研究者逐步揭示非控制流攻击的强大威力。例如，文献[11]提出一种数据流缝合（Data-Flow Stitching）技术，该技术可以无须程序语义信息系统地构建面向数据攻击。文献[12]提出了面向数据编程（DOP, Data-Oriented Programming）的概念，并首次证明了非控制流攻击的图灵完备性。

针对非控制流攻击，目前并没有一种有效的防御措施。通常用于软件分析和漏洞检查的 DTA 技术[13]在程序运行过程中通过跟踪可疑数据流来检测面向数据的攻击。但是，DTA 在没有硬件支持的情况下开销巨大。此外，经典的 DFI 技术[14]也可以用来防御面向数据流的攻击。DFI 的核心思想是确保程序运行时数据流不会偏离静态分析生成的数据流图（Data-Flow Graph）。虽然，DFI 降低了性能开销，不够理想。后续工作试图解决这个问题，但主要集中于内核[15]，依赖于特殊硬件[16]或者妥协一定的安全性，如写完整性测试（WIT, Write Integrity Testing）[17]。

与上述解决方案不同，本文针对现有非控制流防御措施面临的防御效果不佳、性能损失过大、依赖用户注释和源代码等问题，提出一种基于语义推理的程序自动分割技术，以实现敏感数据（代码）和非敏感数据（代码）隔离——各自遵循最小权限原则，进而减少程序受攻击面（Attack Surface），这为面向数据攻击的防御提供了一种新思路。例如 Chrome 浏览器开发时遵循"多进程模型"将程序分割成不同的进程，因此一个进程中的内存错误不会直接影响其他进程。因为这种设计，2014 年 Chrome 的代码中出现了 600 多个安全漏洞，但这些漏洞的危害非常有限[18]。然而，目前没有一种有效的方法能够实现传统应用程序（尤其是二进制程序）的自动化分割。此外，按照什么标准划分程序来实现有效的防御也是一个值得探讨的问题。

综上，针对内存数据污染攻击（尤其是非控制流攻击）的防御对提高软件安全有着十分重要的意义。虽然程序分区化设计能够有效抵御内存数据污染攻击，但目前并没有一种自动程序分割技术，该问题的解决仍旧面临着众多的挑战，其相关研究具有非常重要的实践与研究价值。

二　关键科学问题与挑战

综合来讲，前文所述的内存数据污染防御方案主要存在以下问题。

首先，缺乏一种针对非控制流攻击的有效防御机制。目前研究主要集中于控制流攻击的防御，与非控制流相关的研究还处于起步阶段。已有方法并没有得到实际应用，其主要原因在于：①性能开销大；②与现有系统兼容性不足；③防御效果不佳。本文方案与现有防御方案的思路不同在于：已有的方案试图在目标程序中插入额外安全检查代码来防止漏洞的发生或者被利用；本文方案试图以较小的开销来防止内存污染攻击，减少了不必要的安全检查代码，能在一定程度上防止攻击者利用漏洞攻击的危害（如信息泄露、权限提升、敏感数据破坏、远程控制、拒绝服务等）。

其次，缺乏敏感数据及其上下文的自动推理机制。由于程序内存中非控制相关数据远多于控制相关数据，出于性能的考虑，保护所有非控制流数据显然不切实际；但从安全性角度考虑，为了防止可能只有 5%的敏感数据被非法读写，不得不保护其余 95%的非敏感数据的读写。程序分割机制可以减少不必要的非敏感部分的保护，从而大大提高程序运行性能，但这类方法依赖针对敏感数据的推理机制。现有方法大多要求开发人员在源代码注释敏感信息，但这种方法容易出错，且不适用于二进制程序。

最后，缺乏可靠的代码重写机制。现有方案大多从程序设计阶段就遵循分割的设计原则——将不同模块隔离到不同的进程中，但这种方法无法适用于已有 COTS（Commercial Off-The-Shelf）应用程序，因此缺乏一定的通用性。此外，现有的重写技术大多依赖程序源码，需要编译器辅助，缺乏一种能直接应用于二进制文件的分割机制。

在研究的过程中，以下三个问题的解决是达成研究目标的关键。

（1）二进制程序中语义信息及上下文推理

首先需要解决的一个具有挑战性的问题是如何自动识别需要隔离的敏感数据流。控制流与非控制流不同，前者拥有明确的攻击或防御对象——函数返回地址和各种代码指针；而后者的目标大多依赖程序语义。由于二进制文件在编译和链接的过程中丢失大量语义信息，本文需要恢复丢失的特定语义信息，并在此基础上设计上下文推理算法发现敏感数据，拥有不同上下文的语义自治单元，以及独立的程序功能结构单元。这些信息是在防御非控制流攻击框架下分割程序的前提条件，解决了"为什么分"的问题。

（2）语义导向的程序依赖关系图的分割及其优化

如何基于上下文对程序进行分割是本文需要解决的另一个关键问题。首先，需要考虑从二进制程序中构建程序依赖关系图的问题。在此基础上，按照节点的依赖关系把拥有不同语义上下文的程序语句标记成不同颜色，然后进行分割。其次，还需要考虑分割粒度、分割数量以及分割后跨进程通信机制的问题，其目的是减少不必要的跨进程通信与数据传输，从而达到程序分割后运行性能的最优化，解决了"分什么"的问题。

（3）面向二进制程序静态重写的程序自动转换

面向二进制程序静态重写的程序转换是实现程序自动分割的关键。当目标程序不提供源代码时，直接修改 COTS 二进制文件甚至是 stripped 的二进制文件来实现自动分割变得尤为困难。本文研究了如何利用启发式算法恢复二进制程序中丢失的各种语义信息（如数据类型、符号、函数边界等）。此外，还需要考虑如何自动替换本地过程调用为远程过程调用，解决了"怎么分"的问题。

■ 三　国内外相关工作

针对内存数据污染攻击，学术界已有大量工作，从各种角度提出了一些解决方案。本文以其解决问题的角度来归类阐述研究工作。

3.1 针对控制流攻击的防御技术的研究

控制流攻击作为传统的内存污染攻击方式，造成的危害极大。早期控制流攻击主要通过代码注入，在目标程序地址空间中写入恶意代码，并通过劫持程序控制流执行这些恶意代码。为了防御这类攻击，研究人员提出了 ASLR、DEP 和 Stack Canaries，但这些技术对代码重用攻击的防御不足。代码重用攻击利用已有程序代码绕过 DEP，通过即时编译绕过 ASLR，且能通过信息泄露技术绕过 Stack Canaries。为了抵御这种攻击，研究人员提出了控制流完整性（CFI）。该方法的核心思想是依据静态分析，获得程序的控制流图（CFG，Control-Flow Graph），并要求程序严格按照 CFG 执行。这种方法从理论上可以防御所有控制流相关的攻击，但运行开销大。因此，后续大量工作从性能、兼容性和安全性角度提出了一系列 CFI 的实现方案。例如，CCFIR[19]实现了一种粗粒度的 CFI，其通过随机化每次跳转指令目标的布局来优化验证跳转目标的性能。BinCFI[20]在不需要程序源码的情况下实现 CFI。π-CFI[21]和 PITTYPAT[22]通过动态更新每条跳转指令的合法目的地址集，试图解决静态生成的 CFG 的无状态安全策略。CCFI[7]通过加/解密跳转指令的目的地址，防止这些关键非控制数据被恶意篡改。CPI/CPS[8]把敏感指针数据存放在安全区中，只有安全的指针操作才能访问安全区，以此达到保护敏感指针数据不被劫持的目的。

另外，有研究者提出使用硬件来加速 CFI。例如，CFIMon[23]从处理器的分支跟踪存储中收集程序选择的传输目标，并根据 Point-to 分析的结果验证所选目标。ROPecker[24]同样介入关键安全事件并检查最近分支记录（LBR，Last Branch Recording），但将检查所选分支历史的信息与前向分析相结合。PathArmor[25]侧重于系统调用，收集 LBR 中最后一个传输目标，并确定是否存在通过 CFG 到达每个传输目标的可行路径。详细内容参考文献[26]。

3.2 针对非控制流攻击的防御技术的研究

文献[27]首先证明了非控制流（面向数据）攻击的存在。在此基础上，文献[10]对这种类型的攻击进行了广泛的研究，并展示了其对现实世界中应用程序的影响。文献[11]提出了一种自动构建非控制数据漏洞的技术，其关键思想是通过自动筛选与安全相关的数据流片段，然后通过拼接其他内存中的数据流来污染安全数据。文献[28]指出非控制流攻击不仅可以利用内存漏洞篡改数据，而且可以通过污染内存数据间接地修改程序的控制流，并保证篡改后的程序可以通过 CFI 检查。文献[12]提出面向数据编程（DOP，Data-Oriented Programming）的概念，并首次证明了非控制流攻击的图灵完备性。DOP 的核心思想是通过内存错误劫持用于循环的条件判断数据和运算变量，在保证不违法控制流逻辑的情况下完成恶意攻击。

相比非控制数据攻击方法，针对这类攻击的防御目前还比较滞后。除了前文提到的 DTA[13]和 DFI[14]技术，另一种防御机制侧重于在系统层实施类型和边界检查。例如，Softbound[29]提出了"胖"指针（Fat-Pointer）的概念，利用编译阶段静态分析为每个指针变量加入边界信息，并在读写时动态判断访问是否越界，这样可以消除 C/C++程序的安全漏洞。文献[30]使用动态污点分析来标记所有关键数据以跟踪受污染数据的传播，因此可以通过识别受污染数据的完整性来检测攻击。但是，受此技术保护的程序运行速度是正常情况下执行的 25 倍，导致该技术无法广泛采用。

3.3 程序分割技术的研究

程序分割技术的研究最早出现于并行计算领域。近十几年，此技术逐渐受到安全领域研究者的重视。与并行计算不同，安全领域研究程序分割技术主要为了提高隔离性——各自遵循最小权限原则，这样可以大大降低内存数据污染攻击的危害。

目前程序分割技术可以分为两类：手动和自动。手动程序分割技术主要帮助程序开发人员分割源码。例如，Wedge[31]提供了一个动态分析工具分析程序使用内存的情况，帮助程序员决定分区的边界，并提供 API 实现程序的分割。Trellis[32]从用户注解（Annotation）中推断出应用程序对不同代码和数据块的访问策略，并通过修改的底层操作系统强制执行不同分区的访问策略。自动程序分割采用静态或动态程序分析技术减少人工操作。例如，Privtrans[33]使用静态分析技术，根据用户注释自动将 C 程序划分为具有敏感信息的主进程和非特权的从属进程。ProgramCutter[34]使用动态数据依赖分析将程序源码划分成权限分离的不同组件，其工作原理是构造一个动态数据依赖图，然后使用多终端最小割算法将依赖图分割成子图以平衡性能和安全性。PtrSplit[35]着重解决了敏感分区和非敏感分区之间远程过程调用的指针参数传递。此外，随着虚拟化技术和可信执行环境的出现，如英特尔的 SGX 技术和 ARM 的 TrustZone 技术，分割后程序的安全性得到了进一步的提高。例如，SeCage[36]通过 Intel 硬件虚拟化支持将敏感分区隔离。

四　个人创新性解决思路

图 1 展示了本文的总体研究方案和系统结构。本文的研究内容包括：程序上下文推理，基于上下文的多分区分割，以及面向二进制格式的程序静态重写等问题。

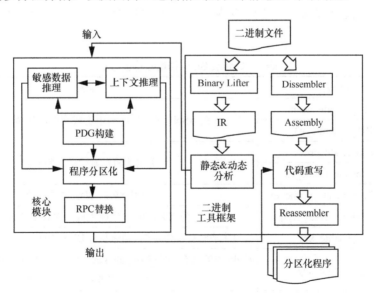

图 1　总体研究方案和系统结构

4.1 自动推理敏感数据及其上下文技术

本节介绍如何从潜在攻击目标入手推理与安全相关的敏感数据集。具体来说，潜在攻击目标包括以下内容。

（1）系统调用参数

篡改安全关键系统调用的参数（如 setuid、execute）可能导致特权升级或非预期的程序执行。将关键系统调用的参数作为输入，本文将识别所有可能影响这些参数值的变量作为敏感数据。

（2）配置数据

许多应用程序（如 Web 服务器）需要配置文件来定义访问控制策略和文件路径目录，以指定受信任的可执行文件的位置。如果攻击者能够破坏此类配置数据，则会导致执行非预期的应用程序并绕过预期的访问控制。

（3）密码和生成的密钥

应用程序可能包含一些程序机密，如密码和生成的密钥（如通过 OpenSSL 密钥生成函数）。密码和私钥的泄露允许攻击者通过验证直接访问加密数据。

（4）决策相关数据

如果决策数据受到威胁，攻击者可以将程序流重定向到非预期的分支，从而绕过预期的访问控制或者权限检查。

下面以推理密钥为例，介绍具体的研究思路。笔者观察到大多数应用程序依赖标准库（如 libcrypto.so 和 libssl.so）进行密钥相关操作，因此可以标记出一组能够生成新密钥的初始敏感函数集。本文通过分析 libcrypto.so 和 libssl.so（1.0.1f），在其定义的 2 987 个公开函数中标记了 17 个密钥函数（如表 1 所示），这些函数在返回中都包含密钥相关数据。使用此初始集合，执行依赖性分析收集可能来自或来自初始集的所有相关变量。例如，OpenSSL 中定义的函数 RSAPrivateKey_dup 复制一个 RSA 结构实例中的 RSA 私钥。虽然该函数没有被标记为初始敏感函数，但通过依赖性分析，该函数也会自动标记为敏感函数。

表 1　OpenSSL 中初始敏感函数集

序号	函数名	描述
1	ASN1_generate_nconf	在 ASN1_TYPE 结构中生成字符串的 ASN1 编码
2	ASN1_generate_v3	
3	BN_generate_prime	生成伪随机素数的比特长度
4	BN_generate_prime_ex	
5	BN_X931_generate_prime_ex	使用 X9.31 算法生成素数
6	BN_X931_generate_Xpq	为 X9.31 素数生成生成一对参数 Xp, Xq
7	DH_generate_key	通过生成私有和公共 DH 值来执行 Diffie-Hellman 密钥交换的第一步
8	DH_compute_key	从 dh 中的私有 DH 值和 pub_key 中的另一方的公共值计算共享密钥，并将其存储在密钥中
9	ECDH_compute_key	Elliptic Curve Diffie Hellman
10	DH_generate_parameters	生成可以在一组用户之间共享的 Diffie-Hellman 参数
11	DH_generate_parameters_ex	

序号	函数名	描述
12	DSA_generate_key	生成一个新的密钥对，并将其存储在 pub_key 和 priv_key 中
13	DSA_generate_parameters	生成素数 p 和 q 以及用于 DSA 的生成器 g，并将结果存储在 DSA
14	DSA_generate_parameters_ex	结构中
15	EC_KEY_generate_key	为提供的 eckey 对象生成新的公钥和私钥
16	RSA_generate_key	生成密钥对并将其存储在 RSA 提供的 RSA 结构中
17	RSA_generate_key_ex	

这种推理过程要求用户对目标程序或使用的安全库/协议有深入的了解。但应用程序有可能选择不调用标准函数库，而是自行生成密钥。大多数现有的密码协议共享一个隐式模型，因此可以通过启发式算法进行推理。例如，以 RSA 实验室提出的基于密码的密钥导出函数（PBKDF）。PBKDF 定义了如何基于明文密码生成派生密钥，其包括 4 个关键组件：用户提供的原始明文密码、随机值、安全哈希函数和函数运行的迭代。PBKDF 将明文密码与随机数组合在一起，通过多次迭代哈希函数内存块生成密钥。虽然 PBKDF 的实现有所不同，但基本算法保持不变。我们可以通过计算内存数据的熵（Entropy）来推理密钥和原始密码所在的内存地址。相同的原则也可以应用于其他基于密码的派生方法，如 Argon2 等。

通过上述方法找到的敏感数据集有可能过大，因此需要适当的方法来删除一些敏感但安全的数据。例如，通过信息泄露分析，可以去除一些敏感但没有泄露途径的数据；或者通过污点跟踪技术，去除一些不会被用户输入篡改的敏感数据。需要注意的是，我们假设现有的控制流劫持攻击的防御方案可以限制控制流攻击的危害，因此所有控制流相关的数据（如代码指针）都不被视为敏感数据。

除了推理敏感数据，本文还研究如何推理上下文。为此，引入执行单元的概念。简单来说，执行单元是处理特定对象（如事件、URL 或请求）的指令执行段。笔者观察到，各种长期运行（Long-Running）程序的执行大多由少量循环控制，每个循环具有大量迭代，如工作线程中接收和分派处理单个任务的循环。因为它经常处理单个输入，并处理特定的上下文，这种循环的每次迭代都可以被视为一个语义自治单元。为了防止非法指令跨越不同的上下文访问数据，本文将每个单元划分成独立的进程。

为了检测二进制代码的执行单元，本文利用已有工作的两个观察性结论[37]：①单元循环体（如事件处理循环）通常是顶级或二级循环，排除其他嵌套循环的可能；②单元循环体通常使用系统调用来接收输入或产生输出。一些应用程序倾向于使用顶级循环完成程序初始化（如参数解析），由于这类循环不通过系统调用与外部环境交互，因此它们不应该被识别为执行单元。由于对二进制代码静态分析相对困难，本文计划使用动态分析方法来发现执行单元。首先构建程序控制流图识别每个循环入口和出口，然后动态分析技术记录每次迭代和循环内部系统调用的开始和结束，过滤掉那些嵌套太深或不涉及 I/O 系统调用的循环。剩下的循环体被视为执行单元，在应用程序二进制文件中标记相应的代码。

除了从事件处理循环推断低级上下文之外，本文还尝试捕获高级语义上下文。为了从二进制文件中自动推断高级上下文，我们将利用差分分析（Differential Analysis）的思想。

其基本思想是多次执行程序二进制文件，分析并跟踪每次运行的差异以识别更多的上下文信息。例如，通过多次运行网页浏览器，第一次开启一个 Tab，第二次开启两个 Tab，以此识别出 Tab 相关的上下文结构。

4.2 基于语义的程序自动分割技术的研究方案

程序依赖关系图（PDG）是程序元素之间依赖关系的图形化表述。程序 P 对应的 PDG 被定义为有向图 $G(N, E)$，其中 N 代表图中所有节点的集合，每一个节点对应 P 的每条程序指令；E 代表图中所有有向边的集合，每条边对应程序指令之间的控制依赖或者数据依赖关系。通常，PDG 有三种依赖边。

（1）定义使用（def-use）依赖：一条指令 n1 使用了另一条指令 n2 中定义的变量 x，则 n1→n2。

（2）读写（Read-after-write）依赖：一条指令 n1 读了另一条指令 n2 写的内存地址 x，则 n1→n2。

（3）控制依赖：如果一条指令 n2 能够确定另一条指令 n1 是否执行，则 n1→n2，其形式化定义是在 n1 到 n2 之间存在一条路径，使除了 n1 和 n2 之外路径上所有节点都由 n1 后控制（Post-Dominated），但 n2 不由 n1 后控制。

目前，研究者已经提出能够构建 PDG 的若干算法，本文采用文献[36]的方法，在 Clang/LLVM 中实现了一个插件以实现模块化 PDG 的构建。该方法提出一种基于类型的参数树（Parameter Tree）来简化过程间（Intra-procedure）数据依赖关系的计算，避免了复杂的全局分析，从而实现了模块化的 PDG 构建。该方法为每个函数定义中的参数引入一棵形参树，其节点包含此函数可以直接或间接通过参数访问到的所有内存对象以及类型。此外，当函数调用时，每个实际参数也将构建一棵实参树，其中的节点会连接到形参树的相应节点上。在构建全局 PDG 时，首先使用过程内分析为每个函数构建依赖图，然后使用参数树将每个函数依赖图"粘合"在一起。假设调用函数中有 n 条写指令影响到被调用函数中的 m 条读指令，通过全局分析构建的 PDG 中有 $O(m \times n)$ 条依赖边，而使用参数树方法构建的 PDG 中只有 $O(m+n)$ 条依赖边，这样可以大大提高程序分析的效率。具体来说，PDG 的构建包括计算过程内依赖和过程间依赖关系。

过程内依赖关系分为控制依赖关系和数据控制关系。其中控制依赖关系可以通过经典算法[38]计算，而数据依赖关系的计算可以分为以下两个部分：

（1）定义使用数据依赖关系：由于 LLVM 使用静态单赋值形式（SSA，Static Single Assignment），因此很容易计算 Def-use 数据依赖关系。具体来说，面对指令中使用变量，只要找到该变量的单一定义，并在 use 指令上添加指向 def 指令的数据依赖就足够了。函数参数定义在函数的开头，因此，函数中使用参数的指令存在一条指向形式参数树根节点的数据依赖边。

（2）读写数据依赖关系：计算读写依赖关系需要过程内指针分析的帮助。在 LLVM IR 中，只有存储指令可以写入内存，只有读取指令可以从内存中读取数据。因此，对于每个读取指令，可以使用 DSA 指针分析技术检查同一函数中的每条存储指令，检查其目标内存位置是否重叠。如果重叠，则添加一条从读取指令指向存储指令的数据依赖边。需要指出的是，此构造过程不是 flow-sensitive，因为其忽略了指令的顺序，但出于性能考虑，该方法的近似估计是可以接受的。

计算过程间的依赖关系（Inter-Procedural Dependence）。因为构造了参数树，计算过程间依赖则较为简单。具体来说，对于每个函数调用点，只需将实际参数树中的节点连接到被调用函数的相应形式参数树上即可。

但是，目前还没有一种能从二进制文件中构建 PDG 的有效技术，因为二进制代码没有源代码级别可用的丰富元信息，所以控制和数据依赖关系都将更难计算。为了完成这个挑战，本文计划分两步实施。

第一步，假设目标二进制程序能够提供一些调试信息。这些信息是当程序编译时调试选项处于打开状态产生的。文献[39]提出一种利用调试信息中提供的类型（特别是参数信息和局部变量信息）构造程序 CFG 的方法。实验表明，该方法产生 CFG 的精度仅略差于当前效果最好的模块化控制流完整性（MCFI，Modular Control-Flow Integrity）方法[40]所产生 CFG 的精度。在此基础上，本文可以构造程序的控制依赖关系图。

遵循同一个原则，本文将研究如何通过调试信息计算程序的数据依赖关系图。具体来说，Def-use 依赖关系比较容易计算。在调试信息的帮助下，可以计算堆栈布局和计算执行过程中变量的存储位置。调试信息实际上包括以上两种信息，可以通过分析 CFA（Canonical Frame Address）信息获得。但是，编译器通常无法准确地生成此类信息，尤其是针对优化的代码。Read-after-write 依赖关系的计算也是可行的。本文可以通过别名分析技术（Alias Analysis）来进行相关计算。本文计划从实现 Context-sensitive 的 Anderson 样式的 Point-to 分析开始，使用类型来筛选出具有不兼容类型的别名对。

第二步，本文将去除第一步中的假设，直接从二进制文件中推理出所需的调试信息。文献[41] 探讨了如何在静态分析的基础上推断 CFA 信息。实验表明，推理的结果具有较高的精度。此外，文献[39]给出了一种推理函数参数类型的方法。在该工作中，研究者可以根据函数体中参数的使用情况，推断出函数参数的数量（字节宽度为 8、16、32 或 64 位）和参数的粗粒度类型。在此基础上，本文将研究推断更多类型信息的方法，对于函数识别的问题，本文的一个研究结果是：如果一个函数的地址没有在程序中的某个地方被提取，则不能间接调用该函数。因此，可以获取可能出现在指令中的一组代码地址，然后根据它们是否可以通过数据流到达来执行筛选。

4.3 基于 PDG 的程序自动分割技术的研究

首先使用一个例子来说明程序分割的有效性。文献[11]通过该例子展示一种数据流缝合的攻击方法，但未提供任何解决方案。图 2 中的左图显示了一段有内存漏洞的 Web 服务器代码。服务器从文件加载私钥（第 7 行），并使用加载的密钥与客户端建立 HTTPS 连接（第 9 行）。在接收到来自客户端的输入（第 10 行）之后，服务器通过调用 checkInput 函数来检查输入（第 11 行）。如果通过验证，服务器则根据输入中的文件名检索文件，并把文件内容发回给客户（第 13~18 行）。该程序包含两个非交叉数据流：一个流涉及指针 privKey 指向的敏感私钥，另一个流涉及指针 reqFile 指向的输入文件名。但图中第 15 行存在缓冲区溢出漏洞，恶意客户端可以通过该漏洞制作输入以在 fullPath 之后损坏堆栈变量，使指针指向 privKey 的内容覆盖指针 reqFile，这会强制程序将私钥复制到恶意客户端。

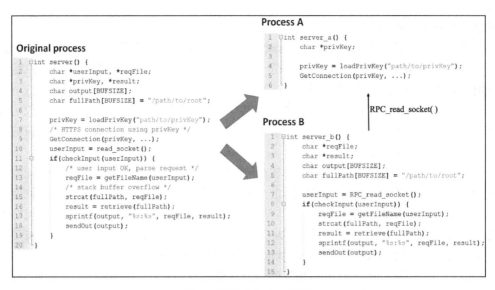

图2 程序自动分区示例

程序分割技术可以将上述两个数据流（敏感数据流和非敏感数据流）划分到不同分区，并且每个分区都在独立进程中运行。程序分区首先需要根据识别出的敏感数据与其上下文信息对程序的 PDG 进行着色。这里需要根据程序的语义信息决定分区的数量。以图 2 所示的代码为例，privKey 被识别为敏感数据，依赖该数据的敏感程序语句和不依赖该数据的不敏感程序语句被标识，并被着两种不同的颜色，进而分割成两个分区。图 2 中的右图显示了划分后的程序，其中涉及私钥的数据流发生在进程 A 中，涉及输入文件的数据流在进程 B 中运行。通过这种方式，进程 B 空间中的敏感私钥不会因为进程 A 空间中的缓冲区 fullPath 溢出而泄露。

现有的工作主要集中在函数级的分割。但是，笔者发现函数级别的分割不是最优的。如图 3 所示，如果在指令级别进行分割，可以减少不必要的 RPC 通信开销，达到程序最优化分割。函数切片（Slicing）技术可以用来实现所需的细粒度分割。

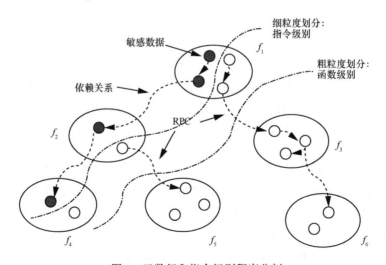

图3 函数级和指令级别程序分割

程序分割方式可以分为静态和动态两种方式。静态方式把程序代码分割成多个可执行文件，每个文件包含不同的代码基（Code Base），而动态方式类似于 Android 系统中的 zygote，通过，动态 fork 产生新进程空间加载不同分区的代码，这种方式不会改变可执行文件的数目。然而，如果直接在目标进程中 fork 子进程，那么该子进程是父进程的副本，将获得与父进程相同的数据空间、堆和栈，并且和父进程共享代码空间。这种方式无法保护父进程敏感信息的泄露。因此，本文需要在程序启动时创建一个 zygote 进程，然后再由 zygote 进程根据需要动态创建空白子进程加载划分后的程序代码。这样父进程地址空间的隐私数据不会被复制到子进程中。最后结合现有内核中 cgroups 和 seccomp 机制可以限制不同进程的访问权限以及系统调用。

4.4 程序分区间相互通信机制的研究

如前文所述，跨分区的过程调用需要从本地调用转换成远程调用。在 RPC 过程中，调用方的实参被打包到一个数据缓冲中并发送到被调用方，然后被调用方解包接收到的数据块，并在被调用进程中重新创建参数的值。对于大多数数据类型（整型、固定大小的数组）数据打包和解包过程非常简单，但由于 C/C++程序中的指针不包含边界信息，因此指针参数的打包和解包相对困难。此外，某些数据结构中包含递归指针类型，使此问题变得更加复杂。为了解决这个问题，本文前期工作中采用了文献[36]提出的解决方案——深度复制（Deep Copy）。但此方案需要跟踪跨越分区边界的指针的边界，以递归的方式深层复制指针所指向的所有内存地址，其主要问题在于效率低。由于在深度复制过程中需要传输大量数据，这在极大程度上影响了程序运行的性能。

因此，本文计划使用类似 Binder 的共享内存方法来改进文献[36]的方法，以避免复杂的深度指针复制过程。Binder 是在 Android 修改的 Linux 内核中引入的基于共享内存的轻量级进程间通信（IPC）机制，其中客户端进程可以在服务器进程中执行远程方法，就像它们在本地执行一样。因此，可以将数据传递给远程方法调用，并将结果返回给客户端调用进程。通过利用共享内存，可以提高分区之间的 RPC 效率。但这种方法的一个问题是需要修改操作系统内核。此外，本文结合选择性复制的方法，通过分析被调用函数中指针参数的使用情况，选择性复制所需的内存数据，不用传输所有内容，从而减少 RPC 数据传输量。

4.5 二进制程序分析和重写技术的研究方案

如前文所述，程序在编译和链接过程中会丢失大量语义信息。如何从二进制文件中恢复这些语义信息需要启发式的推理算法。然而，直接从二进制代码进行分析比较困难，因此本文计划使用二进制提升工具把二级制代码转换为 IR（Intermediate Representation）代码，并在此基础上进行程序分析。常见的开源工具包括 BAP [42]，angr（参见 GitHub 上的 angr 项目）等。其中，BAP 是一个二进制分析平台，它可以将二进制程序转换到特定的 IR 代码，支持一系列的静态分析方法。与此类似，angr 是一个二进制代码分析工具，集成多种动态分析技术（如动态的符号执行分析），也能够进行多种静态分析。然而，这些工具只能获得一些低级的语义信息。本文计划结合差分分析技术来提取程序高级语义信息。

■ 五 有效性论证

为了说明本文提出的方案是切实可行的。图 4 中左边的程序流程图是有安全漏洞的 TLS（Transport Layer Security）服务器，其受到 Heartbleed 攻击和文献[11]提出的面向数据流攻击。根据 TLS 规范，TLS 服务器接收来自用户的心跳请求消息并发回心跳响应消息以确保 TLS 连接处于活动状态。但若存在漏洞的 OpenSSL 未正确检查心跳响应消息的边界，将导致恶意攻击者窃取服务器产生的私钥数据。图 5 是该 TLS 服务器在 HeartBleed 攻击下的输出。由图 5 可知，密钥已泄露给恶意客户端。

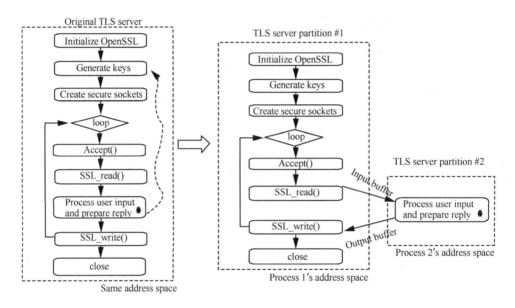

图 4 易受攻击的 TLS 服务器程序及其分区过程

```
3fe0: 00 00 00 00 00 00 00 00 00 00 00 00 00 00 00 00  ................
3ff0: 00 00 00 00 00 00 00 00 00 00 00 00 00 00 00 00  ................
0000: 9F FF FF D8 03 01 53 43 5B 90 9D 9B 72 0B BC 0C  ......SC[...r..
0010: BC 2B 92 A8 48 97 CF BD 39 04 CC 16 0A 85 03 90  .+..H...9.......
0020: 9F 77 04 33 D4 DE 00 00 66 C0 14 C0 0A C0 22 C0  .w.3....f.....".
0030: 21 00 39 00 38 00 88 00 87 C0 0F C0 05 00 35 00  !.9.8.........5.
0040: 84 C0 12 C0 08 C0 1C C0 1B 00 16 00 13 C0 0D C0  ................
0050: 03 00 0A C0 13 C0 09 C0 1F C0 1E 00 33 00 32 00  ............3.2.
0060: 9A 00 99 00 45 00 44 C0 0E C0 04 00 2F 00 96 00  ....E.D...../...
0070: 41 C0 11 C0 07 C0 0C 02 00 05 00 04 00 15 00  A..............
0080: 12 00 09 00 14 00 11 00 08 00 06 00 03 00 FF 01  ................
0090: 00 00 49 00 0B 00 04 03 00 01 02 00 0A 00 34 00  ..I...........4.
00a0: 32 00 0E 00 0D 00 19 00 0B 00 0C 00 18 00 09 00  2...............
00b0: 0A 00 16 00 17 00 08 00 06 00 07 00 14 00 15 00  ................
00c0: 04 00 05 00 12 00 13 00 01 00 02 00 03 00 0F 00  ................
00d0: 10 00 11 00 23 00 00 00 0F 00 01 01 00 00 00 00  ....#...........
00e0: 00 00 00 00 00 00 06 00 00 00 00 00 00 00 00 00  ................
00f0: 2D 2D 2D 2D 2D 42 45 47 49 4E 20 50 52 49 56 41  -----BEGIN PRIVA
0100: 54 45 20 4B 45 59 2D 2D 2D 2D 2D 0A 4D 49 49 42  TE KEY-----.MIIB
0110: 56 51 49 42 41 44 41 4E 42 67 6B 71 68 6B 69 47  VQIBADANBgkqhkiG
0120: 39 77 30 42 41 51 45 46 41 41 53 43 41 54 38 77  9w0BAQEFAASCAT8w
0130: 67 67 45 37 41 67 45 41 41 6B 45 41 33 74 70 42  ggE7AgEAAkEA3tpB
0140: 4E 41 6A 6E 7A 79 33 62 41 39 61 71 0A 36 44 36  NAjnzy3bA9aq.6D6
0150: 75 46 67 43 6B 4E 61 33 73 62 77 4D 6B 34 62 63  uFgCkNa3sbwMk4bc
0160: 63 67 45 7A 59 79 61 31 58 7A 57 77 46 47 31 6E  cgEzYya1XzWwFG1n
0170: 42 48 73 50 63 30 47 6C 56 74 52 73 64 72 73 67  BHsPc0GlVtRsdrsg
0180: 57 51 64 44 68 50 53 33 46 4C 74 54 33 0A 63 36  WQdDhP53FLtT3.c6
0190: 42 45 53 51 49 44 41 51 41 42 41 6B 45 41 76 4E  BESQIDAQABAkEAvN
01a0: 64 33 37 30 38 6F 6D 42 43 45 45 69 6A 45 72 62 46  d3708omBCEEijErbF
01b0: 68 4A 44 73 34 47 57 4A 4B 45 53 75 49 41 4B 2B  hJDs4GWJKESuIAK+
01c0: 45 4F 48 73 35 2F 32 67 30 62 6B 44 4C 68 2E 67  EOHs5/2g0bkDLh.g
01d0: 33 79 30 53 6C 54 4F 70 78 36 54 48 7A 2F 4B 4A  3y0SlTOpx6THz/KJ
01e0: 47 35 52 7A 64 54 7A 65 52 36 34 38 71 43 36 2B  G5RzdTzeR648qC6+
01f0: 39 78 72 72 51 49 68 41 50 72 34 76 74 49 77 6D  9xrrQIhAPr4vtIwm
```

图 5 针对易受攻击的 TLS 服务器的 HeartBleed 攻击输出

图 4 中右图展示分割后 TLS 服务器的程序流程图，其中与密钥相关的敏感数据流和处理用户输入的非敏感数据流被分割到不同程序分区中，由于两个程序分区被加载到不同的进程空间中，同样的攻击无法成功窃取服务器的密钥数据。如图 6 所示，分割后 TLS 服务器在 HeartBleed 攻击下的输出中无密钥数据。

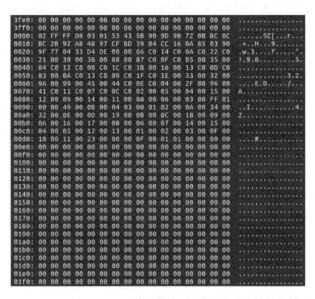

图 6 分割后 TLS 服务器的 HeartBleed 攻击输出

六 总结与展望

随着计算机和通信技术的飞速发展，软件已经成为信息化建设的重要基础设施。作为软件执行的重要载体内存，研究证明内存数据被污染是导致软件安全事件频繁发生的根本原因。为了全面提高软件安全，单纯依赖漏洞检测已经不足以发现潜在的内存数据漏洞。于是，研究者提出了各种基于完整性检查的防御机制，使攻击者难以利用内存数据漏洞进行攻击。然而，这些防御措施存在相当大的局限性，难以针对非控制流攻击形成有效的防御。

综合以上研究意义的叙述以及国内外最新研究工作的分析，本文首次提出利用程序分割技术来解决非控制流攻防的热点问题，并拟开发一种基于语义的二进制程序自动分割机制。具体来说，本文研究如何通过分割程序，在不同地址空间加载不同程序代码段，实现敏感数据流和非敏感数据流、不同上下文数据流的分离，从而达到防御非控制流攻击的目的。为了该目标的实现，本文结合二进制代码分析和重写机制，系统地解决了当前针对非控制流攻击的防御措施面临的性能不佳、需要用户注释和依赖源代码等问题。本文的研究成果可以帮助大幅降低内存数据污染攻击产生的危害，提高软件安全性。

参考文献：

[1] LI J, WANG Z, JIANG X, et al. Defeating return-oriented rootkits with return-less kernels[C]//Proceedings of the 5th European Conference on Computer Systems (EuroSys'10). 2010: 195-208.

[2] SNOW K Z, MONROSE F, DAVI L, et al. Just-in-time code reuse: on the effectiveness of fine-grained address space layout randomization[C]//2013 IEEE Symposium on Security and Privacy. 2013: 574-588.

[3] BHATKAR S, SEKAR R. Data space randomization[C]//Proceedings of the 5th International Conference on Detection of Intrusions and Malware, and Vulnerability Assessment. 2008: 1-22.

[4] JACKSON T, HOMESCU A, CRANE S, et al. Diversifying the software stack using randomized NOP insertion. In Moving Target Defense II[M]. 2013: 151-173.

[5] ABADI M, BUDIU M, ERLINGSSON U, et al. Control-flow integrity[C]//Proceedings of the 12th ACM Conference on Computer and Communications Security (CCS). 2005: 340-353.

[6] ABADI M, BUDIU M, ERLINGSSON U, et al. Control-flow integrity principles, implementations, and applications[J]. ACM Transactions on Information and System Security, 2009, 13(1): 1-40.

[7] MASHTIZADEH A, BITTAU A, BONEH D, et al. CCFI: cryptographically enforced control flow integrity[C]//ACM Conference on Computer and Communications Security (CCS). 2015.

[8] KUZNETSOV V, SZEKERES L, PAYER M, et al. Code-pointer integrity[C]//In 11th USENIX Symposium on Operating Systems Design and Implementation (OSDI 14). 2014: 147-163.

[9] BIGELOW D, HOBSON T, RUDD R, et al. Timely rerandomization for mitigating memory disclosures[C]// Proceedings of the 22nd ACM SIGSAC Conference on Computer and Communications Security (CCS). 2015: 268-279.

[10] CHEN S, XU J, SEZER E C, et al. Non-control-data attacks are realistic threats[C]//Proceedings of the 14th Conference on USENIX Security Symposium. 2005: 12.

[11] HU H, CHUA Z L, ADRIAN S, et al. Automatic generation of data-oriented exploits[C]//In 24th USENIX Security Symposium (USENIX Security 15). 2015: 177-192.

[12] HU H, SHINDE S, ADRIAN S, et al. Data-oriented programming: on the expressiveness of non-control data attacks[C]//In 2016 IEEE Symposium on Security and Privacy (SP). 2016: 969-986.

[13] SCHWARTZ E J, AVGERINOS T, BRUMLEY D. All you ever wanted to know about dynamic taint analysis and forward symbolic execution (but might have been afraid to ask)[C]//Proceedings of the 2010 IEEE Symposium on Security and Privacy (SP '10). 2010: 317-331.

[14] CASTRO M, COSTA M, HARRIS T. Securing software by enforcing data-flow integrity[C]//Proceedings of the 7th Symposium on Operating Systems Design and Implementation (OSDI '06). 2006: 147-160.

[15] SONG C, LEE B, LU K, et al. Enforcing kernel security invariants with data flow integrity[C]//In 23rd Annual Network and Distributed System Security Symposium (NDSS 2016). 2016: 21-24.

[16] SONG C, MOON H, ALAM M, et al. HDFI: hardware-assisted data-flow isolation[C]//In 2016 IEEE Symposium on Security and Privacy (SP). 2016: 1-17.

[17] PERIKLIS A, CRISTIAN C, COSTIN R, et al. Preventing memory error exploits with WIT[C]// Proceedings of the 2008 IEEE Symposium on Security and Privacy (SP'08). 2008: 263-277.

[18] ROGOWSKI R, MORTON M, LI F, et al. Revisiting browser security in the modern era: new data-only attacks and defenses[C]//In EuroS&P. 2017.

[19] ZHANG C, WEI T, CHEN Z, et al. Practical control flow integrity and randomization for binary executables[C]//Proceedings of the 2013 IEEE Symposium on Security and Privacy. 2013: 559-573.

[20] ZHANG M, SEKAR R. Control flow integrity for COTS binaries[C]//Proceedings of the 22nd USENIX

Conference on Security. 2013: 337-352.

[21] NIU B, TAN G. Per-input control-flow integrity[C]//Proceedings of the 22nd ACM SIGSAC Conference on Computer and Communications Security. 2015: 12-6.

[22] DING R, QIAN C, SONG C, et al. Efficient protection of path-sensitive control security[C]//Proceedings of the 26th USENIX Conference on Security Symposium (SEC'17). 2017.

[23] XIA Y, LIU Y, CHEN H, et al. CFIMon: detecting violation of control flow integrity using performance counters[C]//In Proceedings of the 2012 42nd Annual IEEE/IFIP International Conference on Dependable Systems and Networks (DSN). 2012: 1-12.

[24] CHENG Y, ZHOU Z, YU M, et al. Ropecker: a generic and practical approach for defending against ROP attacks[C]//In NDSS. 2014.

[25] VEEN V, ANDRIESSE D, GÖKTAS E, et al. PathArmor: practical ROP protection using context-sensitive CFI[C]//In ACM Conference on Computer and Communications Security (CCS). 2015.

[26] CLERCQ R, VERBAUWHEDE I. A survey of hardware-based control flow integrity (CFI)[J]. ACM Comput. Surv. 2017.

[27] PINCUS J, BAKER B. Beyond stack smashing: recent advances in exploiting buffer overruns[J]. IEEE Security & Privacy, 2004, 2(4): 20-27.

[28] CARLINI N, BARRESI A, PAYER M, et al. Control-flow bending: on the effectiveness of control-flow integrity[C]//In 24th USENIX Security Symposium (USENIX Security). 2015: 161-176.

[29] NAGARAKATTE S, ZHAO J, MARTIN M M, et al. SoftBound: highly compatible and complete spatial memory safety for C[C]//Proceedings of ACM PLDI. 2009.

[30] NEWSOME J, SONG D X. Dynamic taint analysis for automatic detection, analysis, and signature generation of exploits on commodity software[C]//In NDSS. 2005.

[31] BITTAU A, MARCHENKO P, HANDLEYM, et al. Wedge: splitting applications into reduced-privilege compartments[C]//Proceedings of the 5th USENIX Symposium on Networked Systems Design and Implementation. 2008: 309-322.

[32] MAMBRETTI A, ONARLIOGLU K, MULLINER C, et al. Trellis: privilege separation for multi-user applications made easy[C]//In International Symposium on Research in Attacks, Intrusions and Defenses. 2016: 437-456.

[33] BRUMLEY D, SONG D. Privtrans: automatically partitioning programs for privilege separation[C]//In 13th USENIX Security Symposium. 2004: 57-72.

[34] LIU Y, WU Y, SUN J, et al. Automatically partition software into least privilege components using dynamic data dependency analysis[C]//In 28th IEEE/ACM International Conference on Automated Software Engineering. 2013: 323-333.

[35] LIU S, TAN G, JAEGER T. PtrSplit: supporting general pointers in automatic program partitioning[C]//In Proceeding of CCS '17. 2017: 2359-2371.

[36] LIU Y, ZHOU T, CHEN K, et al. Thwarting memory disclosure with efficient hypervisor-enforced intra-domain isolation[C]//Proceedings of the 22nd ACM SIGSAC Conference on Computer and Communications Security. 2015: 1607-1619.

[37] LEE K H, ZHANG X, XU D. High accuracy attack provenance via binary-based execution partition[C]//In

NDSS. 2013.

[38] FERRANTE J, OTTENSTEIN K J, WARREN J D. The program dependence graph and its use in optimization[J]. ACM Transactions on Programming Languages and Systems, 1987: 319-349.

[39] ZENG D, TAN G. From debugging-information based binary-level type inference to CFG generation[C]//In CODASPY. 2018.

[40] NIU B, TAN G. Modular control-flow integrity[C]//Proceedings of the 35th ACM SIGPLAN Conference on Programming Language Design and Implementation. 2014: 577-587.

[41] STEPHENS N, GROSEN J , SALLS C, et al. Driller: augmenting fuzzing through selective symbolic execution[C]//In NDSS. 2016.

[42] BRUMLEY D, JAGER I, AVGERINOS T, et al. BAP: a binary analysis platform[C]//Proceedings of the 23rd International Conference on Computer aided verification. 2011.

数据驱动的软件缺陷漏洞检测和代码修复

文明
华中科技大学

摘　要：现如今，软件系统已普遍运用于航空航天、通信、交通等重要领域，其安全问题受到了世界各国研究人员的广泛关注。软件系统崩溃、内存泄露、缓冲区溢出等多种缺陷及漏洞威胁着广大用户的安全。2014 年 4 月爆发的由第三方库 OpenSSL 中的代码缺陷引起的"Heartbleed"漏洞，使 24%~55% 的基于 HTTP 的网站出现安全隐患，直接造成了近 5 亿美元的经济损失。类似的由于代码漏洞导致的安全问题不胜枚举。因此，及早检测并暴露代码中存在的缺陷与漏洞，并对代码进行安全加固对软件系统的安全有着极其重要的意义。随着信息化时代数据的爆炸式增长和计算能力的大大提升，大数据被广泛应用在多个领域，如医疗、智慧城市以及自动驾驶等。近些年来，随着开源软件系统项目与日俱增，能被访问的软件系统代码及其开发过程的版本演化历史呈几何式增长。因此，数据驱动的方法被用来检测和修复软件系统中代码的漏洞，这些方法对已有的传统方法进行了不断地增强和改善。基于数据驱动，结合代码变异技术，本文提出了新的软件系统缺陷与漏洞检测和修复技术，并取得了不错的效果。随着数据量与日俱增，以及大数据处理和挖掘技术的提升，利用大数据来提升软件系统的安全性，包括漏洞的检测和代码修复，必将成为未来的发展趋势。

■ 一　背景介绍

数据驱动的漏洞检测方法的主要任务包括利用大数据对恶意代码进行挖掘、检测和定位，以及对恶意软件的演化进行分析等。数据驱动的漏洞修复方法的主要任务包括从大数据中提取安全修复策略，学习安全补丁修复方式，进而自动加固代码以增强软件系统抵御攻击的能力等。

数据驱动的软件系统缺陷与漏洞检测方法的关键因素在于数据来源以及数据学习方式，本节将对这两点进行着重介绍。

（1）数据来源

随着各种开源项目以及数据管理平台的出现，越来越多的与软件系统缺陷及漏洞相关的数据能够被挖掘。表 1 展示了 6 种不同的数据来源与输出数据。

表 1　数据来源与输出数据

序号	数据描述	数据来源	输出数据
1	软件系统漏洞描述信息	• Common Weakness Enumeration • Common Vulnerabilities & Exposures • Android Security Bulletins • CVEDetails	软件漏洞模型，包括漏洞名称、影响软件版本和危害程度等
2	开源项目代码演化历史	GitHub, BitBucket, Google Code, etc	漏洞代码、安全补丁代码、修补时间及修复人员等

序号	数据描述	数据来源	输出数据
3	开源项目缺陷与漏洞追踪管理平台	• GitHub IssueTracker • BugZilla Bug Tracking System • Jira Issue Tracking System	漏洞代码、安全补丁代码、修补时间及修复人员等
4	恶意软件和攻击程序	VirusShare, Exploit-DB, Metasploits, etc	攻击程序模型
5	程序崩溃运行记录	• Mozilla Crash Reports System • NetBeans Exception Reports System	软件系统崩溃时的堆栈信息
6	移动应用	Google Play, Apple Store, Anzhi, SlideMe, AppChina, etc	Android 应用的描述、申请权限、版本、代码等

① 软件系统漏洞描述信息

通用漏洞信息库（CVE，Common Vulnerabilities and Exposures），是一个与资讯安全相关的数据库，收集各种资讯安全弱点及漏洞并给予编号以便于公众查阅。此资料库现由美国非营利组织 MITRE 所属的 National Cybersecurity FFRDC 运营维护。该数据库中的每一个实例，都包括漏洞的名称、影响的软件版本以及危害程度等。不少的实例还包含该漏洞所对应的修复补丁信息。不同的研究机构、企业和个人都可以将自身检测到的软件源代码缺陷上报至 CVE，通过审核之后，该代码缺陷便可收录至 CVE 数据库。通用缺陷列表（CWE，Common Weakness Enumeration）是一个对软件脆弱性和易受攻击性的分类系统。该列表对每一个源代码的缺陷漏洞实例进行了分类，包括跨站脚本攻击、SQL 注入、缓冲区溢出、跨站伪造请求和信息泄露等危害级别高的缺陷。其他软件系统漏洞描述信息还包括 Android Security Bulletins 等。这些描述信息提供了丰富的有关软件系统缺陷漏洞的数据，在此基础上，可以挖掘与识别丰富的漏洞表现模式与修复模式。

② 开源项目代码演化历史

现代软件系统通常采用协同开发的模式，并通过版本控制平台（如 Git、SVN 等）进行代码管理。这些控制平台不仅记录了代码的修改日志，也记录了代码的缺陷漏洞是如何引入软件系统中以及如何被修复的。因此，漏洞代码、安全补丁代码以及进行代码修复与加固的开发者等丰富的信息能够从项目的代码演化历史中被挖掘出来。这些信息可以用来辅助软件系统漏洞补丁模型的构建。

③ 开源项目缺陷与漏洞追踪管理平台

由于软件系统演化的日趋复杂性，代码中的缺陷与漏洞是不可避免的，因此，越来越多的软件系统采用了缺陷与漏洞追踪平台来管理在其开发过程中所遇到的各类问题，著名的平台包括 BugZilla、Jira 以及 GitHub 提供的 IssueTracker 等。这些平台记录了一个软件系统中各种缺陷的演化历史，从其被发现与暴露、被指派给开发者、被再分配，到其最终被修复等过程。其最终修复补丁也会集成到软件的版本控制平台中。这些信息有助于对安全漏洞代码的建模与检测。

④ 恶意软件和攻击程序

从 Exploit-DB 等数据库能够获取攻击程序等数据，从而形成攻击程序库。Exploit-DB 数据库是公共漏洞和相应漏洞软件的 CVE 兼容存档，旨在供渗透测试人员和漏洞研究人员使用。搜集这些攻击程序能够对软件系统代码的安全修复与加固进行有效评估。

⑤ 程序崩溃运行记录

软件崩溃是软件错误的严重表现之一，由于其严重性，软件崩溃通常被开发者优先解决。在软件系统的实际开发中，崩溃信息对于代码调试以及软件缺陷漏洞的解决很有帮助，因此不同公司开发并部署了许多崩溃报告系统，如 Windows Error Reporting、Apple Crash Reporter、Mozilla Crash Reports 和 Netbeans Exception Reports 等。一旦部署应用中发生崩溃，就会捕获并生成崩溃相关信息（包括崩溃堆栈、内部版本 ID、组件名称、版本、操作系统等）的崩溃报告，并将其发送到崩溃报告系统。崩溃报告系统搜集并分类各种各样的程序崩溃运行记录。在所有与崩溃相关的信息中，重要的信息之一是崩溃堆栈信息。除了崩溃报告系统之外，软件系统的错误报告中也常常包含程序崩溃时的运行记录[1]。搜集此类信息有助于开展软件系统漏洞的错误定位，进而开展代码巩固与修复工作[1-2]。

⑥ 移动应用

从 Google 和 Apple 的应用商店中可以获取大量的移动应用。此外，其他第三方平台，如 AndroZoo[3]等，包含成千上万的移动应用，并且每个应用都已经被 VirusTotal 中的几种不同的防病毒产品进行了漏洞检测与评估。搜集这些数据可以支持针对移动应用软件系统漏洞的检测与修复。此外，AndroZoo 平台提供的移动应用及其检测评估报告可以用来评估漏洞检测和代码加固技术的准确度、效率和现实意义。

（2）数据表征与挖掘方法

从上述不同数据来源收集的数据往往是非结构化、非规则化且极其不友好的。因此，数据驱动方法的一大难点是如何对数据进行合理且有效的表征，进而使有效的数据挖掘与模式特征识别成为可能。软件代码的表征方法往往从代码的语法结构与语义结构两个维度来开展。代码的语法结构维度将代码表征为由字符串组成的线性结构、抽象语法树组成的树状结构以及更复杂的图形结构等。代码的语义结构通过对代码的静态分析、动态分析等方式，提取出代码的控制流图、数据流图以及方法调用图等，进而对代码进行表征。基于不同的代码表征方式，不同的数据挖掘方法，包括聚类算法、分类算法、图论算法、差异化分析方法、遗传算法以及深度学习算法等，能够被用来开展代码缺陷与漏洞的模式识别与检测等工作。例如，基于代码控制流与数据流的图形表示，结合图形遍历算法，能够为常见漏洞有效地建模，如可以识别缓冲区溢出、整数溢出、格式字符串漏洞或内存泄露等[4]。

二 关键科学问题与挑战

数据驱动的缺陷漏洞检测方法主要面临以下关键难点与挑战。

（1）数据的清洗与解耦

开源项目中的数据多且繁杂，因此如何进行有效的数据清洗工作，消除噪声是数据驱动方法的关键。此外，单个数据个体是一个多维度信息集合，大规模的数据使该信息集合更加庞大且难以处理。比如，软件系统中的一次代码变更（Commit）可能包含多项任务与意图，其中可能只有一小部分包含与软件系统漏洞相关的修复代码。因此，如何对此类信息进行有效解耦，提取出关键信息，成为数据驱动方法工程应用的前提。

（2）数据关键信息的界定和挖掘

大数据中蕴含了功能性信息和非功能信息，而非功能信息又包括了安全性信息和性能信息等。安全攸关信息（即安全性信息）能够反映软件应用的恶意程度或者抵抗攻击的能力。因此，如何定义安全攸关信息的范畴，并提出一种高效的算法将安全攸关信息从大数据中提取出来是至关重要的。

（3）数据充分性的保障

数据驱动方法的一大难点是如何保障高质量数据的充分性。数据样本数量的多少，不仅会影响方法最终的效能与性能，而且会影响不同数据处理与学习方法的选择。为了解决这一难点，本文提出利用代码变异的方式，来扩充已有数据集。然而，如何定义代码变异操作，有效合理地创造新的与软件系统缺陷漏洞相关的数据样本成为新的难点。

（4）数据的合理且有效表征

从不同数据来源收集的数据往往是非结构化、非规则化且极其不友好的。因此，数据驱动方法的一大难点是如何对数据进行合理且有效的表征，进而使有效的数据挖掘与模式特征识别成为可能。举例来说，针对软件系统的缺陷漏洞检测与修复，搜集到的关键数据即为软件代码。因此，如何对代码进行有效表征，如通过抽象语法树、程序控制流图、程序依赖图等经典方式，是从大数据中学习有效的代码漏洞表现模式与自动修复模式的关键。然而，针对不同应用，包括不同类型的代码缺陷漏洞，有效的模式识别可能需要适配不同的代码表征方式。因此，寻找合适的代码表征方式，也是数据驱动方式的一大难点。

（5）代码缺陷漏洞模式的自动识别

代码缺陷漏洞模式的自动识别是非常具有挑战性的课题。它不仅需要保证识别的高精度，同时需要保证一定的召回率。自动识别的难点之一在于对代码的特征建模；难点之二在于从大数据中识别正确的缺陷漏洞模式。传统的基于统计的方法，如参考特征建模的频率等，往往会损失一定的召回率。这是因为某些有缺陷漏洞的代码片段仅出现有限次数，基于频率的统计方法往往会将其遗漏。为了解决该难点，本文采取了基于大数据的差异化学习方法来识别正确的代码缺陷漏洞模式。

（6）代码缺陷漏洞的自动修复与加固

自动化的代码修复和加固是一个非常具有挑战性的问题。它需要保证修复和加固方法的正确性、适配性以及健壮性。采用的修复和加固策略需要保证能够规避这些有缺陷代码带来的安全风险，并且在不同的执行环境下都能发挥作用。与此同时，所运用的安全策略不能引入新的软件缺陷或者漏洞。为了解决该难点，基于从安全大数据中学习到的修复策略与模式等，本文提出一套自动化的代码安全修复和加固方法。

三 国内外相关工作

（1）国外研究现状

代码漏洞的检测与加固对于保障软件系统的安全有着重要的意义，因此，国际上许多研究机构与学者开展了一系列的研究工作。这些研究工作主要分为三大类：基于静态分析方法、基于动态分析方法以及数据驱动的基于学习的方法。

静态分析方法通过直接分析软件系统的源代码来检测缺陷与漏洞。来自美国斯坦福的学者通过以查询语言 PQL 制定的高级程序描述构造了代码静态检查器。随后，他们使用静态污点分析技术来发现 Java 代码中的跨站点脚本和 SQL 注入漏洞[5]。类似地，Shankar 等[6]利用静态污点分析技术来发现 C 语言程序中格式字符串的代码漏洞问题。这些方法在检测特定类型的代码漏洞上是非常有效的，但它们不能被广泛地运用到其他多种类型的代码漏洞检测上，如内存以及资源泄露等。数据驱动的漏洞检测方法依赖已知漏洞数据集来生成漏洞检测模型，因此具有更强的普适性。此外，静态分析方法在大规模的软件系统上的可扩展性不高，也是影响其被广泛运用的原因之一。为了解决该问题，学者进一步提出了 PinPoint，通过一个稀疏数据流分析的整体设计，同时实现数百万行代码分析的高精度与线性可扩展性[7]。Pinpoint 发现了 40 多个代码漏洞，并且被来自十余个著名的软件系统和第三方库的开发人员确认。

　　动态分析方法利用模糊测试、动态污点追踪等技术来检测软件系统的代码漏洞。Rohan 等[8]提出利用程序的反馈信息（如代码覆盖率），引导生成符合程序语法语义的输入来进行模糊测试。他们提出的方法 Zest 在已有数据集上检测出了 10 个新的代码漏洞。AFLGo 通过对程序进行全局静态分析得到程序调用图，基于此对程序的指定点进行模糊测试[9]。动态分析技术只能检测动态运行中被触发的安全漏洞。然而，分布在程序难以被触及的路径上的软件缺陷或漏洞等则很难被检测。为了解决该问题，不少学者提出结合模糊测试与符号执行技术，来引导程序执行更多不同的路径。然而，符号执行技术涉及内存建模以及约束求解等步骤，会大大降低模糊测试的执行效率。

　　数据驱动的基于学习的方法主要通过人工或者自动定义的特征属性，结合机器学习或者深度学习的方法，来生成代码缺陷或漏洞模式，进而开展代码检测与加固工作。Rumen 等[10]通过从 GitHub 上的大量开源软件系统的代码变更中挖掘第三方库方法调用（API）的安全使用规则。和软件密码安全相关的 API 是不断演化的，其安全用法规则也在相应地不断变更。通过自动分析大量的安全补丁，他们发现了 13 条新的安全使用规则，可以用来检测代码中的安全漏洞问题。Fabian 等[4]在抽象语法树、程序控制流图、程序依赖图的基础上提出了代码属性图，通过对 CVE 数据库中大量的已知代码漏洞进行建模，他们检测并发现了 Linux 内核中 18 个新的安全漏洞。2015 年，Perl 等[11]进一步提出针对开源项目增量代码进行模式分析的方法，并结合支持向量机（Support Vector Machine）的分类方法来快速识别容易引入安全问题的新增代码片段，该方法巧妙回避了针对大规模代码库直接进行分析的难题。Kim 等[12]提出利用代码复制技术在方法粒度上进行代码的安全漏洞检查。Riccardo 等[13]将源代码用单个词序列及其词频来表示其特征，进而利用文本挖掘技术来预测一个组件是否可能包含软件系统漏洞。Kim 等[14]提出的新方法结合了静态与动态代码分析技术，进而来检测代码中的安全漏洞问题。与这些研究不同的是，本文不仅将采用代码分析技术，也将结合机器学习、深度学习等技术，来开展代码安全漏洞的检测。除此之外，本文提出了缺陷漏洞的自动修复方法，来进行代码的自动加固，以提高系统的安全稳定性。

　　（2）国内研究现状

　　国内学者在数据驱动的软件代码漏洞检测与修复上取得了不错的进展。Li 等[15]提出了一种比函数更小粒度的代码表现形式 Code Gadget，并在该粒度上进行代码的特征提取。通过从大量已知的漏洞代码库中，学习漏洞的表现形式，他们提出的方法 VulDeePecker 能够在检测并定位与第三方库/API 相关的源代码漏洞上取得更低的误报率和漏报率。Zhang 等[16]整合了模式识别以及选择性符号执行等技术来精确检测二进制文件中由整数溢出导致的安全漏洞问题。Bian 等[17]通过剔除源代码中与关键操作不相关的语句，并结合 KNN 等数据挖掘技术,能够精确地从代码中挖掘出隐性的规则来检测代码缺陷。Wang 等[18]提出 CPGVA 方法,该方法利用自然语言处理、深度学习等技术,从代码属性图的角度来检测代码中安全漏洞问题。与这些研究不同的是,本文不仅利用代码的数据挖掘技术,同时结合代码的变异分析等技术来加强代码缺陷漏洞的自动检测与修复技术。

四 基于代码变异分析的缺陷漏洞检测与修复

图 1 展示了所提方法的整体框架。本文从背景介绍所描述的不同数据源中,包括软件系统漏洞描述信息、开源项目代码演化历史、开源项目缺陷与漏洞追踪管理平台、恶意软件和攻击程序、程序崩溃运行记录以及移动应用等,开展数据的采集和处理工作。从这些数据中,本文主要提炼出以下三种信息来开展软件系统缺陷漏洞的检测与修复工作。

① 结构化程序输入样例:结构化程序输入,包括 XML、JavaScript、Python 等文件,是许多关键软件系统的主要输入之一。这些软件系统主要包括编译器(如 GCC/Clang、Closure 等)以及项目管理构建系统(如 Maven、Ant 等)。这些软件系统的安全漏洞问题通常会影响大量其他的软件,并带来不可估量的损失。检测暴露出这些软件系统中的缺陷与漏洞需要构造特定的测试输入,是一项十分具有挑战性的工作。在开源项目中,存在大量的结构化程序,包括良性的与能触发安全漏洞的。收集与分析这些程序有助于指导测试输入的有效生成,以此来检测此类软件系统中的安全漏洞问题。

② 软件系统缺陷漏洞代码:开源项目中包含了大量拥有缺陷或漏洞的代码。这些代码能够从软件漏洞信息库中,或者开源项目的缺陷管理系统中挖掘出来。搜集代码缺陷漏洞数据,并对其进行合理的表征,结合数据挖掘与机器学习等方法,能够识别出漏洞的常见表现模式。然而,如何对具有缺陷漏洞的代码进行表征,是否能搜集到充分的数据样本支持模式识别以及如何高效地识别缺陷漏洞模式是未知且具有挑战性的。

③ 软件系统缺陷漏洞修复规则:开源项目的版本演化历史记录了软件系统的缺陷漏洞的修复过程,包括具有缺陷漏洞的版本、被修复的版本以及修复过程中所产生的代码增量与补丁。搜集与分析此类补丁有助于设计更有效的代码修复与加固方法,使其更有效以及更健壮地修复软件系统的已知缺陷漏洞。

这三种信息分别有助于开展代码缺陷漏洞的动态检测、静态检测以及安全修复与加固。

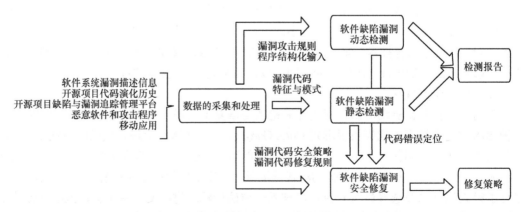

图 1　所提方法的整体框架

下面分 5 项内容对本研究进行介绍，包括抽象语法树、代码变异操作、软件缺陷漏洞动态检测、软件缺陷漏洞静态检测和软件缺陷漏洞安全修复。

（1）抽象语法树

数据驱动的代码缺陷漏洞检测与修复的一大难点是如何对代码进行表征合理化。抽象语法树（AST，Abstract Syntax Tree），或简称语法树（Syntax Tree），是源代码语法结构的一种抽象表示。它以树状的形式表现编程语言的语法结构，树上的每个节点都表示源代码中的一种结构。之所以说语法是"抽象"的，是因为这里的语法并不会表示出真实语法中出现的每个细节。比如，嵌套括号被隐含在树的结构中，并没有以节点的形式呈现；而类似于 if-condition-then 这样的条件跳转语句，可以使用带有两个分支的节点来表示。图 2 展示了一段简单的 Java 语言代码以及其抽象语法树，其中每一个节点表示一个代码元素，一棵子树则表示一个代码片段。图 2 中展示了该代码片段中 if 语句所对应的抽象语法子树。本文在代码的抽象语法树层面上进行代码表征以及特征提取。

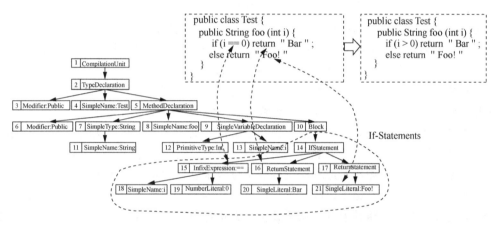

图 2　抽象语法树与代码变异操作

（2）代码变异操作

软件系统缺陷漏洞的检测与修复涉及对源代码的改动，这些改动具体可以通过代码的变异操作来实现。程序的变异体指的是通过在语法结构上对原有代码进行微小改动而得到一个新的代码版本。得到一个变异体的操作被称为代码的变异操作。图 2 中展示了通过将中缀表达式中的操作符号"=="改为">"而得到的一个原有代码片段的变异体。代码变异是在软件系统测试以及缺陷漏洞修复中被广泛运用的技术。许多研究工作提出了各种各样的变异操作，包括针对修复缓冲区溢出漏洞定义的变异操作[19]（如添加边界条件检查）、针对修复多线程引起的缺陷漏洞问题[20]，以及广义的通用变异操作等[21]。

（3）软件缺陷漏洞动态检测

模糊测试（Fuzzing Testing）是动态检测软件系统漏洞常见且有效的方法之一。测试输入的生成是模糊测试技术有效性的关键要素之一。基于生成器的测试工具能够生成满足一定类型或者格式的输入（结构化输入）。生成的输入可以用来测试需要结构化输入的程序，如编译器、解释器等。然而，已有的方法大多采取随机的、不确定的方式来生成结构化输入。结构化输入由结构化元素构成。例如，对于 XML 文件来说，其中每一个标签结构及其数值即为其构成元素。随机化地生成这些结构化元素很难保障模糊测试的整体有效性。

开源社区提供的丰富结构化代码元素能够解决这一问题。特别地，针对每一种结构化元素类型，可以创建一个代码元素池，其中包含了大量的代码实体。同时，可以记录不同实体之间的相似性、差异性以及多样性。基于搜集到的这些数据，结合代码变异技术，可以创造出更多具有多样性且能触发软件系统不同分支执行路径的测试输入。增强后的数据集能够指导结构化输入的有效生成，以此来提高此类模糊测试技术检测软件系统缺陷与漏洞的能力。除此之外，通过研究已有模糊测试技术以及测试结果，可以搜集到成功触发软件系统缺陷漏洞的测试输入，并学习此类测试输入中的特征与模式，进而更好地指导模糊测试结构化有效测试输入的生成。

（4）软件缺陷漏洞静态检测

软件系统，包括基于 Java、Python 以及 C/C++等不同语言结构，通常是构建在大量的第三方库之上。由第三方库接口（Library API）使用规则导致的软件系统安全漏洞问题是非常普遍的[10,15,22]。因此，从源代码中检测违反第三方库接口使用规则的缺陷或漏洞是十分关键的任务。现有的工作提出了大量基于数据驱动的检测方法，其基本思想一致，是从软件代码库中挖掘第三方库接口的使用模式。其中，频繁使用的模式被视为正确的使用规则，而偏离于频繁模式的异常用法则被视为一个缺陷。然而，已有的方法存在以下两个局限。首先，针对一个接口，实际上很难获得足够的正确使用示例，尤其是针对新发布的第三方库来说。其次，基于非频繁使用规则即有缺陷用法这一假设是过于简单且不够精确的，这是因为不常见的接口用法并不一定会导致软件系统的崩溃或缺陷漏洞问题。

本文通过代码的变异分析这一全新视角来解决上文所述的已有方法的局限性。代码的变异分析已广泛用于软件系统的静态分析以及测试中，它主要包含两个步骤。首先，它通过一组预先定义的变异操作对原程序进行少量修改来创建大量的变异体。这一过程用来模仿不同种类的缺陷与漏洞错误，因此可以用来解决样本量不足这一问题。其次，在产生的变异体上通过测试等步骤开展各种质量分析，如执行测试用例等，以此来验证与分析突变体给软件系统带来的影响，包括是否会引起缺陷或者漏洞等。图 3 展示了一个由于违反接口使用规则而导致的安全漏洞问题。在调用接口 MessageDigest.getInstance()时，由于软件系统的演化，参数需设为"SHA-256"而非"SHA-1"，否则会引起安全漏洞的问题。这一误用规则被最近的研究挖掘并发现[10]。实际上，给定一个正确用法，可以运用代码的变异操作向源代码中插入一个漏洞，如图 3 所示的例子中，可以将"SHA-256"这一正确参数改为"SHA-1"。然而，如何搜索这一变异操作、如何构造代码元素"SHA-1"以及如何验证所构造的变异体为代码缺陷漏洞是该方法的难点。

```
MessageDigest md=java.security.MessageDigest.getInstance ( " SHA-256 " );
MessageDigest md=java.security.MessageDigest.getInstance ( " SHA-1 " );
```
变异操作

图 3　违反接口使用规则而导致的安全漏洞问题

图 4 为第三方库规则误用检测流程。针对特定的第三方库接口，本文首先从开源项目中搜集接口的使用实例，然后进行变异分析与测试。通过分析大量的变异体及其测试数据，包括程序执行路径、堆栈记录等，结合机器学习等方法，识别有效的缺陷漏洞表现模式。最后将识别的模式应用到其他项目中，以此来检测是否存在潜在的缺陷漏洞问题。然而，有效的模式识别与缺陷检测需要解决以下两个难点：

开源项目数据搜集　　变异分析与测试　　模式识别与分析　　缺陷与漏洞检测

图4　第三方库规则误用检测流程

① 代码变异操作定义

如何定义合理的变异操作，来向源代码中插入有缺陷或漏洞的代码元素是保障该方法有效性的关键之一。为了解决该问题，本文定义了如图5所示的语法规则来对一个接口调用进行正确性建模。基于该语法，本文进一步定义了一套变异操作以尽可能多的方式来违反该语法，以达到向源代码中插入缺陷或漏洞的目的[22]。

```
sequence ::= ϵ |call; sequence|if (checker){} ;sequence
           | structure{; sequence;}; sequence
    call ::= API(v_1,···,v_i,···,v_n)|v_rev=API(v_1,···,v_i,···,v_n)
structure ::= if(cond)| else|loop|try|catch(v_e)|finally
    cond ::= condition expression | call |true| false
 checker ::= cond involves receiver v_rcv or parameter v_i
     API ::= method name
       v ::= variable | exception |*
```

图5　接口调用的语法规则

② 缺陷模式有效识别

如何验证一个构建的变异体是否真正引入了软件系统的缺陷或者漏洞问题，是保障该方法准确性的关键之一。为了解决该问题，本文提出在多个开源项目以及多个第三方库接口上同时开展变异测试与分析工作，在此基础上，产生并搜集大量数据。基于搜集到的大数据，本文进一步采取差异化分析技术来识别真实的代码缺陷漏洞模式。本文提出的差异化分析技术，主要从以下三方面进行考量：该变异体实例在不同项目上出现的频率；该变异实例在不同目标接口上出现的频率；该变异实体对软件系统产生的实际影响（如是否产生崩溃以及崩溃时的堆栈相似度等）。

该方法的详细设计与步骤可以参见文献[22]。

（5）软件缺陷漏洞安全修复

软件系统缺陷与漏洞的自动修复和加固对于维护软件系统的安全具有重要意义。近年来，研究者提出了各种各样的代码缺陷与漏洞的自动修复和加固的方法。这些方法首先通过错误定位，定位到引起软件系统缺陷漏洞的代码元素（如代码语句以及表达式等），然后通过代码变异操作，对定位到的代码元素直接进行改动，以达到修复的目的。其中一些变异操作，如插入语句、替换表达式等，需要搜索特定的代码元素。修复后的代码能够避免原来缺陷或漏洞被攻击者利用，其他正常功能不会受到影响，并且修复后的代码不引入新的安全漏洞。

图6展示了基于数据驱动的代码自动修复与加固的流程。首先，本文从开源项目中搜集针对软件系统缺陷漏洞进行修复的补丁，并对其进行学习和总结，提取出代码修复的模式与方法，并检验其是否通过软件测试、静态漏洞检测，以及攻击程序等。生成的安全补丁信息可以辅助代码的修复过程。代码的自动修复是个不断搜索的过程，主要包括搜索合适的变异操作以及修复代码元素等。一旦代码自动修复工具产生了合适的修复补丁之后，则可以利用多种攻击程序以及测试在多种软件执行环境下代码的健壮性，即抵御攻击的能

力，来评价修复补丁的好坏。健壮性测试的结果可以作为反馈，进一步指导和改进代码修复的搜索过程。最终，自动生成可适配的安全代码。

开源项目数据搜集　　　　缺陷漏洞恢复实例　　　　修复模式识别　　　　缺陷与漏洞修复

图6　基于数据驱动的代码自动修复与加固的流程

搜索空间爆炸是已有代码修复方法的主要局限性之一。正确并有效地修复已知缺陷漏洞需要解决以下两个难点。

① 搜索合适的修复模式

修复模式的识别首先需要定义如何描述代码变异操作。常见的代码变异操作包括语句的增添、插入以及删除等操作，然而此类粗粒度的修复模式无法在有效修复代码的缺陷漏洞的同时，确保一个大小可控的搜索空间。为了解决该问题，本文结合源代码的上下文信息来描述修复操作。具体来说，本文首先识别上下文中代码元素的类别，如是否为条件语句、循环语句等，然后识别修复元素的类别。利用这些上下文的语义信息，本文从大量的开源项目数据集中学习常见的修复模式，并将修复模式整合到修复方法中。

② 搜索合适的修复元素

合适的修复元素对于正确修复软件系统的缺陷漏洞是至关重要的。如图3中所示的例子中，正确修复导致安全漏洞的错误接口调用，需要找到合适的修复元素，即字符串"SHA-256"。然而，对于一个已知的软件缺陷或漏洞，如何搜索到合适的代码修复元素，是非常具有挑战性的。传统方法通常通过随机的方法，来搜索所需的代码修复元素。本文提出了基于上下文的三种相似度模型，来辅助修复元素的搜索。这三种模型分别是：变量相似度、宗谱相似度以及依赖相似度。变量相似度衡量的是修复元素与修复位置是否涉及相似变量；宗谱相似度衡量的是修复元素与修复位置在语法结构上是否拥有相同的宗谱关系；依赖相似度衡量的是修复元素与修复位置在语义结构上是否依赖相似的代码元素类型。通过在大量真实缺陷修复上的实证研究发现，所提出的基于上下文的相似度模型能够有效指导搜索恰当的修复元素。通过实证研究之后，本文将所提出的模型运用到软件系统的自动修复与加固中，用来给指定软件缺陷与漏洞寻找合适的修复元素。

该方法的详细设计与步骤可以参见文献[21]。

■ 五　有效性论证

在大量开源项目与数据集上，本文验证了所提基于代码变异的缺陷漏洞检测与修复方法的性能与效能。

针对软件系统缺陷漏洞的检测，本文将所提基于代码变异的数据驱动的检测方法运用到第三方库接口的误用规则检查上。实验结果表明，所提方法的准确率在Top-50的检测结果上能达到78.0%。在一个标准数据集上的实验结果表明，所提方法的召回率能达到49.0%，大幅度超过了现有方法的最优值。更多具体的实验结果可参见文献[22]。当然，所提方法也存在一定的局限性，包括缺乏正确的第三方库接口使用规则、缺乏创造恰当变异实体的变异操作，以及缺乏高质量且有效的测试用例等。这些局限性主要是由于所提方法为数据驱动而导致的。寻找高质量的数据集、开展更有效的数据清洗方法以及定义更全变的代码变异操作，是改进的方向。

针对软件系统缺点漏洞的修复，本文将所提基于代码变异的数据驱动的修复方法运用到已知标准数据及上，实验结果表明，所提方法能自动正确修复 10.0% 左右的软件系统缺陷或漏洞，并且其准确度达到了 84.0%。进一步的实验结果表明，所提基于上下文的相似度模型，能够有效辅助找到恰当的代码变异操作以及修复元素。这也解释了所提方法的高精度性。更多具体的实验结果可参见文献[21]。所提方法在召回率上还有很大的提升空间，这主要是由于学习修复模式这一过程的局限性导致的。用更有效的修复模式表征方式，以及更丰富多元的修复数据来学习修复模式，可以进一步改进所提方法。除此之外，可以针对不同类型的软件系统漏洞，如整数/浮点数溢出、内存缓冲区溢出以及接口使用方式误用等学习特定的修复模式，以提高自动修复能力，包括准确率以及召回率等。

■ 六　总结与展望

软件系统安全漏洞是软件系统中存在的严重缺陷，这些漏洞使软件系统容易遭受外界攻击，导致软件系统崩溃、隐私泄露、非法提权等严重不安全后果。尤其是目前软件系统已普遍运用于航空航天、通信、交通等关键应用，使其安全漏洞问题的严重性更加凸显。因此，尽早检测软件系统中存在的安全漏洞并及时对其进行修复与加固，是十分重要的研究课题。近些年来，随着开源软件系统项目的流行，与软件系统漏洞相关的数据与日俱增。因此，基于数据驱动的软件系统缺陷漏洞检测与修复方法得到了广泛的关注。本文结合数据驱动的方法与代码变异技术，提出了新的软件系统缺陷与漏洞检测和修复技术，并取得了令人满意的实验结果。

随着软件系统代码数据量的与日俱增，以及大数据处理和挖掘技术的提升，利用数据驱动的方法来提升软件系统的安全性，包括缺陷漏洞的检测和代码修复，必将成为未来的发展趋势。然而，如何对代码进行合理表征使模式识别更有效、如何对数据进行有效清理使模式识别更准确以及如何将识别模式准确运用到软件系统的安全漏洞检测上依旧是难点且值得继续探索的。另外，针对特定类型的软件系统缺陷与漏洞的表现模式与修复方式进行精准学习，也是值得深入探索的课题。

参考文献：

[1] WONG C P, XIONG Y F, ZHANG H Y, et al. Boosting bug-report-oriented fault localization with segmentation and stack-trace analysis[C]//2014 IEEE International Conference on Software Maintenance and Evolution. 2014: 181-190.

[2] WU R X, ZHANG H Y, CHEUNG S C, et al. CrashLocator: locating crashing faults based on crash stacks[C]//Proceedings of the 2014 International Symposium on Software Testing and Analysis. 2014: 204-214.

[3] ALLIX K, BISSYANDE T F, KLEIN J, et al. Androzoo: collecting millions of android apps for the research community[C]//Proceedings of the 13th Working Conference on Mining Software Repositories (MSR'16). 2016.

[4] FABIAN Y, GOLDE N, ARP D, et al. Modeling and discovering vulnerabilities with code property graphs[C]//2014 IEEE Symposium on Security and Privacy. 2014: 590-604.

[5] LIVSHITS B, LAM M S. Finding security vulnerabilities in java applications with static analysis[J]. USENIX Security Symposium, 2005(14): 18-18.

[6] SHANKAR U, TALWAR K, FOSTER J S, et al. Detecting format string vulnerabilities with type qualifiers[C]// USENIX Security Symposium. 2001: 201-220.

[7] SHI Q K, XIAO X, WU R X, et al. Pinpoint: fast and precise sparse value flow analysis for million lines of code[J]. ACM SIGPLAN Notices, 2018,53(4): 693-706.

[8] ROHAN P, LEMIEUX C, SEN K, et al. Semantic fuzzing with zest[C]//Proceedings of the 28th ACM SIGSOFT International Symposium on Software Testing and Analysis (ISSTA'19). 2019: 29-340.

[9] MARCEL B, PHAM V T, NGUYEN M D, et al. Directed greybox fuzzing[C]//Proceedings of the 2017 ACM SIGSAC Conference on Computer and Communications Security. 2017: 2329-2344.

[10] RUMEN P, TSANKOV P, RAYCHEV V, et al. Inferring crypto API rules from code changes[J]. ACM SIGPLAN Notices, 2018, 53(4): 450-464.

[11] PERL H, DECHAND S, SMITH M, et al. Vccfinder: finding potential vulnerabilities in open-source projects to assist code audits[C]//Proceedings of the 22nd ACM SIGSAC Conference on Computer and Communications Security. 2015: 426-437.

[12] KIM S, LEE H. Software systems at risk: An empirical study of cloned vulnerabilities in practice[J]. Computers & Security, 2018, 77: 720-36.

[13] RICCARDO S, WALDEN J, HOVSEPYAN A, et al. Predicting vulnerable software components via text mining[J]. IEEE Transactions on Software Engineering, 2014, 40(10): 993-1006.

[14] KIM S, KIM R Y C, PARK Y B. Software vulnerability detection methodology combined with static and dynamic analysis[J]. Wireless Personal Communications, 2016, 89(3): 777-793.

[15] LI Z, ZOU D, XU S, et al. VulDeePecker: a deep learning-based system for vulnerability detection[C]// Network and Distributed System Security Symposium. 2018.

[16] ZHANG Y, SUN X S, DENG Y, et al. Improving accuracy of static integer overflow detection in binary[M]// Research in Attacks, Intrusions, and Defenses. Springer International Publishing. 2015: 247-269.

[17] BIAN P, LIANG B, ZHANG Y, et al. Detecting bugs by discovering expectations and their violations[J]. IEEE Transactions on Software Engineering, 2018: 1.

[18] WANG X M, ZHANG T, WU R P, et al. CPGVA: code property graph based vulnerability analysis by deep learning[C]//2018 10th International Conference on Advanced Infocomm Technology (ICAIT). 2018: 184-188.

[19] GAO F J, WANG L Z, LI X D. BovInspector: automatic inspection and repair of buffer overflow vulnerabilities[C]// 2016 31st IEEE/ACM International Conference on Automated Software Engineering (ASE). 2016: 786-791.

[20] LIN H R, WANG Z, LIU S, et al. PFix: fixing concurrency bugs based on memory access patterns[C]// Proceedings of the 33rd ACM/IEEE International Conference on Automated Software Engineering. 2018: 589-600.

[21] WEN M, CHEN J, WU R, et al. Context-aware patch generation for better automated program repair[C]// Proceedings of the 40th International Conference on Software Engineering. 2018: 1-11.

[22] WEN M, LIU Y , WU R , et al. Exposing library API misuses via mutation analysis[C]//2019 IEEE/ACM 41st International Conference on Software Engineering (ICSE). 2019.

安卓生态系统的漏洞挖掘技术

张磊，杨珉

复旦大学

摘　要： 现代软件系统设计的一个核心理念是通过分层设计解耦系统各功能组件之间的逻辑依赖。这一思路的好处是可以使不同系统层次相对独立，其功能更新互不影响。但该架构增加了系统复杂性，对安全机制设计带来了新的挑战。鉴于此，通过归纳和总结前人研究的优缺点，本文从同层组件间隔离和层间接口访问控制这两个角度重新探究多层次软件系统架构下的漏洞挖掘问题，克服传统的以手工作业为主的漏洞挖掘严重依赖于大量先验知识的弊端。具体来说，通过分析现在主流移动端软件系统安卓，本文探究如何在安卓系统新引入的系统层次（主要包括应用虚拟层和安卓框架层）中有效进行漏洞挖掘。以这两个新兴层次为研究点，本文的贡献和主要研究内容如下。

（1）本文系统化分析了正在被广泛使用的应用虚拟化技术存在的安全问题，从架构漏洞、攻击面分析、危害影响等角度探究了该技术对上亿用户的安全威胁。结果发现，相对于安卓应用层，应用虚拟层普遍缺乏必要且基本的同层组件间隔离，导致任意应用可读取并篡改其他应用的数据或可执行文件，甚至可以修改并控制应用虚拟层本身。由于手机用户一般信任应用虚拟层并赋予其安卓权限，因此恶意软件可以以应用虚拟层为跳板进而控制整个用户手机，实现诸如任意代码执行、远程控制等攻击。

（2）本文系统化分析并证实了安卓系统服务中由输入验证缺陷带来的安全漏洞问题，并针对其非结构化、分散、无明确定义等技术难点，提出了一套切实可行的漏洞挖掘方案。最终，通过对 4 个安卓原生系统镜像和 4 个厂商定制化系统镜像的分析，本文发现了数十个零天系统漏洞，充分证明层间接口访问控制的设计仅考虑权限是不够的，同时需要对应用输入作出有效验证。

一　引言

随着互联网和信息化技术的快速发展，人们的日常生活越来越多地与各类软件系统高度耦合。从衣食住行到金融支付、亲子教育、社会交往，网络空间已成为社会生活的重点支撑。网络空间安全也成为国家战略安全中不可分割的一块重要内容。与此同时，各类安全问题和攻击层出不穷，个人数据和隐私面临极大威胁。软件系统的安全机制是整个网络空间抵御攻击者的第一道防线，也是安全研究和网络攻击者的首要关注目标。以目前最流行的移动终端系统安卓为例，随着其用户数量的增加，每年新增的恶意软件数量也呈快速增长之势。根据 G DATA 安全专家的报告显示，新型恶意软件样本数量从 2012 年约 21 万个增长到 2018 年约 400 万个。这些恶意软件通过利用系统中安全机制的缺陷以获取用户个人数据及隐私。根据 Thomas Brewster 在 Forbes 上的相关报道显示，一个可被恶意软件利用的苹果系统零天漏洞在发现奖励上已经高达百万美元。软件系统安全已成为网络空间安全的重点研究对象。

现代软件系统设计的一个核心思想是模块化的分层设计，如传统的经典客户机/服务器

（C/S）的应用系统设计模式和现在物联网系统常用的用户-操作系统（设备）-云端模式。分层设计的思想解耦了各系统组件间的逻辑依赖，也使在软件系统设计之初就可以考虑以单独模块或组件的方式构建其安全机制。例如，从谷歌面向安卓开发者发布的权限概述中可以看出，安卓系统在设计时就提出了一套基于权限的访问控制模型，改善了原来 Linux 系统基于 MAC 的访问控制机制，在软件层面实现了更好的用户态进程间隔离。随着版本演化和系统升级，软件系统也会加入更多的系统组件或层次以满足用户需求或改善用户体验。例如，在客户端软件系统中，安卓拥有多个主要层次，每个层次中有很多模块与组件。其中应用层负责与用户进行交互，具有最低的权限等级。用户层的请求在系统中间组件中先经过权限验证再转发到系统底层或云端服务器，最终访问到支付密钥、聊天记录、短信、电话等重要的个人隐私数据。另外，出于安全性需求，更多的安全防护组件（如 SEAndroid、TEE（TrustZone 和 Intel SGX）等）也被引入以增强系统安全。最终导致软件系统愈加复杂，各系统组件并不能完美协同工作，甚至安全设定相互矛盾，安全问题频出。

结合最新的网络攻击事件来看，攻击者不仅关注传统系统问题，而且利用软件系统分层对全软件栈进行攻击。例如，在应用层，2015 年，SevenShen 在 TrendMicro 上发文称百度系应用软件爆发 Wormhole 漏洞。这些软件在手机上利用网络端口虚拟了一个远程控制服务器，以接受从云端传来的指令。但是，实际上该虚拟服务器在应用层向所有软件开放。因此，其他软件也可以利用该虚拟服务器访问百度应用，直接威胁了用户隐私。此外，在 2017 年，Yanick Fratantonio 在 Black Hat 上披露了安卓系统中另一个应用层上的攻击（CloakAndDagger 攻击）。通过组合利用两个安卓权限（Bind_Accessibility_Service 和 System_Alert_Window），处在低权限的应用层软件可以达到在后台控制用户界面、读取当前界面内容的目的。而根据发现者的披露，在流行应用中，已有部分应用申请并获取了这两个权限。虽然没有证据表明流行应用会滥用这些权限，但仍给支付类和社交类应用软件带来巨大威胁。在系统组件层，在同年的 BlackHat 会议上，新型蓝牙漏洞 BlueBorne 被 Ben Seri 披露。其影响范围包含手机、电脑、物联网等带有蓝牙的设备。因为蓝牙一般由系统级进程管理，具有很高的权限等级，因此，通过利用该漏洞，所有在上层系统中构建的安全机制（如安卓的权限检查等）将失效，直接从底层击穿整个软件系统。此外，攻击者将目光投向了区块链。作为类分布式系统，某些区块链应用的公开接口缺乏有效的访问控制，直接导致了（如 Coindesk 上 David Siegel 报道的 DAO 攻击等）损失巨大（超过 6 000 万美元）的黑客攻击事件。

随着这些系统漏洞越来越多地被披露，对这类系统级漏洞的修复仍然采用见洞插针的打补丁方式，并没有从根源上分析和解决这些问题在分层系统中产生的原因。目前，各大软件系统经常发布安全升级补丁。以安卓为例，谷歌每月 1 日发布安全公告，对系统漏洞进行修复。但是，谷歌目前还在修复权限相关的漏洞（CVE-2019-2131）和蓝牙相关的漏洞（CVE-2019-9506）。此外，在版本升级迭代的过程中，有时会出现安全补丁回滚的情况。例如，Carrie Mihalclk 在 CNET 上的报道指出，苹果手机在 2019 年 8 月发布的升级补丁（iOS 12.4）回滚了其在 5 月刚刚修复的一个高危漏洞。而通过利用该漏洞，黑客可以轻易越狱苹果手机。因此，这种见一个修一个的打补丁方式并不能有效修复系统漏洞，亟须从根源上分析这些安全漏洞产生的原因，并系统化进行修复。

从发展趋势来看，随着安全研究人员的增多、各类分析技术和工具的进步，网络攻击者的漏洞挖掘能力越来越强，软件系统安全以及网络空间安全受到的安全威胁日益增多。一些新型攻击初见端倪。例如，通过攻击物联网漏洞，攻击者可以控制用户智能家居摄像头、扫地机器人、亲子智能玩具等。随着人工智能和大数据的进一步发展，网络威胁变得更加猝不及防。各种因为隐私泄露造成的网络诈骗层出不穷。2017 年 6 月，为保护国家战略和人民生活安全，我国开始实行《中华人民共和国网络安全法》，但网络攻击带来的巨大利益仍然驱使着攻击者到处作恶。为了从本源上封堵网络攻击，使多层次的系统设计在不牺牲其优势的情况下提升其安全性，系统性地研究在多层次软件系统中的漏洞挖掘问题有迫切的现实需求和很高的理论价值。本文提供的研究思路与发现将为补全系统安全的设计缺陷以及修复系统漏洞提供重要参考和理论依据。

二　关键科学问题与挑战

当前，软件系统多样化蓬勃发展，各系统层次间呈现多样化。它们的相互协作及安全问题显得尤为重要。虽然系统软件安全的研究不断，但鲜有研究工作聚焦于系统化分析由层次分割及协作带来的安全问题。学术界虽然有一些研究成果，但往往针对离散的某一个系统交互环节，缺乏全面考虑。鉴于此，本文从层次分割及协作的角度，对系统安全问题进行重新思考和梳理，总结了以下两个关键研究问题。

（1）同层组件隔离问题。多层系统分层的一个关键思路是将具有类似功能的组件放在同一层集中进行管理。但这种基于功能性的分层规则，并不能保证处于同层的组件在安全意义上是一致的。此外，不同系统组件通常保存有属于自己的私有数据。为了防止数据泄露，这些也应当相互隔离。因此，如何理解同层组件间的安全边界、实现组件隔离成为一个关键问题。

（2）层间接口访问控制问题。系统分层的一个设计目的是赋予不同系统层次不同的权限等级。一般情况下，从上到下，越往下层其具有的权限等级越高，且掌握的系统资源越敏感。而访问控制作为传统系统安全机制的核心设计理念，其首要任务就是管控好不同系统层次的权限等级。但是，一旦这种校验机制出现缺陷，就很容易产生提权漏洞，使低权限进程访问到其不应当访问的高权限资源。因此，能否在不同系统层次间实现完整准确的访问控制成为系统安全中的另一个关键问题。

但是，系统化研究这两个关键问题依然面临着巨大挑战，主要表现为，传统的漏洞挖掘方法依赖于对软件系统中各功能模块的深入理解。这就需要大量的先验知识，但在实际漏洞挖掘过程中这些知识往往是获取不到或者很难获取到的，严重制约漏洞挖掘的进度。这使传统的漏洞挖掘模式倾向于以小作坊式的手工作业为主，难以大规模推广。

本文以多层软件系统为研究主体，围绕上述两个关键问题，深入探讨如何克服研究挑战，并有效地在分层系统中进行漏洞挖掘。具体来说，首先，针对同层组件隔离问题，本文以安卓系统应用层为研究对象，发现商业应用利用应用虚拟化技术，在应用层中构建一个新的虚拟层。同时，本文创新地引入自动化渗透测试技术，以通过比较应用软件在安卓应用层和应用虚拟层的行为差异来进行同层组件隔离漏洞的检测，避免了对应用虚拟层的人工逆向过程。其次，针对层间接口的访问控制问题，本文研究处于系统中间层的安卓系统服务。安卓系统服务接口本身处在高权限系统层次中，并向上层低权限用户开放服务。

本文通过结合程序分析技术和机器学习技术，使在了解部分系统源码的情况下即可有效挖掘系统漏洞。结果发现，安卓系统服务的层间接口访问控制普遍存在缺陷，导致低权限攻击者可以提权、恶意获取隐私数据、发起拒绝服务攻击等。

■ 三　国内外相关工作

本节对与本文相关的研究工作进行总结和分析。软件系统的漏洞挖掘相关问题研究已有相当长的历史。随着现在各行各业逐渐互联网化，各种软件系统的推出与普及来势汹汹。在这软件系统越来越多样化的背景下，本文紧扣系统分层这一共有特征，阐述与本文相关的其他研究工作。

3.1　安卓应用层安全研究

由于移动互联的日益推进，以手机为代表的移动终端设备开始占据人们日常生活的主要部分。而应用层作为与移动用户直接交互的系统层次，一方面肩负着满足用户多样化需求、改善用户体验的任务（功能性需求）；另一方面，在信息泄露如此猖獗的如今，肩负着保护用户数据和个人隐私的艰巨任务（安全性需求）。然而，出于对控制成本的考虑，现在的应用软件设计思路还是重视功能而轻视安全甚至牺牲安全的策略为主。这无疑为网络攻击者带来了很多便利，同时催生了大量的安全研究工作。

在安卓应用层，本文具体研究安卓虚拟化技术的安全问题，该技术可以被用于定制化移动应用。Julien Thomas 在 BSideBUD 上发表的 In-App virtualization to bypass Android security mechanisms of unrooted devices 一文中指出，某些应用虚拟化框架的文件和内存隔离容易受到攻击。Zheng 等[1]描述了针对应用虚拟化技术的三种攻击方式，具体主要涉及虚拟化框架的两种漏洞。与这些工作不同的是，本文系统地研究了应用虚拟层中存在的 7 种安全漏洞，并通过对应用虚拟化技术生态系统的深入分析，揭示了这些漏洞存在的原因、危害及其完整利用场景。

此外，有一些研究工作针对安卓应用程序进行安全漏洞分析。例如，Georgiev[2]以及Fahl[3-4]等关注到安卓应用程序中不安全的 SSL 使用，并通过大量实例阐述了这些不当使用存在的场景、原因及其危害。Poeplau[5]等主要研究安卓应用中动态类加载机制带来的安全问题。Luo 等[6]和 Chin 等[7]的研究工作揭示了在应用程序中的 Webview 组件中，不恰当的输入验证也会导致一些安全漏洞。此外，文献[8]的研究工作表明了安卓应用程序中误用加密模块会产生的安全风险。以上这些工作更多集中于安卓原生系统框架或者常见应用市场中的应用程序，仍然在探讨传统攻击下的安全问题，与本文所研究的对象不同。本文提到的应用层安全威胁既不是由安卓系统框架也不是由虚拟化应用产生的，而是由应用虚拟化技术产生的。具体来说，该技术通过引入应用虚拟层的方式，打破了原先安卓系统分层架构，带来了新的攻击面。

3.2　安卓框架层安全研究

安卓安全中的系统漏洞问题已被广泛研究。Unixdomain[9]和 ION[10]研究了安卓网络套接字和底层内存堆接口，并通过查找缺失的权限验证来检测未受保护的公共接口。ASV[11]

在安卓系统服务的并发控制机制中发现了一个设计缺陷，并证明通过客户端应用程序内的一个代码循环，就可能导致系统服务端受到 DoS 攻击。此外，文献[12]研究结果显示，一些安卓组件（如系统服务）接受来自其他组件（如应用程序）的组件间访问时，由于一些组件错误配置了它们的意图（Intent）过滤器，导致它们可以被未经授权的应用程序访问。据此，该论文讨论了安卓框架层的访问控制问题。此外，Zhang 等[13]的研究表明，在安卓系统中，当应用软件被卸载后，由于在系统服务中，部分应用软件相关的数据没有被完全移除，这将导致这些残留数据暴露在隐私泄露的威胁下。与这些工作不同的是，相对于关注安卓系统中一些特定的漏洞模式，本文更关心安卓框架层中访问控制设计上的缺陷，即忽略了输入验证等隐式访问控制。

此外，有一些其他工作关注安卓框架中的访问控制问题。但与本文不同的是，它们主要关注基于权限的访问控制问题。例如，Felt 等[14]的研究表明，安卓系统中大量存在的预装应用可能有害于安卓权限模型。具体来说，这些预装应用通常包含大量权限，但同时可能包含一些漏洞。通过利用这些漏洞，其他低权限应用软件可以以它们为跳板来获取高权限的资源。Kratos[15]比较了不同安卓系统服务间权限是否保持一致。通过在系统服务间找到功能相似的接口，再比较这些接口间权限检查是否一致，他们发现了很多诸如权限提升和拒绝服务攻击（DOS）相关的漏洞。与之类似，AceDroid[16]利用相同思路比较了经过第三方厂商定制化后，相似系统服务接口间是否会保持较为一致的权限检查。

与这些工作相比，本文更关注安卓系统服务中存在的隐式访问控制，即输入验证。

在传统研究中，也有一些工作关注输入验证。传统的输入验证研究主要集中在 Web 应用程序（SQL 注入）和内存不安全的程序上（C/C++程序和操作系统内核）。例如，Mokhov等[17]研究了 Linux 内核中的漏洞，其中涉及缓冲区溢出和边界条件错误两个关于输入验证的错误。Scholte 等[18]研究了 Web 应用中输入验证的漏洞。他们发现的这些漏洞并没有发生显著的变化，且其中大部分漏洞是由于对结构化输入字符串的检查缺失带来的。Yamaguchi 等[19]使用代码属性图来描述 Linux 内核中的如缓冲区溢出、整数溢出、格式字符串漏洞和内存损坏等已知漏洞。特别是，这些漏洞依赖于一小组定义良好的敏感输入（如用户空间指针）作为静态污点分析的输入。然而，本文关注与其相反的一面，这类输入目前没有资料对其进行完整定义，笔者甚至不清楚什么输入应该被认为是敏感的。具体来说，上述研究多数关注于已存在或已定义的敏感输入，而本文关注安卓系统服务中的敏感输入验证，这些输入验证是非结构化的，没有明确规范定义，且具有分散化分布的特点。

四　创新性解决方法

以上文介绍的关键问题为核心，本节以应用虚拟层和安卓框架层为具体研究点，详细阐述本文设计的在多层软件系统中的新型漏洞挖掘方法。

4.1　新型同层组件隔离漏洞挖掘方法

4.1.1　应用程序虚拟化背景介绍

应用程序虚拟化是源自于安卓用户具有高度定制化需求这一特点的一项技术。例如，许多用户需要在同一台设备上同时管理多个 Facebook 或 Twitter 账号。然而，这些社交应用程序通常不允许用户在同一台设备上同时登录多个账户。而且，许多应用程序使用混淆或加壳技术来保护自身代码的完整性。这些安全机制的引入使修改现在比较流行的安卓应用程序是十分困难的。这也催生了应用程序虚拟化这种在不修改应用程序的情况下对应用程序进行定制的解决方案。

当前，应用虚拟化技术可以被用来进行多项定制化的操作，包括：①在不安装目标应用程序的情况下运行其多个定制化的应用程序版本；②修改应用程序获取到的安卓设备指纹信息，包括 IMEI、电话号码、地理位置等；③模拟用户进行自动化的屏幕操作，如自动化单击游戏应用中的窗口、自动给一组联系人发送短信；④加密或解密指定应用中的用户数据和个人隐私；⑤打破原有的设备限制，如由于政策原因，谷歌服务（GPS）在中国大陆地区为不可用状态，因此中国大陆地区的安卓设备无法使用 GPS 框架，进而导致很多依赖该框架的应用程序无法正常使用，但是，安卓用户现在可以使用内置谷歌服务的虚拟化框架来打破这种限制。

4.1.2　应用虚拟层的同层组件隔离问题分析

如图 1 所示，虚拟化框架为应用程序提供了一个虚拟化的运行环境（应用虚拟层）。具体从技术原理上来说，虚拟化框架在运行时会动态加载被定制化应用程序的代码并在其所拥有的进程中运行。当应用程序运行在虚拟化框架中时，该应用程序所有的请求都会被虚拟化框架代理。一方面，通过代理这些请求，虚拟化框架可以非常方便地通过对请求返回值的修改而对应用程序进行定制化，如可以通过修改系统服务 LocationManagerService 的返回值来定制地理位置数据，也可以修改窗口服务 WindowManagerService 的返回值来定制修改应用程序的窗口显示；另一方面，虚拟化框架因代理所有上层应用的请求而代替它们与安卓框架（系统组件层）进行交互。在这种情况下，安卓操作系统因为看不到应用虚拟层，而会认为所有的请求都由虚拟化框架发起，虽然这些请求的真正发起者为被虚拟化的应用程序。然而，许多安卓系统的访问控制机制基于安卓操作系统能正确区分请求发起者这一安全假设，而这个假设在虚拟化框架体系这一新的系统分层中并不成立。例如，为了限制每个应用程序只能操作自身的内部存储空间，安卓系统会检查应用程序的 Uid，但对于运行在虚拟应用层中的应用程序来说，它们的 Uid 相同，统一为虚拟化框架本身的 Uid，这就直接导致了安卓系统中所有基于 Uid 的隔离机制被打破。实际上，经过实验发现，对于本文所研究的虚拟化框架，运行在其中的应用程序确实可以随意读写另一个应用程序的文件与用户数据。这也说明系统性地研究虚拟化框架中由于引入新的虚拟应用层而改变安卓安全模型是非常有必要的。

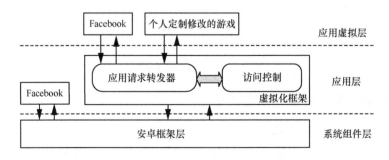

图 1　虚拟化框架的总体分层架构

4.1.3 基于渗透测试的漏洞挖掘方法

安卓实现了一系列的隔离和访问控制机制来限制安卓应用的行为。然而，笔者发现运行在商业虚拟化框架中的应用能轻易地绕过某些安卓安全机制。为了彻底地对应用虚拟层的安全问题进行分析，本文总结了安卓操作系统的 7 个安全考量，包括权限、内部存储、受保护的外部存储、私有的应用程序组件、系统服务、Shell 命令和 Socket。然后，基于渗透测试技术设计并实现了一系列具有恶意行为的攻击测试用例，以测试应用软件是否在这7 个安全维度上被相互隔离。实际上，本文将这些测试用例同时运行在多种虚拟化框架中和纯净的安卓系统中，以对比测试结果。图 2 为对应用虚拟层进行渗透测试的总体思路：如果某个恶意攻击行为在纯净安卓系统中未能成功运行，但在应用虚拟层中运行成功，则可以认为应用虚拟层具有与该攻击行为相关的安全漏洞。其中，安卓 8.0 是目前主流使用的安卓版本，被用来作为对照实验。

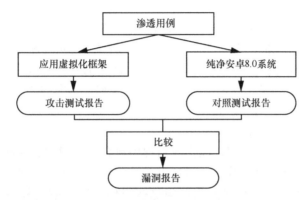

图 2　对应用虚拟层进行渗透测试的总体思路

结合安卓系统本身特性，本文在设计渗透测试样本时主要从以下几个安卓系统安全考量的角度来构建具体的攻击行为。

（1）权限

权限是由安卓框架授予给应用程序的，但使用虚拟化框架时，所有被虚拟化的应用程序都运行在应用虚拟层中而不是安卓系统中，因此，无论虚拟化框架中运行了多少个应用程序，安装并运行在安卓设备上的应用程序只有虚拟化框架。此时，所有运行在应用虚拟层中的应用程序都能使用安卓框架授予给虚拟化框架的权限。为了防止应用程序滥用权限保护的系统资源，虚拟化框架应该自身也实现一套基于权限模型的访问控制体系，即对于应用虚拟层而言，虚拟化框架本身应作为类似系统中间层，进行足够的访问控制。因此，本文渗透测试的首要目标是，测试运行在应用虚拟层中且没有申请任何权限的应用程序能否访问本应受到权限保护的系统资源。具体来讲，该渗透测试样例会尝试在未申请权限的情况下获取设备的当前地理位置数据（地理位置数据由 Dangerous 级别的权限"android.permission.ACCESS_FINE_GRAINED_ LOCATION"）所保护。作为补充，该渗透测试样例会在未申请发送短信权限（"android.permission.SEND_SMS"）的情况下，在程序后台运行一个服务，并在该服务中偷偷发送短信。为了测试由第三方定义的权限的保护情况，该渗透测试样例还会获取亚马逊应用程序中由 Signature 级别保护的第三方权限（"com.amazon.CONTENT_PROVIDER_ACCESS"）对应的资源。

（2）内部存储

安卓应用程序的私有数据存储在其对应的内部存储目录/data/data/package_name/中，安卓系统会阻止其他应用程序访问该私有的存储目录（如其他应用不可访问 Facebook 的私有目录/data/data/Facebook/）。而在应用虚拟层中，应用程序的私有数据会存储在虚拟化框架内部存储目录的某一个子目录中（如/data/data/Parallel_Space/parallel/0/package_name/）。为了测试应用数据之间的相互隔离，本文设计的渗透测试样例会首先扫描虚拟化框架的内部存储目录（/data/data/framework_name/），然后尝试获取其他运行在应用虚拟层的应用程序内部存储目录。

（3）受保护的外部存储

类似于内部存储，应用程序的数据也能存储在受系统保护的外部存储目录中（/sdcard/Android/data/package_name/），一般用于存储较大文件或缓存临时文件等。该目录同样可作为私有目录处理，安卓的访问控制机制会阻止其他应用程序访问该目录。但在应用虚拟层中，该目录会被重定向到虚拟化框架外部存储目录的子目录中。因此，本文的渗透测试样例会扫描虚拟化框架的外部存储目录，来测试恶意应用程序能否访问其他应用程序的受保护的外部存储（在具体实验中访问了 Dropbox 的外部存储目录）。Dropbox 会在外部存储目录中将用户分享的文件作为临时文件进行存储，本文的渗透测试样例会尝试获取该文件。

（4）私有的应用程序组件

基于模块化的应用开发思路，现代应用程序包含多个组件。通常这些组件间相互独立，但会进行通信以分享用户数据。同时为了避免数据泄露，这些组件大部分只能由应用程序自身使用，其他应用程序无法访问这些组件。许多应用程序会使用内容提供器（Content Provider）作为存储私有数据的数据库。例如，在火狐应用程序中，隐私数据（如浏览记录、搜索记录和书签等）会存储在内容提供器 org.mozilla. gecko.db. Browser-Provider 中。在纯净的安卓系统中运行火狐应用程序时，该内容提供器只能被火狐应用程序通过 URI 进行访问。本文的渗透测试样例会在应用虚拟层中尝试访问该内容提供器并窃取其中的隐私数据。

（5）系统服务

应用程序通过安卓系统服务器来进行一系列敏感的操作。例如，应用程序通过AccountManagerService 来管理用户账户，也能通过 DownloadManagerService 来管理应用程序的下载。为了将不同应用程序的数据进行隔离，这些系统服务会在应用程序访问敏感数据前验证这些应用程序的身份。为了测试虚拟化框架是否集成了这些身份验证，本文的渗透测试样例会通过调用系统服务 AccountManagerService 来尝试访问其他应用程序（Twitter）所管理的账户。

（6）Shell 命令

安卓操作系统由于基于 Linux，支持一系列的 Shell 命令，如 ps 和 ptrace 命令。由于恶意应用程序可以利用 Shell 命令的返回值来窃取其他应用程序的隐私数据（如进行侧信道攻击），因此安卓系统制定了细粒度的访问控制机制来限制 Shell 命令的使用。具体来说，不同应用程序只能通过 Shell 命令获取和自身有关的程序状态新型。本文的渗透测试实验会检测运行在应用虚拟层中的应用程序是否能打破这些访问控制的限制，如通过 logcat 命令来获取其他被虚拟化应用程序的 log 历史记录，或者通过 ps 和 top 命令来监控它们的运行环境。

（7）Socket

安卓应用程序可以使用 Socket 在不同进程间传输隐私数据或与远程云服务器进行通信。通常来讲，这些 Socket 是应用程序私有的，其他应用程序无法使用。例如，地图导航类应用程序（百度地图）会使用私有 Socket 来接收语音助手的命令，如开始与停止导航，或修改导航的目的地等。为了测试虚拟化框架对 Socket 的保护情况，本文设计了实验来连接其他虚拟化应用程序的 Socket。具体来说，本文的渗透测试样例会扫描并连接一款流行 VPN 应用程序（openVPN）的 Socket。

4.2 新型层间接口访问控制漏洞挖掘方法

4.2.1 安卓系统服务背景介绍

作为向上层应用提供服务的基础，安卓不断向系统服务中添加大量的功能，用以管理（如位置、医疗和社交网络数据等）敏感资源。同时，为了防止不可信的应用程序滥用这些系统服务，安卓在系统组件层（在安卓系统中又称安卓框架层）实现了一套对敏感资源的访问控制机制。虽然已有很多相关研究聚焦在安卓框架层的访问控制问题，但过去的研究主要集中在基于权限的显式访问控制。本文关注另外一类尚未充分研究的输入验证问题，并据此探索如何在系统组件层中有效挖掘安全漏洞。

敏感输入验证对于安卓服务的安全性起着至关重要的作用。输入验证一般是将输入数据与一系列预先定义的期望值进行对比或与可信数据源进行交叉验证，然后根据对比结果执行一系列的对应代码行为。注意，并不是所有的输入验证是出于安全目的的。例如，检查输入的格式或判断对象引用是否为空指针。本文关注与安全相关的敏感输入验证。为此，本文总结了两种与安全相关的输入验证模式：①对输入者的身份/属性的验证；②约束敏感资源的使用。对于第①种，输入者的身份/属性标识主要包括广泛使用的几个输入字段（uid、pid、package name），也包括一些比较模糊的字段（token、cert 等）。对于第②种，系统中很多共有资源的使用依赖于特定的检查。例如，可以通过检查应用层进程所提供的唯一资源定向符号（URI）的范围，来实现对系统服务所持有的内容提供器中资源的访问限制。

4.2.2 安卓系统服务中的层间访问控制问题分析

通过分析在安卓系统服务中现有的敏感输入验证，本小节研究了输入验证会带来安全漏洞的原因，具体如下。

（1）系统安全模型的混乱

因为系统服务运行在系统组件层，享有更多的特权，所以其不应该信任处于低权限的应用层进程所提供的任何数据。经过实验观察，笔者发现很多系统服务，不仅信任来自 Managers（安卓开发者工具包对系统接口的封装）中应用层进程提供的数据，而且错误地将敏感验证放置在了 Managers 的代码中。因为应用层代码可以绕过 Managers 并伪造它们的输入传递给系统服务，使安全检查不能像预先期望的那样起到作用。

（2）厂商定制化系统镜像中的弱校验

在安卓生态系统中，手机厂商通常对系统服务进行定制化以增加其特色或独有的功能。而在定制化的过程中，以输入验证为代表的一些安全防护可能会被削弱。例如，在安卓音频管理服务中，原本具有的用于限制调用者身份的输入验证在某个第三方系统镜像中被删除了，导致任意应用可以修改设备声音设置。

4.2.3 结合程序分析和机器学习的漏洞挖掘方法

在理想情况下，如果已知所有被很好标注过的敏感输入（主要是系统服务公开接口的参数）集合，那么剩下要做的事情，即识别这些敏感输入是否存在验证缺失的情况。实际上，没有任何开发者提供过这样的数据标注，目前能依赖的手段仍然只是对敏感输入的推测。换句话来讲，对于敏感输入的标注目前为止仍然是个开放性问题。因此，本文设计并采用了另外一种寻找敏感输入的思路，而非依赖于先识别所有敏感输入再寻找他们缺失的验证。具体来说，本文直接寻找在安卓系统服务中本应存在但最后却因各种原因而实际不存在的输入验证。这里假设如果一个输入是敏感的，那么在整个安卓框架层中没有得到校验的概率是很小的，因此直接通过定位敏感输入验证并识别出它们不安全使用的代码片段有助于找到大部分相关敏感输入及对应漏洞。

基于此，本文设计了一套系统组件层的漏洞挖掘方法。该方法主要涉及三个部分，如图 3 所示。首先，它从安卓系统镜像中提取所有系统服务及其对应的接口，并使用代码结构分析的方法在安卓系统服务中识别所有输入验证。接着，将这些输入验证传入一个基于关联规则挖掘的机器学习模块，用以辨别敏感输入验证。然后，漏洞识别模块基于上述的实验观察与总结来寻找不安全的输入验证，并将其标注为潜在的安全漏洞。最后，经过人工安全分析，根据其是否可以被攻击利用，来判别是否为真实漏洞。下面简单介绍各功能模块实现原理。

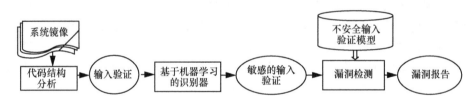

图 3　对安卓系统服务的漏洞挖掘总体架构流程

（1）利用结构分析技术提取输入验证

输入验证是本文研究的核心问题，由于它们既没有预先定义的系统接口又没有类似于权限检查的固定 API 标志，所以自动化识别和研究安卓框架中的输入验证是一个非常有挑战性的问题。本文利用输入验证中固有的结构化特征来解决这个问题。具体而言，与一般的条件分支语句不同，一个输入验证不仅会将输入与其他数据进行比较，而且会在验证失败时立即终止程序的正常执行。例如，当验证失败时，通过抛出一个特定安全类程序异常（SecurityException）以终止当前程序的执行。基于此，本文首先需要清楚了解什么类型的程序终止行为是由典型的输入验证失败带来的。在分析大量安卓框架层代码中真实的输入验证案例之后，本文总结了如下 4 种输入验证失败后经常采用的程序终止行为。

　① 抛出程序异常：应用层进程没通过输入验证时，最直接的方式是抛出一个特殊的程序异常，如 SecurityException 或 IllegalArgumentException。

　② 返回特定常数：系统服务经常使用一些预定义的常量来表示调用者在输入验证中的失败情形，而这些常量在程序的终止操作中将被返回。

　③ 程序打印错误日志记录并返回：通过打印日志信息来监控系统运行是非常常见的。在终止行为的代码块中，通常会在程序返回前打印一些关于非法输入的日志信息。

④ 回收预分配的系统资源并返回：在一些例子中，在退出执行之前，系统服务的公开接口需要回收之前分配的资源。

（2）使用机器学习识别敏感输入验证

本文最终选择使用关联规则挖掘技术（Association Rule Mining Technique）自动化地发现新的输入验证。具体原理为，假设已知一个敏感输入验证，那么与它同时出现的其他输入验证很可能是敏感的。原因是敏感的输入验证通常位于同一个服务函数。例如，"packageName"和"uid"，安卓框架通常同时使用它们验证一个应用程序的身份。因此，就敏感性而言，这些输入验证之间很可能是正相关的。基于此，本文通过已经人工找到的少部分敏感输入验证组作为种子，去发现其他相关的组。

（3）利用行为特征进行漏洞识别

本文从三个不同的视角对安卓系统框架层进行漏洞挖掘，如图4所示。

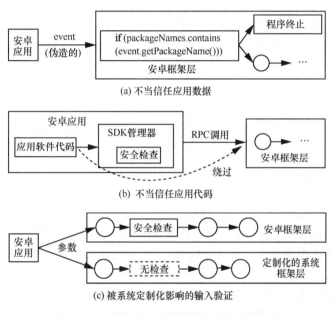

(a) 不当信任应用数据

(b) 不当信任应用代码

(c) 被系统定制化影响的输入验证

图4　与敏感输入验证有关的安全漏洞类型

① 不正确地信任了来自应用层提供的数据。一些系统服务由于安全校验的缺陷，导致本不应受信任的应用程序可以通过输入参数作为提供其自身身份验证的依据。如果该输入参数来源于不可信的应用程序，那么其也为不可信数据，不应作为敏感输入验证的判断依据。因此，如果通过检测分析，能确定一个敏感的输入验证使用了应用软件提供的敏感数据，那么这个输入验证可能是存在漏洞的。

② 不正确地信任了应用层进程中的代码。权限检查不会将验证逻辑放置在应用进程中，然而，由于输入验证具有非结构化的特点，实际上其验证代码经常被错误放置。具体而言，本文发现存在 Android SDK 中与各系统服务对应的 Manager，其运行在应用进程中并充当着服务代理的角色。通常，它先对应用程序的数据进行一次包装，然后以进程间通信的方式推送到安卓系统服务。在数据包装的过程中，这些 Manager 执行输入验证，并且很多验证是敏感的。如果输入验证在 Android SDK 中执行，但安卓系统服务不再对其进行同样的敏感输入检查，那么在这种情形下它是存在漏洞的。当然，如果 Manager 和系统服

务都执行相同的敏感输入检查，那么它仍然是安全的。这里 Android SDK 的范围不仅包括公开接口（公有函数），还包括标记为@hide 或@SystemApi 的隐藏系统接口，因为这些接口代码实际存在应用层进程中，应用软件可以通过反射的方式访问到这些隐藏接口。

③ 系统定制化时减弱的输入验证。为了定位厂商定制化过程中被弱化的敏感输入验证，如图 4(c)所示，本文通过对比 AOSP 镜像和定制化镜像，寻找相似接口内不一致的输入验证。这里的思路是，先找到不同系统镜像内的功能相似的系统接口，再比较它们的输入验证是否是一样的。若不一样，缺失验证的接口就可能有安全问题。因此，本文首先从不同系统镜像中找到功能相似的公开接口。具体来说，本文参考文献[20]提到的函数行为表征的方法，通过构建系统接口数据依赖图，比对两个系统接口的图相似性。当两个函数数据依赖图的相似性得分高于 0.7 时，本文认为两个函数行为是相似的。然后，本文在不同系统镜像中获得很多组行为相似的函数。最后，通过比较每组相似函数内执行输入验证的地方，本文可以定位不同系统镜像间不一致的访问控制。值得注意的是，只通过类名和方法名来判断两个系统函数的相似性是不够有效的，因为第三方系统镜像会引入很多定制化的系统服务，它们与 AOSP 原有服务有类似的功能，但命名体系完全不一样。

■ 五　有效性论证

本节对前述的漏洞挖掘方法进行有效性论证，所选实验测试对象均为当前流行的主流软件和移动操作系统。

5.1　同层组件隔离漏洞挖掘实验

本文分别在来自 Google Play 的 32 个流行的虚拟化框架及纯净安卓 8.0 系统中执行了渗透测试。实验结果均收集自谷歌官方推出的 Pixel 手机。实验结果显示，所有被测虚拟化框架在本文的渗透攻击面前都显得十分脆弱。攻击测试对大多数的攻击目标来说是成功的，具体发现如下。

（1）继承自虚拟化框架的权限。没有一个虚拟化框架会检查被虚拟化的应用程序的权限申请和授予情况，而且大多虚拟化框架过度声明了大量的权限，导致运行在应用虚拟层的应用程序即使没有被授予任何权限，也可以轻易地访问到高级别的系统资源。

（2）能够肆意被访问的内外存储路径。所有被研究的框架都没有限制内部存储的访问行为，导致恶意应用可以轻易读写其他应用的隐私数据或进行代码注入攻击。同样，多数虚拟化框架不对受保护的外部存储访问进行验证，仅简单的访问控制可以通过相对路径攻击和软连接攻击突破。

（3）系统服务中的信息泄露。实验表明，有 30 个被测框架缺乏访问控制机制来限制对系统服务的请求，因此，恶意软件可以窃取其他被虚拟化的应用程序的数据。

（4）滥用私有应用程序组件。在 30 个被测虚拟化框架中，恶意软件可以轻易访问其他应用程序的私有组件。因此，所有存储在私有组件中的数据都会被泄露给攻击者。

（5）滥用 Socket。安卓应用程序可以使用私有的 Socket 实现进程间或者与远程服务器的通信。但有 26 个框架没有对它们施行有效的保护，即所有测试过的 Socket 都会暴露给攻击者。

通过利用这些漏洞，攻击者可以轻易地实施滥用 Facebook 账户、对应用程序内支付的钓鱼攻击、泄露聊天记录和伪造、窃取用户邮件等恶意行为。相关漏洞演示视频已经公开在 YouTube 网站，部分攻击细节如下。

① 滥用 Facebook 账户。Facebook 是一个热门的社交类型应用程序，有着庞大的用户群体。使用它的安卓版应用，用户可以管理自己的通信录，将自己的照片分享给朋友，记录自己每天的生活。Facebook 为了简化其使用，管理着一个令牌当作用户每次登录操作的凭证。该令牌由 Facebook 服务器端产生，并存储在客户端应用程序中。

具体来说，该登录令牌会存储在 Facebook 的本地目录（/data/data/Facebook/）下。通常，在安卓原生隔离机制的保护下，一个应用程序仅能访问自己的本地存储目录。然而，研究表明，该机制对虚拟化框架来说是无效的。因此，本文编写了一个攻击示例程序，它首先利用应用虚拟层的存储漏洞复制出 Facebook 所有的本地文件，并将其发送到远程服务器上。然后，在该远程服务器上运行一个安卓模拟器，并预先安装了 Facebook 应用。当服务器接收到传来的受害者文件后，它会替换自己的 Facebook 应用下的文件。结果，远程服务器便可以登录受害者的 Facebook 账户，并随意滥用它（如窃取聊天记录、发送信息）。并且，因为 Facebook 允许一个账户能够同时在不同的设备上登录，所以在此过程中受害者浑然不知。

② 对应用程序内支付的钓鱼攻击。应用内支付是安卓应用的一个常见功能。用户经常会在应用程序内进行支付从而享受高级的功能。目前没有任何针对应用程序内支付发起的易用且有效的钓鱼攻击，因为原生安卓系统中攻击者很难获知应用内支付发起的时间，也很难拦截支付过程。然而，这些限制在虚拟化框架中不再起作用。本文的演示攻击针对的是当前流行的支付宝应用程序。但攻击过程对其他应用程序同样有效。

为了进行此次钓鱼攻击，本文的示例程序会开启一个后台服务监控支付宝的启动。具体来说，它会调用 ActivityManagerService 系统服务的 getRunningProcessInfo() 接口来获取当前运行的应用程序的信息。首先，通过对用户操作界面的持续监控，本文的程序能知道支付宝启动的时刻；然后，弹出一个透明的钓鱼窗口，覆盖在原来的窗口上，通过钓鱼窗口，可以获取到用户的输入（支付密码），并且将它们发送到远程服务器上。

③ 泄露聊天记录。微信是在我国广为流行的聊天软件。为了保护聊天记录，微信会对其进行加密，并存储在自己内部路径下的私有数据库中。如同其他本地存储数据，安卓隔离机制会保护微信聊天记录，防止其被窃取。

利用虚拟化框架的弱点，本文的示例程序可以直接获取到加密的聊天记录。此外，微信公开了它们的加密算法，即使用账户信息及设备信息来产生密钥。本文的攻击样本能够通过读取微信的 SharedPreference 配置文件以获取用户账户信息，并且从安卓系统服务那里得到设备信息。通过组合计算便得到了解密密钥，之后就能解密出用户明文形式的聊天记录。

5.2 层间访问控制漏洞挖掘实验

依据所提的层间访问控制漏洞挖掘方法，本文将其应用于 8 个不同的安卓系统镜像，包括 AOSP 的 4 个版本（5.0、6.0、7.0、7.1）以及 4 个由不同供应商定制的镜像：小米 Note 2（安卓 6.0）、小米 Mix2（安卓 8.0）、华为 Mate9（安卓 7.0）、华为 P9（安卓 6.0）、华为 P10（安卓 8.0）和三星 S6（安卓 5.0），以检测其输入验证问题。

实验结果共发现 103 个可能存在不安全验证的地方，其中，78 个是由于将应用软件提供的敏感数据用于输入验证，11 个输入验证错误放置在 Android SDK 中，另外 14 个是因为厂商定制化引入的弱验证问题。通过对这 103 个验证进行进一步人工分析，本文确认至少存在 20 个可被恶意攻击者利用的系统漏洞，它们被攻击后带来的后果包括权限提升、隐私泄露、清除系统文件等。在这些可被利用的漏洞中，有 11 个输入验证不正确地将应用层提供的数据用于调用者的身份验证。有一个例子则是将应用层提供的 userId 用于验证调用者的身份。在另外一个例子中，本文发现一个服务的 Native 代码部分做了适当的保护，但与其对应的 Java 代码部分只是对此服务的包装，且在包装的过程中，没有对其做好应有的保护。一个没有权限的应用软件如果直接访问此 Native 服务，将会因为没有权限而被拒绝，而当其访问 Java 部分的服务时却被允许，这样，这个应用软件将可以通过该服务的 Java 部分包装代码间接访问到本不该访问的 Native 部分服务代码。此外，本文找到了一个本该把访问控制判断放置在安卓系统服务中，但却错误地放置在 Android SDK 中的例子。目前还有 4 个类似的案例没有被确认其如何被利用，它们仍然是潜在的安全问题。最后，本文发现 4 个所研究的定制系统镜像在修改安卓系统原有服务或添加新服务时都有可能削弱其安全性。就结果而言，本文共找到了 10 个可利用的属于这种类型的漏洞。事实上，本文发现在大多数案例中，供应商很少在其新服务代码中加入任何安全检查，这表明与谷歌相比，第三方供应商的安全意识总体上比较薄弱。下面，本文从 20 个已被确认可以被攻击的案例中挑选出几个，来对这些漏洞是如何影响系统的安全性，以及它们是如何被利用的进行解释。

（1）微芯片厂商留下的隐藏接口（提权攻击）。Atfwd 是高通芯片制造商提供的一个系统级别的应用程序，其被预装在很多基于高通芯片的安卓设备上。它含有的一个名为 AtCmdFwd 的服务存在不安全的输入验证，可导致恶意软件借助该服务向当前手机注入物理按键或触屏等事件，甚至可以擦除内部/外部存储空间的数据，或重启/关闭设备。

（2）发送任意 Accessibility 事件(提权攻击)。现在很多流行软件在 AccessibilityManagerService 中通过注册 Accessibility 服务的方式来为移动手机用户提供诸如自动填充数据（如密码）或单击屏幕等便捷功能。然而，此服务的输入验证是存在漏洞的，导致恶意的应用程序可以向任意 Accessibility 服务发送任意的 Accessibility 事件。对于自动填充密码类的 Accessibility 服务，恶意软件可以通过发送伪造的关于密码自动填充的 Accessibility 服务事件，以窃取用户存储在此服务中的密码，造成严重的用户数据和个人信息泄露。由于此漏洞存在系统框架的 AccessibilityManagerService 中，任何向其注册了用于特定应用软件的 Accessibility 服务都会受到此漏洞的影响。

（3）隐性钓鱼攻击（提权攻击）。安卓操作系统为开发者提供了一个名为 Toast 的消息弹窗提醒功能。当 Toast 显示时，它应在手机屏幕上只填满消息所需的空间，且当前顶层的用户活动（Activity）仍然可见并具有交互性。Toast 窗口本应是一个固定格式的窗口，就像展示给用户看的通知那样，不能被应用软件定制化。然而，本文发现，WindowsManagerService 中存在一个接口，导致恶意软件可以在后台偷偷地在手机屏幕任意位置伪造 Toast 消息。这带来的后果是，恶意软件可以完全定制 Toast 窗口，并将其设置在任意应用软件的顶层，如产生透明的输入框（TextField）覆盖在其他应用软件上，以获取用户的输入。经过进一步分析，本文发现导致这一后果的原因是，存在两条独立的程序执行路径可以显示 Toast 弹窗，一条路径需要调用者具有 SYSTEM_ALERT_WINDOW 权限，而另外一条输入路径没有任何输入验证和权限检查，这条没有任何验证的输入路径，可导致上述恶意软件行为。本文在 Nexus6（AOSP 7.0 版本的系统）确认了此漏洞可以在没有任何用户通知提示的情况下弹出可以覆盖到其他应用之上的钓鱼窗口。

除上述 3 个案例外，本文还发现其他因敏感校验出现问题导致零权限 App 可以控制多媒体播放器、恢复出厂设置、清除安卓内核日志等例子。本文制作了详细的攻击视频放在 YouTube 网站供感兴趣的读者观看。此外，本文向谷歌及相应的手机供应商披露了漏洞细节，并得到了大部分的回应。

■ 六　总结与展望

本文以多层软件系统为研究主体，主要围绕同层组件隔离和层间接口访问控制这两个关键问题开展了研究。具体来说，针对同层组件的进程隔离问题，本文研究了应用虚拟层这一新兴层次对应用层进程间隔离带来的安全影响。针对层间接口的访问控制问题，本文研究了在安卓系统服务中与输入验证相关的一类隐式访问控制。不像权限模型这种广为人知、广受关注的显式访问控制，这类隐式访问控制一方面在整个软件安全体系中充当着重要角色，另一方面因其默默无闻这一特点导致极易被系统开发者和研究人员忽略。但它们的安全漏洞问题确实极大威胁着整个软件系统架构的安全。本文的贡献和主要研究内容如下。

（1）系统化研究安卓生态体系内应用虚拟化技术带来的新型安全威胁。本文系统性地研究安卓应用虚拟化技术及它可能产生的安全威胁。研究结果表明，虚拟化框架目前在全世界范围内已有超过 1 亿的用户群体，并且主要的定制化目标是社交通信类和游戏类的应用程序。通过对谷歌应用市场中的 32 个虚拟化框架进行实验研究，基于渗透测试技术，结合安卓系统本身特性，本文提出了 7 个攻击测试维度，并且揭示了大部分的框架能被它们攻击，从而证实了应用虚拟层中存在的同层组件隔离漏洞。

（2）指出并研究安卓系统服务中由输入验证的缺陷带来的安全漏洞问题。本文对安卓框架中输入验证的使用情况进行系统性地研究，并设计了一套结合程序分析技术和机器学习技术的输入验证漏洞挖掘方法。它可以对安卓框架和定制化的第三方系统服务中的敏感输入进行分析。通过对 4 个版本的安卓 AOSP 原版框架以及 4 个第三方定制化后的安卓系统镜像上进行实验，本文验证了该方法的有效性。最后，本文共检测出 20 个可以被利用的漏洞，其危害包括恶意提权和隐私泄露等。实际上，这类攻击只需将攻击应用安装在受害者的手机上，而不依赖于任何特定权限。本文的研究结果表明，在设计层间接口访问控制时，应同时考虑安卓权限验证和输入验证。

在本文研究工作的基础上，后续可继续开展以下两个方面的研究工作。

（1）系统漏洞的自动化利用问题

如何自动化地对软件系统漏洞进行利用是系统安全的核心问题之一。本文利用程序分析技术和机器学习技术挖掘到了多层次软件系统架构中的安全漏洞。但目前，本文的漏洞利用验证还依赖于人工确定。在下一步工作中，可以结合动态程序分析技术和符号化执行技术等，通过解析获取漏洞触发所需满足的输入条件，自动生成对应的输入事件。如上文所述，这一输入事件同时应当满足服务端对该输入的隐形约束。

（2）多层架构系统下其他系统层次的安全问题

本文依据两个关键研究问题，分别以应用虚拟层、安卓系统框架层等为研究对象，进行多层软件系统架构的漏洞挖掘。但软件系统中还有大量的其他系统层次。这些层次同样可以按照本文的研究思路继续进行深入探究。例如，在硬件抽象层、内核层中，也可能存在可以被攻击者利用的提权漏洞。而且，它们处于系统架构中较低的层次，其权限等级一般很高，漏洞的危害会更大。

参考文献：

[1] ZHENG C, LUO T, XU Z, et al. Android plugin becomes a catastrophe to Android ecosystem[C]// Proceedings of the First Workshop on Radical and Experiential Security. 2018: 61-64.

[2] GEORGIEV M, IYENGAR S, JANA S, et al. The most dangerous code in the world: validating SSL certificates in non-browser software[C]//Proceedings of the 2012 ACM Conference on Computer and communications security. 2012: 38-49.

[3] FAHL S, HARBACH M, MUDERS T, et al. Why eve and mallory love Android: an analysis of Android SSL (in) security[C]//Proceedings of the 2012 ACM Conference on Computer and communications security. 2012: 50-61.

[4] FAHL S, HARBACH M, PERL H, et al. Rethinking SSL development in an appified world[C]//Proceedings of the 2013 ACM SIGSAC Conference on Computer & communications security. 2013: 49-60.

[5] POEPLAU S, FRATANTONIO Y, BIANCHI A, et al. Execute this! analyzing unsafe and malicious dynamic code loading in android applications[C]//NDSS. 2014: 23-26.

[6] LUO T, HAO H, DU W, et al. Attacks on Web view in the Android system[C]//Proceedings of the 27th Annual Computer Security Applications Conference. 2011: 343-352.

[7] CHIN E, WAGNER D. Bifocals: analyzing Web view vulnerabilities in android applications[C]// International Workshop on Information Security Applications. 2013: 138-159.

[8] EGELE M, BRUMLEY D, FRATANTONIO Y, et al. An empirical study of cryptographic misuse in android applications[C]//Proceedings of the 2013 ACM SIGSAC Conference on Computer & communications security. 2013: 73-84.

[9] SHAO Y, OTT J, JIA Y J, et al. The misuse of android unix domain sockets and security implications[C]//Proceedings of the 2016 ACM SIGSAC Conference on Computer and Communications Security. 2016: 80-91.

[10] ZHANG H, SHE D, QIAN Z. Android ion hazard: the curse of customizable memory management system[C]//Proceedings of the 2016 ACM SIGSAC Conference on Computer and Communications Security. 2016: 1663-1674.

[11] HUANG H, ZHU S, CHEN K, et al. From system services freezing to system server shutdown in android: all you need is a loop in an App[C]//Proceedings of the 22nd ACM SIGSAC Conference on Computer and Communications Security. 2015: 1236-1247.

[12] JING Y, AHN G J, DOUPÉ A, et al. Checking intent-based communication in android with intent space analysis[C]//Proceedings of the 11th ACM on Asia Conference on Computer and Communications Security.

2016: 735-746.

[13] ZHANG X, YING K, AAFER Y, et al. Life after App uninstallation: are the data still alive? Data residue attacks on Android[C]//NDSS. 2016.

[14] FELT A P, WANG H J, MOSHCHUK A, et al. Permission re-delegation: attacks and defenses[C]//USENIX Security Symposium. 2011: 88.

[15] SHAO Y, CHEN Q A, MAO Z M, et al. Kratos: discovering inconsistent security policy enforcement in the Android framework[C]//NDSS. 2016.

[16] AAFER Y, HUANG J, SUN Y, et al. AceDroid: normalizing diverse Android access control checks for inconsistency detection[C]//NDSS. 2018.

[17] MOKHOV S A, LAVERDIERE M A, BENREDJEM D. Taxonomy of linux kernel vulnerability solutions. Innovative Techniques in Instruction Technology, E-learning, E-assessment, and Education[M]. Berlin: Springer, 2008: 485-493.

[18] SCHOLTE T, BALZAROTTI D, KIRDA E. Quo vadis? a study of the evolution of input validation vulnerabilities in web applications[C]//International Conference on Financial Cryptography and Data Security. 2011: 284-298.

[19] YAMAGUCHI F, GOLDE N, ARP D, et al. Modeling and discovering vulnerabilities with code property graphs[C]//2014 IEEE Symposium on Security and Privacy. 2014: 590-604.

[20] ZHANG M, DUAN Y, YIN H, et al. Semantics-aware android malware classification using weighted contextual API dependency graphs[C]//Proceedings of the 2014 ACM SIGSAC Conference on Computer and Communications Security. 2014: 1105-1116.

针对语音控制系统的攻防研究

袁雪敬，陈恺

中国科学院信息工程研究所信息安全国家重点实验室

中国科学院大学网络空间安全学院

摘　要：在人工智能技术快速发展的进程中，越来越多的（智能）语音控制系统被应用于家庭、教育、医疗、电子商务和无人驾驶等领域，如智能音箱和语音助手。多种多样的物联网设备和社交网络被语音控制系统更好地连接起来，为人们提供了丰富便捷的体验。与此同时，由于语音控制系统的应用涉及用户的生命、财产和隐私等重要信息，其安全问题成为工业界和学术界关注的焦点。与传统系统安全问题相似，语音控制系统中硬件设计、协议交互、数据存储以及软件实现中存在的漏洞严重危害系统的安全。此外，开放的语音信道为攻击者提供了一种新型的入侵方式。利用无线信号注入技术，基于 HackRF One 实现了针对语音控制系统的远程攻击（REEVE，REmotE VoicE Control Attack），进一步基于智能音箱 Amazon Echo 的技能（Skill）和第三方平台 IFTTT（If-This-Then-That）中与其相关联的应用（Applet）全面分析了远程攻击 Echo 之后可能造成的人身、财产及隐私威胁。这种远程攻击也可以传输语音对抗样本，使其在人类无法觉察的情况下大范围并远程攻击语音控制系统，提出了有效的防御措施以保护语音控制系统安全。

■ 一　背景介绍

虽然智能语音技术在近几年才被人们所熟悉，然而，智能语音并非科技发展的新生产物。早在 1952 年世界上就诞生了第一个语音识别系统 Audry，1984 年计算机第一次能够说话，1988 年李开复研发了世界上第一个非特定人、连续语音识别系统 Sphinx（希腊的人面狮身），被《商业周刊》评为当年最重要的科学发明。1997 年 IBM 推出首个听写产品 Via Voice，2002 年，中国科学院自动化所推出了中文语音识别产品 Pattek ASR（天语），2009 年 Windows 7 系统集成了语音功能。2011 年 Steve Jobs 将语音助手 Apple Siri 应用于 iPhone 4S 上，成为智能语音系统快速应用的历史新起点。据 2019 年 7 月美国投资机构 Mangrove Capital Partners 发布的"语音技术报告"介绍，2018 年美国家庭智能音箱使用总数增长 78%，预计 2023 年智能语音助手将会超过世界人口总量。2019 年德国基础设施与科学研究所 Arnold 等[1]对于当前流行的语音助手 Microsoft Cortana、Amazon Alexa、Samsung Bixby、Google Assistant 和 Apple Siri 作了深入分析，结果表明虽然智能语音助手在德国目前使用尚不太多，但很可能出现前所未有的普及速度。2018 年中国语音产业联盟年会发布的《2017-2018 中国智能语音产业白皮书》表明，2018 年中国智能语音达到 159.7 亿元，可见智能语音产业正在飞速发展。

尤其是随着大数据、云计算和高性能处理器的迅速发展，人工智能技术被越来越多地应用于自动驾驶、智能教育、智慧城市、智慧医疗、智能安防和电商零售等领域。语音控制作为一个新型的人机交互方式正在融入人们的生产生活中，如语音合成应用 Microsoft Azure Text to Speech API、IBM Watson Text to Speech API 和 Nexmo Text to Speech API 等，语音识别服务 Google Speech-to-Text API、Amazon Transcribe API 和科大讯飞开放平台等。此外，语音控制设备如智能音箱（Amazon Echo、Google Home 和天猫精灵等），语音助手（Google Assistant、Microsoft Cortana 和 Apple Siri 等），智能小秘（百度的小度机器人、猎户星空的豹小秘等）也在不断影响人们的工作和生活。丰富的设备技能和第三方平台扩展，如 IFTTT（If-This-Then-That）的应用（Applet）功能使智能语音设备日益多样化和规模化。例如亚马逊的 Alexa 语音服务，2015 年亚马逊推出了 Alexa skills Kit（ASK）的开发包，使第三方可以通过 ASK 来开发基于语音交互的 Alexa 技能（Alexa Skill）。目前有超过 80 000 技能连接了 28 000 多款来自 4 500 个不同品牌的第三方智能设备或服务。人们可以通过语音控制智能门锁、烤箱、摄像头、路由器、温控器和银行卡等，还可以通过智能语音服务进行发送信息、发送邮件，打电话和网上购物等活动。

然而，在提高生产力和丰富人们生活的同时，语音控制系统的安全问题也面临众多挑战。与传统系统类似，硬件设计、软件实现、通信协议、数据存储与共享、设备间通信、用户与设备之间信息交互等环节都可能存在安全威胁。例如，基于应用软件或者物理接触等方式注入恶意语音控制信号。此外，由于语音控制系统通常处于监听状态，声源身份认证技术还不成熟，开放的语音信道可以识别很多种声源，使攻击者易于将恶意信息嵌入这些声源中并攻击语音控制设备，实施操控智能门锁、劫持自动驾驶汽车和传播恶意信息等恶意行为。

目前，研究人员已经对语音控制系统的实现和交互进行了大量分析，研究出多种攻击方式并提出安全保护方案。例如，基于经典开源语音识别平台 Kaldi 以及新型的端到端语音识别模型 DeepSpeech 和 Lingvo 进行对抗攻击[2-4]，并提出防御方法。然而，由于人们对人工智能原理的理解还不太深入，语音控制设备种类繁多且使用场景多样化，针对语音控制系统完整生态的安全问题还存在很多挑战。

在对语音控制系统的攻击过程中，如何在人们无法觉察的情况下进行远程且大范围地攻击是实际攻击语音控制系统的难题。本文利用无线信号发射技术将语音命令嵌入射频波段，被发射出去的无线信号由收音机或者电视机解调并播放，从而实现语音信号的远程且大范围传播，以攻击语音控制设备。并进一步将语音信号嵌入正常音乐中生成对抗样本并逃避人的觉察，使其在人类无法识别嵌入指令内容的同时远程攻击语音控制系统。

■ 二 关键科学问题与挑战

（1）针对语音控制系统的远程攻击

虽然开放的声音采集信道使黑客有很多种方式对语音控制系统展开攻击，但由于语音控制系统为人声操作设备，实际应用中人与机器的距离通常在米级范围，而声音信号在空气中传播会受到不同环境的噪声干扰。因此实现针对语音控制系统的远程攻击具有很大挑战。此外，由于语音控制系统比较分散且种类多样，越来越多的家庭会配备智能音箱，多数智能手机上装有语音助手，因此研究展开大规模的攻击具有实际意义，也存在很多挑战。

（2）针对语音控制系统的隐蔽性攻击由于人耳对于声音很敏感，录音再播放的重放攻击非常容易引起人的警觉，因此，保障攻击的隐蔽性对于实际物理攻击具有重要意义。类似于人的感官作用，智能系统也可能会对采集到的信息误识别。这就使攻击者可以在一个正常样本上添加微小扰动形成对抗样本，从而在人们无法察觉的情况下误导智能系统，即进行对抗攻击[5]。可见，对抗攻击的首要目标是使机器与人类的识别结果不同，且要有良好的隐蔽性。其次，真正的攻击场景通常包含实际环境和设备的影响，如音乐播放器、接收麦克风以及周围环境噪声的影响，而这些因素会影响对抗样本中的攻击效果。因此，确保对抗样本的远程攻击效果并尽可能多地影响语音控制系统是攻击的挑战。

（3）语音控制系统的安全保护

研究系统攻击的最终目的是要优化设计并提出稳健的保护措施，对于语音控制系统软硬件实现和数据保护等方面的安全问题可以借鉴其他系统的漏洞挖掘与修复方法。而对于语音控制系统的对抗攻击，应当分析对抗样本的特征，利用信号处理、辅助网络检测和梯度混淆等方法进行防御。但目前这些防御方法尚未得到良好的结合应用。其次由于语音控制系统生态复杂，设备与云端、设备与设备之间、用户与设备之间交互方式多样，使人们难以对基于语音为接口的智能系统作出系统化分析。因此，针对各个环节的保护复杂难控，考虑到各个环节的角色作用提出完善的安全等级保护是重点。

■ 三　国内外相关工作

由于语音控制系统（如语音助手和智能音箱等设备）通常处在监听状态，载有语音信息的信号可能被设备中的语音系统识别（解码），因此，攻击者可以将语音命令嵌入电磁信号、恶意应用软件、噪声信号、超声波信号以及正常语音和音乐（通常为对抗攻击）中，从而在用户无法察觉的情况下操作语音控制设备，进而控制与其连接的智能家居设备或无人驾驶汽车、窃取用户隐私信息或者通过社交网络传播恶意内容。目前，国内外研究人员在电磁信号攻击、噪声信号攻击和基于正常声源的对抗攻击等方面进行了研究，并从信号处理、机器学习和算法优化等方面提出防御方法，以保护语音控制系统安全。

（1）国外研究现状

在电磁信号嵌入语音信息方面，2015 年法国网络和信息安全局（ANSSI）无线安全实验室研究者 Kasmi 等[6]提出了利用射频信号发射语音信息的方法，借用手机耳机为天线接收射频信号，并通过手机上安全的录音应用解调出语音信息，从而无声地远程控制手机。

在恶意应用攻击方面，2017 年 Compagno 等[7]提出了 VoIP 攻击，通过建立模型学习每一个键盘的发声特征，推测用户的输入信息。针对智能音箱众多技能中涉及的人们隐私和财产信息。2018 年 Kumar 等[8]和 Zhang 等[9]分别对亚马逊语音服务 Amazon Alexa 进行了深入探究，结果表明通过设计相似发音的恶意技能（Skill），攻击者可以窃取 Alexa 服务中合法 skill 的数据信息。

在噪声嵌入语音信息方面，2015 年 Vaidya 等[10]提出了关于模糊噪声攻击语音控制系统的可能性，并在 2016 年提出 Hidden Voice Commands 攻击[11]，研究通过对语音特征提取反变换，将正常语音命令模糊成人耳听不出具体内容的噪声，但依然能够用这些噪声信号操控语音控制设备，实现了采用噪声信号在真实物理环境中控制 Google Voice Search 的黑盒攻击。2019 年，Abdullah 等[12]利用多种信号处理方式（时域反变换、随机相位生成、增加高频分量和时域压缩等）将正常指令模糊化成噪声，实现了攻击多种商业化语音识别和说话人识别 API 的效果。

在超声波嵌入语音信息方面，2018 年，Roy 等[13]将声音信息嵌入超声波频段，并利用超声波扬声器阵列发射，由于接收端麦克风阵列的非线性，超声波信号可以被解调到正常语音频段，从而实现针对智能语音控制系统的远程物理攻击，并提出有效防御方法。

在语音对抗攻击方面，2018 年，Carlini[3]实现了针对开源语音识别模型 DeepSpeech 的对抗攻击，可以自动化地将任意指令嵌入一个正常的声音中，使在人耳无法觉察的情况下让 DeepSpeech 识别出指令。2018 年，Yakura 等[14]利用带通滤波、高斯噪声、脉冲响应结合的方式模拟智能语音系统的信号处理和实际环境，实现了针对 DeepSpeech 的物理攻击。为了提高对抗样本的掩蔽性，前两者攻击使用范数约束的方式限制对原始样本的修改幅度。为了进一步提高对抗样本的掩蔽性，2018 年，Schönherr 等[15]利用人耳掩蔽效应限定对抗样本的修改程度，并实现了针对开源语音识别平台 Kaldi 的 WSJ 模型的攻击。2019 年，Qin 等[4]基于人耳掩蔽效应和实际环境的模拟，进行了针对 Google 最新开源语音识别平台 Lingvo 的物理攻击。

针对智能语音生态系统安全问题，研究人员对语音助手和智能音箱所涉及的安全问题进行了大量分析[16-21]。例如，2017 年，Alepis 等[15]研究表明由于底层操作系统的固有机制使得语音助手存在严重威胁。2019 年，Zhang 等[22]提出 LipFuzze 工具，通过模糊测试方法系统化地分析智能语音系统中的误识别问题。

此外，Zeng 等[23]提出了多模型结合检测对抗样本的方法。由于正常音频特征比较丰富，在多个语音平台上的准确率比较高，所以识别结果相差不大，但由于对抗样本迁移性较差，其在多个平台上的识别结果差异较大，因此可以通过比较多模型识别结构的相似程度判断被检测音频是否为对抗样本。Neupane 等[24]提出利用近红外方式检测声源是否来自人体以抵御重放攻击。Das 等[25]利用 AMR 压缩和 MP3 压缩方式将对抗样本攻击的成功率由 92.5%下降到 0，有效地防御了语音对抗攻击。

对于智能语音生态安全评估问题，目前尚未有系统化地分析，但针对物联网设备生态的安全评估已经有一些成果。例如，2018 年，He 等[26]针对物联网系统的接入权限进行了全面分析。2019 年，Alrawi 等[27]总结分析了物联网设备的漏洞，并研发了一个安全评估平台。Zeng 等[28]研究了智能家居设备场景中的安全问题，其中包括权利和准入失衡、隐私威胁，并提出基于角色的接入方式、基于位置的接入方式、监督访问控制和被动的访问控制等方法。智能语音作为物联网中的一部分，其生态安全评估问题可以借鉴物联网成果，以及自身特点研究并提出合理的安全评测指标。

（2）国内研究现状

在电磁信号嵌入语音信息方面，Yuan 等[29]提出了利用无线信号实现针对 Amazon Echo 的远程攻击，研究将信号加载到射频频段以远程控制 Amazon Echo。并对 Amazon Echo 的技能和与第三方服务 IFTTT 连接的服务进行系统化分析，挖掘出控制 Amazon Echo 之后窃取用户邮件信息、电话号码、传播恶意信息、网上下单、控制智能家居设备等攻击方法，并提出结合声纹识别、用户交互协同的身份认证方法，从而抵御非设备持有者的恶意攻击。

在恶意应用攻击方面，2014 年，Diao 等[30]利用 Google Search 软件漏洞对 GVS（Google Voice Search）进行攻击，通过安装恶意软件 VoicEmployer 实施唤醒谷歌语音搜索应用、拨打电话、发送短信或邮件和获取敏感信息等行为。

在超声波嵌入语音信息方面，2017 年，Zhang 等[31]提出"海豚音攻击"（DolphinAttack），主要将语音信号加载到人耳听不到的超声波频段，利用麦克风漏洞解调出声音信号并控制语音助手和智能音箱。2019 年，Zhou 等[32]提出根据人的呼吸特征来检测信号是否来自人体，从而防御这种超声波攻击。

2018 年 Lei 等[33]以智能音箱 Amazon Echo 为例，公开了智能音箱的三种脆弱性并利用它们进行远程攻击，进一步提出了虚拟安全开关（VSButton），通过无线路由器检测室内人员的行为，从而判断是否确实是用户发出的语音命令。

在语音对抗攻击方面，2018 年 Yuan 等[2]基于开源语音识别平台 Kaldi，挖掘语音识别算法脆弱性并提出"恶魔音乐攻击"（CommanderSong），通过将语音特征加载到音乐中进行对抗攻击，使在人耳无法觉察的情况下实现针对开源模型 Aspire Chain Model 的 API 攻击和 over-the-air 的物理攻击，进一步利用无线电发射设备 HackRF One 将对抗样本调制到收音机频段发射，从而实现远程攻击，其对抗样本在科大讯飞语音转文本和语音输入法上表现出部分迁移性。

■ 四　解决方法

本文针对语音控制系统的攻击方法、危害评估和攻击防御作了具体探索。研究目标如图 1 所示，其中攻击的关键目标是要快速实现针对语音控制系统的大范围远程攻击，并利用该技术广泛传播高掩蔽性的对抗样本，完成实际物理环境下的攻击。然后分析攻击语音控制系统之后导致的危害。进一步理解攻击原理，优化算法，最终提高系统的鲁棒性。

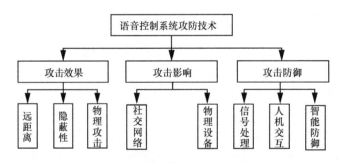

图 1　语音控制系统攻防技术研究目标

本文研究主要包括以下三方面。①针对语音控制系统的攻击技术。为实现针对语音控制系统的远程攻击，本文采用无线信号发射设备将声音信号加载到射频载波上，并借助具有播放器的收音机或者电视机将声音信号播放出来，进一步控制与它们距离较近的语音控制系统，从而实现攻击的远程需求和大范围传播的效果。影响语音人机交互效果的主要因素包括多人说话区分、环境噪声影响、播放器和麦克风性能等。工业界主要采用噪声抑制、混响抑制、回声消除、声源定位和远场拾音等算法来提高准确率。此部分研究基于传统语音识别开源平台中的关键技术，挖掘语音识别深度学习算法的脆弱性，设计实现自动化、规模化和高隐蔽性的对抗样本生成算法，从而完成针对语音控制系统高隐蔽性的物理攻击。②针对语音控制系统攻击的威胁分析。由于智能音箱和语音助手等语音控制设备已经成为集物联网和社交网络的重要枢纽，系统化分析接管设备控制权后的危害非常重要。鉴于 Amazon Echo 目前在国际上的广泛应用和丰富功能，本阶段以其为代表系统化分析攻击语音控制系统后产生的危害。③针对语音控制系统攻击的防御技术。在理解对语音控制系统攻击原理的基础上，深入分析语音算法的脆弱性，结合图像中已有的对抗攻击防御技术和语音攻击的特性，从信号处理、深度学习和交互信息等方面提出有效的防御方法。

围绕以上三个典型问题，本文进行了如下研究。

（1）针对语音控制系统的远程攻击技术

语音控制系统的声音命令通常由"唤醒词+命令"组成，例如，Amazon Echo 的唤醒词可以是"Alexa""Echo"和"Computer"，苹果的 Siri 唤醒词是"Hey, Siri"，Google Assistant 的唤醒词是"Ok Google"和"Hey Goolge"。由于目前声源身份认证技术有一定局限性，系统对于声源是否来自设备拥有者的认证还不完善，其他带有语音命令的声音也可以操控语音系统。为实现针对语音控制系统的远程攻击，需要多方面考虑分析语音控制设备的实际应用场景，可以借助外力更广泛地传播语音控制信号。本文提出利用实际生活中带有声音播放器的设备（如收音机、电视机和无线扬声器等）播放语音命令，对语音控制系统进行 REEVE 攻击。图 2 展示了针对 Amazon Echo 的远程攻击场景。

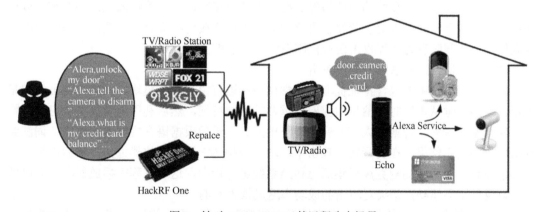

图 2　针对 Amazon Echo 的远程攻击场景

远程攻击的无线信号发射电路可以通过 GNU Radio（软件定义无线电）编程，并用 HackRF One 发射传播。其中 GNU Radio 是开源的软件开发工具，具有信号生成和信号处理模块，可以搭建高容量的无线通信系统，HackRF One 是一种无线信号发射设备（覆盖频段为 10 MHz~6 GHz）。将设计好的 GNU Radio 程序下载到 HackRF One 上即可发射信号。针对智能音箱 Amazon Echo 的智能家居应用场景，本文将语音命令加载到射频频段并发射，使该信号能够被带有播放器的设备解调并播放语音命令，从而远程控制智能语音设备。

① 收音机信号注入

收音机被广泛应用于日常生活中的广播娱乐（如汽车交通广播），智能音箱 Amazon Echo 有许多技能可使其在家里或者移动的交通工具中使用，因此本文假设被攻击者拥有相距不远的收音机和智能音箱。攻击首先录制或者合成目标指令的音频,并保存为 wav 格式。HackRF One 播放的射频信号只能被与其载波相同的收音机正确解调,但由于受害者的收音机的当前播放频道未知,攻击者需要对整个频段进行扫描发射,以快速推测出被攻击者收音机的当前频率。此外,由于录制正常的音频可能会被用户觉察,攻击者可以把语音命令嵌入收音机频段日常节目的广告中,由于语音命令通常在 2~5 s,而广告时间相对较长,用户可能不关注广告的内容,因此攻击可能不被用户觉察。

② 电视信号注入

与收音机相比,电视机更是人们日常生活的一部分,因此,利用电视机传播语音命令具有更大的可行性。首先制作带有语音命令的视频并存为 mp4 格式。与收音机信号注入类似,攻击者可以基于当前时事热点将攻击信号加到受大众喜欢的电视频道进行发射,从而实现大面积攻击。另外,针对某些群体的受害者,攻击者如果能够推测其爱好,将控制音频加载到受害者喜欢的节目中更能提高攻击的成功率。

③ 无线扬声器信号注入

现有的很多扬声器带有蓝牙或者 Wi-Fi 连接功能,一旦与手机或者计算机匹配连接,就可以播放出手机或计算机中的音频,其播放的声音信号比单纯的手机或计算机具有更远的传输距离,尤其可以通过蓝牙或 Wi-Fi 连接控制室内的扬声器设备。而且这种控制方法不需要 HackRF One 这样的硬件发射装置。虽然多数无线扬声器需要配对密码,但通常默认为 4 位数字,很可能通过暴力破解方法得到。

另外,现在有很多品牌的智能摄像头配有无线连接功能,但系统漏洞却使黑客可以远程启动并播放声音,未来更多的设备可能会具有远程连接传播音频的功能,这些应用在丰富人们生活的同时也为远程攻击语音控制系统提供了机会。

(2)针对语音控制系统的对抗攻击

智能语音识别主要包含特征提取、声学模型和语言模型三个模块。其中,特征提取是模拟人耳的听觉从声音时域信息中提取出重要的频域特征,然后利用声学模型学习这些特征对应的发音音素(音素是人们发音的最小单元),最后根据语言模型中的语法、词法结构组成识别文本结果。在实际物理攻击中,攻击音频通常需要播放器播出,然后由智能语音助手或者智能音箱的麦克风采集后上传至系统进行识别。这一过程中播放器和麦克风性能,以及周围环境噪声都会对攻击的成功率造成很大影响。

相比于图像识别中的结果由深度神经网络判断而言,语音识别系统更为复杂的是声学模型(通常为深度神经网络)需要结合语言模型共同决定结果,而且由于发音的延续性,语音识别受一定的上下文关系影响。由于语言模型结构复杂,攻击者可以首先逆向分析出什么样的声学模型输出结果(神经网络的计算结果)一定会被解码成目标文本,然后以这样的输出结果作为目标函数修改原始音频,直到生成的对抗样本达到或者非常接近这个目标,那么这个对抗样本就能够被识别为想要的文本。图 3 为针对语音控制系统对抗攻击原理,首先通过分析声学模型的输出确定目标函数,进一步用梯度下降算法修改 $x(t)$ 逼近这个目标函数,从而自动化地修改原始样本生成修改幅度较小的对抗样本 $x'(t)=x(t)+\delta(t)$,以确保对抗样本具有良好的隐蔽性。其中,$x(t)$ 为原音频时域值,$\delta(t)$ 为在其基础上添加的扰动。

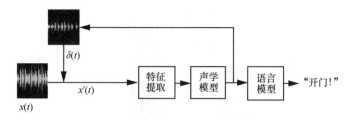

图 3　针对语音控制系统对抗攻击原理

图像领域中采用添加噪声、旋转和尺寸变换等方法提高对抗样本的鲁棒性[34]。在对实际环境模拟过程中，可以通过数据采集方法，比较播放和录音的音频差异以对实际场景建模。然而由于设备多样且环境复杂，有研究者提出利用随机噪声模拟实际物理场景。即保证生成的对抗样本叠加上不同的随机噪声之后仍然可以攻击目标，那么这样的对抗样本则会适应实际环境的影响。另外，针对黑盒攻击，图像领域目前有基于白盒攻击的迁移性攻击、基于黑盒识别结果打分的攻击和基于分类边界指导的搜索攻击等。但由于商业化系统训练数据和模型结构未知，探索黑盒系统需要很高的时间和金钱成本，因此，目前对于商业化系统的攻击多基于对抗样本的迁移性。考虑到实际生活中用户听音乐的习惯，本文以音乐为原始样本，以将语音命令在保证人耳无法觉察的同时嵌入音乐之中，并将其定义为CommanderSong 攻击。具体原理如图 4 所示，$x(t)$ 为原音频时域值，$\delta(t)$ 为在其基础上添加的扰动，从而生成对抗样本 $x'(t)$，即 $x'(t)=x(t)+\delta(t)$。在训练过程中，每次对 $x'(t)$ 叠加一个随机噪声之后上传给语音识别系统，最终使 $x'(t)$ 叠加不同的随机噪声之后都还能被解码成目标指令。那么对抗样本 $x'(t)$ 也可以克服实际应用中播放设备、录音设备和周围环境噪声的影响，最终实现物理对抗攻击。

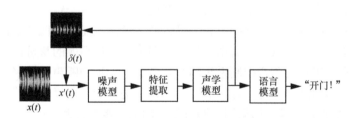

图 4　针对语音控制系统物理世界对抗攻击原理

（3）针对语音控制系统攻击的威胁分析

针对语音控制系统交互中的智能家居设备控制及用户信息安全，由于 Amazon Echo 连接了庞大的智能家居设备、智能手机、邮箱和 Twitter 等社交网络，本文通过分析 Amazon Echo 的技能和与其相关的 IFTTT 应用评估远程攻击语音控制系统的影响。从 Amazon Echo 连接的物联网设备（智能门锁、智能路由器和汽车等）到网络平台（Gmail、Facebook 和 Twitter 等）分析攻击对物联网中家居、汽车以及社交网络的危害。

如图 5 所示，IFTTT 有一个应用功能是当 Echo 被问到 "To-do list" 的信息时，会在 Echo 回答用户 list 上内容的同时将其发给与 Alexa 绑定的邮箱账号中。因此如果受害者启用了这个应用，那么攻击者可以首先用语音命令让 Echo 在 "To-do list" 中上传一些恶意的信息，然后再问受害者 Echo 的 "To-do list" 上有什么内容，Echo 通过查询 list 的内容并回答出来，同时也将刚才添加的内容发送到与其绑定的邮箱中，最终实现恶意信息的传播。

图 5　利用 IFTTT 攻击语音控制系统传播恶意信息

（4）针对语音控制系统攻击的防御技术

对抗样本、发音相似音频、噪声音频和正常音频的重放攻击能够成功的主要原因是语音控制系统时常处于监听状态，且可以较好地响应信号中的控制命令，而设备对于信号来源的身份检测较弱，即使为非智能设备拥有者发出的声音也可以操控这些设备。因此，语音控制系统可以通过信号处理、多方验证以及信息交互等方式防御对抗攻击。根据 REEVE 攻击和 CommanderSong 攻击的原理，本文从攻击音频特征和用户与语音控制系统交互情景两方面提出音频压缩和人机交互检测防御方法。

① 音频压缩防御方法

由于对抗样本的鲁棒性有一定的局限性，其攻击效果会受到外界的干扰，降采样（音频压缩）可以在一定程度上破坏对抗样本中的指令特征，而对于人们正常说话的音频，降采样的破坏效果却很小。因此，通过比较降采样前后的识别结果可以判断被测音频是否为对抗样本。然而由于具体黑盒系统处理音频的采样率未知，这种方法有一定的局限性。

② 人机交互检测防御方法

语音控制系统攻击的原因主要是机器对声音信号的识别有一定误差，而说话人身份认证可以在一定程度上检测声音的来源是否为设备拥有者，从而制定保护通信协议，只允许系统识别响应特定人声的音频。然而由于技术的局限性，说话人的身份认证在目前尚不成熟，因此，可以利用用户与语音控制系统的交互信息进一步判断声音的来源是否正常。例如，当指令涉及敏感信息（购物、开门等）时，设备进一步询问"中国首都是哪里？"和"你上周买过什么东西？"等。如果用户回答正确则进一步执行命令。

此外，针对语音控制系统的攻击还可以利用对抗学习、辅助网络检测、声纹识别和梯度混淆等方式保护系统。

五　有效性论证

对于 REEVE 攻击，需要评估其攻击距离和攻击时间。CommanderSong 主要针对的是开源平台 Kaldi 的攻击，对其评估主要从物理攻击成功率和被嵌入样本的隐蔽性分析。在实现远程攻击语音控制系统之后，需要全面分析攻击所造成的危害并提出有效的防御方法。

（1）针对语音控制系统的远程攻击

REEVE 攻击效果如图 6 所示，利用 HackRF One 发射的信号可以被 27 m 以内的收音机接收并解调，可以控制 15 m 以内的数字电视机，进而控制与收音机或者电视机相距 8 m 以内的 Amazon Echo。由于 HackRF One 发射的最大功率有限，攻击者还可以利用外接信号放大器提高发射功率以扩大攻击范围。由于设备原本在什么频道未知，因此，攻击过程需要扫描整个频段测试。例如，通常收音机信号有 30～40 个频道，每个频道的信号发射到收音机接收时间约为 5 s，所以整个扫描时间不超过 10 min。

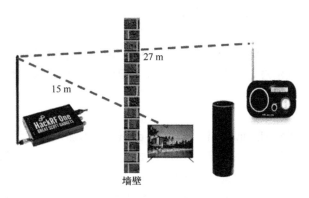

27 m

15 m

墙壁

图 6　REEVE 攻击效果

此外，在利用无线扬声器信号注入攻击中，本文测试了三星、LG 和 Anker 等品牌的 9 种无线扬声器，发现有 8 种扬声器可以实现远程连接，进一步在远端的手机或者电脑上播放出音频，以攻击语音控制系统。

（2）针对语音控制系统的对抗攻击

对于 CommanderSong 攻击，本文实验选择 14 条指令和 20 首音乐，结果表明 CommanderSong 攻击可以自动化地将任意指令嵌入音乐中，基于随机噪声模型生成的对抗样本对于不同的播放和录音设备均可以获得较好的物理攻击结果，如 JBL Clip2 可以达到 96%的成功率（播放再录音之后，所录下的音频中被嵌入的指令有 96%的单词可以被 Kaldi 识别出来），但不同设备对攻击效果会有影响。其次，为了评估样本的隐蔽性，实验在 Amazon Turk 上招募了 200 多位志愿者对测试样本进行评估，结果表明没有人能够正确写出被嵌入的命令。实验还将样本在科大讯飞语音服务上进行测试，其中，iFlyrec（讯飞听见）可以把上传的音频转换成文字，iFlytek input（讯飞输入法）是手机上安装的输入法。表 1 为实验结果（100%表示科大讯飞可以识别出完整指令）。由实验结果可知，CommanderSong 的物理攻击样本在科大讯飞上有一定的攻击效果。

表 1　CommanderSong 物理对抗攻击样本在科大讯飞平台的成功率

语音命令	讯飞听见	讯飞输入法
Airplane mode on	66%	0%
Open the door	100%	100%
Good night	100%	100%

然而，与其他物理攻击类似，由于引入了噪声模型或者脉冲响应模型，其对原始音频的修改程度比较大，因此虽然人们不能听到对抗样本中被嵌入的指令，但能感觉到一部分对抗样本中含有噪声。所以，物理攻击中对抗样本的隐蔽性还要进一步提高。

（3）针对语音控制系统攻击的威胁分析

为分析控制 Amazon Echo 可能造成的危害，本文系统地分析了 Amazon Echo 的技能所面临的潜在威胁，利用 Python 搜集并分析 IFTTT 平台上与 Echo 相关的应用。研究进行时共 15 000 技能和 600 个与 Echo 相关的 IFTTT 应用。基于 Echo 连接社交网络和智能家居设备应用场景，分析远程控制 Echo 之后的实际危害。结果发现约 100 个 Alexa 技能或 IFTTT 应用可能对用户造成威胁，具体举例如下。

① 隐私泄露

可以查问或修改 Amazon Echo 账号下的 To-do list，shopping list。"Mastermind"skill 可以让用户发送或者读取消息、打电话等，因此，攻击者可以通过这项技能给自己拨打电话，即可获得用户的号码。

② 恶意消息传播

Amazon Echo 可以将 shopping list 或者 To-do list 新添加内容发送给绑定的邮箱或者手机号，攻击者可以通过给 list 添加新内容的方式上传恶意消息，进而触发邮件或者手机号码，从而传播消息。"Twitter bot"skill 是非 Twitter 官方发布的一个简易功能。攻击者可以通过"Alexa, tell Twitter bot to tweet …"命令把消息传送至用户的 Twitter 账号上。

③ 在线购物

Amazon Echo 具有一键支付功能，可以为购物车里的物品下单到默认地址，为了保证账户安全，会进行密码验证，如果该账户的密码为出厂默认密码（1234），则会受到这种攻击。另外，攻击者也可以通过下单 Uber，并伪造 Uber 司机接单而拿到受害者的账号或者地址信息。

④ 物理设备控制

通过 Amazon Echo 可以控制家用电器的开关，而涉及危险层级比较高的智能门锁则会有密码验证，因此，这种攻击和"一键支付"相似，只是具有一定的可能性。针对手机上的多种功能和应用，也可以对其进行 Wi-Fi、匹配蓝牙或者拍照等攻击。

（4）针对语音控制系统攻击的防御技术

对于音频压缩防御技术，语音识别系统中被测样本通常是 16 000 Hz 或者 8 000 Hz 的采样率。例如，正常音频被降采样到 5 200 Hz，然后再升采样为 8 000 Hz 时，其前后识别结果相似，但对抗样本识别结果相差很大。本文以降采样因子 M 表示降采样的程度大小，M 等于原始音频的采样率与降采样后音频的采样率的比值。图 7 描述了对抗样本攻击成功率随 M 的变化关系。其中 command audio 是利用文字转语音合成的音频，WTA 代表对抗样本直接上传给语音系统，WAA 为物理攻击系统。可见当 M 为 0.7（即新的音频采样率为原始的 70%）时可以很好地防御物理世界的对抗攻击。然而，由于正常录制人声和 TTS 合成音频中发音特征很完整，降采样不能防御这些正常音频的重放攻击，需要结合声纹识别或者人机交互等方法进行有效地防御。

六 总结与展望

语音控制系统安全涵盖硬件设备、软件应用、第三方服务及用户之间的相互通信，语音控制技术为人们提供便捷服务的同时也方便了攻击者进行攻击。面对越来越复杂多样的语音控制系统，研究其中的各个交互环节存在的安全威胁并提出稳健的防御措施至关重要。

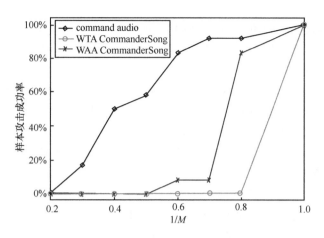

图 7 音频压缩防御对抗攻击效果

由于智能设备有多种传感器，因此声、光、电、磁信号都可能成为攻击者注入恶意信息的接口，声音和电磁信号已经被证实对语音控制系统构成安全威胁。研究对抗攻击技术有利于提高深度学习算法的鲁棒性，并保障相关应用的安全；对抗攻击目前在语音研究上取得了一定成果，这对人工智能技术的发展具有重要意义。目前来看，提高对抗样本的隐蔽性、迁移性和物理攻击成功率还有很远的路要走。此外，为了防御针对语音控制系统的重放攻击和对抗攻击，研究需要深入理解深度学习算法的原理，优化算法性能，利用网络辅助检测、声纹识别、信号处理以及人机交互验证等防御措施，实现多方协同保护语音控制系统安全。

除了语音识别技术之外，声纹识别和语音合成作为语音控制系统的重要组成部分也逐渐受到关注，其中算法的脆弱性和防御攻击技术仍有很大空间。声纹识别作为声音身份认证的重要方式被认可，但目前用在语音控制设备上的技术成果还不太理想。而且，攻击者可能会利用语音合成技术生成用户声纹特征的恶意音频，以假乱真地攻击语音控制系统。此外，由于语音控制系统涉及研发、应用和第三方服务等方面，基于语音算法分析如何在保证用户体验的同时，从产品设计、使用和维护等方面提供安全保护措施至关重要，这一目标的实施需要从理论研究、软硬件设计、用户需求和信息交互权限等方面进行分析。此外，系统化地评估语音控制系统的安全性也为研发和使用提供重要支撑。

参考文献：

[1] ARNOLD R, SERPIL T, CHRISTIAN H, et al. Any sirious concerns yet?–An empirical analysis of voice assistants' impact on consumer behavior and assessment of emerging policy challenges[C]//Research Conference on Communications, Information and Internet Policy. 2019.

[2] YUAN X J, CHEN Y X, ZHAO Y, et al. CommanderSong: a systematic approach for practical adversarial voice recognition[C]//In 27th USENIX Security Symposium (USENIX Security 18). 2018: 49-64.

[3] CARLINI N, WAGNER D. Audio adversarial examples: targeted attacks on speech-to-text[C]//2018 IEEE Security and Privacy Workshops (SPW). 2018: 1-7.

[4] QIN Y, CARLINI N, COTTRELL G, et al. Imperceptible, robust, and targeted adversarial examples for au-

tomatic speech recognition[C]//International Conference on Machine Learning. 2019: 5231-5240.

[5] SZEGEDY C, ZAREMBA W, SUTSKEVER I, et al. Intriguing properties of neural networks[J]. arXiv preprint arXiv:1312.6199, 2013.

[6] KASMI C, ESTEVES J L. IEMI threats for information security: remote command injection on modern smartphones[J]. IEEE Transactions on Electromagnetic Compatibility, 2015, 57(6): 1752-1755.

[7] COMPAGNO A, CONTI M, LAIN D, et al. Don't skype & type!: acoustic eavesdropping in voice-over-IP[C]//Proceedings of the 2017 ACM on Asia Conference on Computer and Communications Security. 2017: 703-715.

[8] KUMAR D, PACCAGNELLA R, MURLEY P, et al. Skill squatting attacks on Amazon Alexa[C]//In 27th USENIX Security Symposium (USENIX Security 18). 2018: 33-47.

[9] ZHANG N, MI X, FENG X, et al. Dangerous skills: understanding and mitigating security risks of voice-controlled third-party functions on virtual personal assistant systems[C]//2019 IEEE Symposium on Security and Privacy (SP). 2019.

[10] VAIDYA T, ZHANG Y, SHERR M, et al. Cocaine noodles: exploiting the gap between human and machine speech recognition[C]//Usenix Conference on Offensive Technologies. 2015: 10-11.

[11] CARLINI N, MISHRA P, VAIDYA T, et al. Hidden voice commands[C]//In 25th USENIX Security Symposium (USENIX Security 16). 2016: 513-530.

[12] ABDULLAH H, GARCIA W, PEETERS C, et al. Practical hidden voice attacks against speech and speaker recognition systems[J]. arXiv preprint arXiv:1904.05734, 2019.

[13] ROY N, SHEN S, HASSANIEH H, et al. Inaudible voice commands: the long-range attack and defense[C]//In 15th USENIX Symposium on Networked Systems Design and Implementation (NSDI 18). 2018: 547-560.

[14] YAKURA H, SAKUMA J. Robust audio adversarial example for a physical attack[J]. arXiv preprint arXiv:1810.11793, 2018.

[15] SCHÖNHERR L, KOHLS K, ZEILER S, et al. Adversarial attacks against automatic speech recognition systems via psychoacoustic hiding[J]. arXiv preprint arXiv:1808.05665, 2018.

[16] ALEPIS E, PATSAKIS C. Monkey says, monkey does: security and privacy on voice assistants[J]. IEEE Access, 2017, 5: 17841-17851.

[17] EDU J S, SUCH J M, SUAREZ-TANGIL G. Smart home personal assistants: a security and privacy review[J]. arXiv preprint arXiv:1903.05593, 2019.

[18] ABDI N, RAMOKAPANE K M, SUCH J M. More than smart speakers: security and privacy perceptions of smart home personal assistants[C]//Fifteenth Symposium on Usable Privacy and Security (SOUPS 2019). 2019.

[19] LIMA L, FURTADO V, FURTADO E, et al. Empirical analysis of bias in voice-based personal assistants[C]//Companion Proceedings of The 2019 World Wide Web Conference. 2019: 533-538.

[20] ZHANG R, CHEN X, WEN S, et al. Who activated my voice assistant? A stealthy attack on android phones without users' awareness[C]//International Conference on Machine Learning for Cyber Security. 2019: 378-396.

[21] MITEV R, MIETTINEN M, SADEGHI A R. Alexa lied to me: skill-based man-in-the-middle attacks on

virtual assistants[C]//Proceedings of the 2019 ACM Asia Conference on Computer and Communications Security. 2019: 465-478.

[22] ZHANG Y, XU L, MENDOZA A, et al. Life after speech recognition: fuzzing semantic misinterpretation for voice assistant applications[C]//NDSS. 2019.

[23] ZENG Q, SU J, FU C, et al. A multiversion programming inspired approach to detecting audio adversarial examples[C]//2019 49th Annual IEEE/IFIP International Conference on Dependable Systems and Networks (DSN). 2019: 39-51.

[24] NEUPANE A, SAXENA N, HIRSHFIELD L M, et al. The crux of voice (in) security: a brain study of speaker legitimacy detection[C]//NDSS. 2019.

[25] DAS N, SHANBHOGUE M, CHEN S T, et al. Adagio: interactive experimentation with adversarial attack and defense for audio[C]//Joint European Conference on Machine Learning and Knowledge Discovery in Databases. 2018: 677-681.

[26] HE W J, GOLLA M, PADHI R, et al. Rethinking access control and authentication for the home internet of things (IoT)[C]//28th USENIX Security Symposium (USENIX Security 18). 2018: 255-272.

[27] ALRAWI O, LEVER C, ANTONAKAKIS M, et al. SoK: Security evaluation of home-based IoT deployments[C]//IEEE S&P. 2019: 208-226.

[28] ZENG E, ROESNER F. Understanding and improving security and privacy in multi-user smart homes: a design exploration and in-home user study[C]//28th USENIX Security Symposium (USENIX Security 19). 2019: 159-176.

[29] YUAN X, CHEN Y, WANG A, et al. All your Alexa are belong to us: a remote voice control attack against Echo[C]//2018 IEEE Global Communications Conference (GLOBECOM). 2018: 1-6.

[30] DIAO W, LIU X, ZHOU Z, et al. Your voice assistant is mine: how to abuse speakers to steal information and control your phone[C]//Proceedings of the 4th ACM Workshop on Security and Privacy in Smartphones & Mobile Devices. 2014: 63-74.

[31] ZHANG G, YAN C, JI X, et al. DolphinAttack: inaudible voice commands[C]//Proceedings of the 2017 ACM SIGSAC Conference on Computer and Communications Security. 2017: 103-117.

[32] ZHOU M, QIN Z, LIN X, et al. Hidden voice commands: attacks and defenses on the VCS of autonomous driving cars[J]. IEEE Wireless Communications, 2019, 26(5): 128-133.

[33] LEI X, TU G H, LIU A X, et al. The insecurity of home digital voice assistants-Amazon Alexa as a case study[J]. arXiv preprint arXiv:1712.03327, 2017.

[34] ZHAO Y, ZHU H, LIANG R, et al. Seeing isn't believing: towards more robust adversarial attack against real world object detectors[C]//ACM Conference on Computer and Communications Security. 2019.

基于人工智能的系统安全

AI 驱动的模糊测试技术研究

纪守领

浙江大学

摘　要：模糊测试（Fuzzing）技术是一种自动化漏洞挖掘技术。与其他漏洞挖掘技术相比，模糊测试具有自动化程度高、误报率低等优点。因此，模糊测试技术不仅在学术界广受关注，在工业界也得到了广泛的应用。然而，模糊测试技术仍有很大的提升空间，如模糊测试技术仍存在很大的盲目性，从而限制了模糊测试的效率。

随着人工智能技术的不断发展，其中的方法不仅在传统应用领域如图像识别、语音识别、自然语言处理等取得了成功，也在系统安全、程序分析和漏洞挖掘等领域得到了较为成功的应用。因此，如何将人工智能技术应用到模糊测试领域，从而提高模糊测试的智能性和效率成为一个重要的研究方向。针对上述背景和模糊测试领域的具体问题，本文从三个方面对模糊测试技术进行了研究。分别是：基于 WGAN（Wasserstein Generative Adversarial Network）的智能化种子生成；基于神经网络的漏洞预测辅助模糊测试；基于粒子群算法的模糊测试变异策略优化。这三项研究工作针对不同的模糊测试问题，利用合适的人工智能方法对其进行解决。实验结果表明，这三项研究工作所提出的方法和系统均能够显著地提升模糊测试的效果。同时也表明人工智能方法可以成功地应用于模糊测试领域，提高模糊测试效率。

本文首先对模糊测试的背景进行介绍，分析模糊测试研究领域所面临的科研问题，并对相关的研究工作进行介绍。接着，介绍了本文所提出的三项研究工作并进行有效性论证。最后，对人工智能驱动的模糊测试技术的研究方向进行了总结和展望。

一　背景介绍

随着计算机技术的发展，系统和软件的数量和规模都呈爆发式增长趋势，隐含于其中的漏洞种类、数量和复杂度也日益增加。如何高效地、大规模地进行漏洞挖掘成为一个巨大的挑战。目前的漏洞挖掘技术主要可以分为人工分析、静态分析和动态分析。其中人工分析主要依赖于安全专家的知识和经验，这种分析方式的优点在于误报率较低，但缺点在于对专业知识要求高，并且过程较为烦琐和耗时。静态分析是指在不运行程序的情况下对程序进行分析的方法，包括静态代码审计、代码相似性比对等方法。静态分析的优点在于可以进行较为全面的分析，缺点在于误报率高。动态分析是指在运行程序的过程中对程序进行分析的方法，包括动态污点分析、模糊测试等方法。优点在于误报率低，缺点在于只能检测被测程序已执行部分的问题，对于未执行部分的问题无法检测。

模糊测试是一种通过不断地向被测软件提供大量测试用例，并检测程序在执行过程中是否出现异常的漏洞挖掘方法。与其他的漏洞挖掘技术相比，模糊测试具有自动化程度高、误报率少等优点。因此，模糊测试被广泛地应用于实际的漏洞挖掘中，如谷歌、微软和思科等知名企业均采用模糊测试技术来检测其系统软件中的漏洞。同时，模糊测试技术在学术界也广受关注。根据 DBLP（DataBase Systems and Logic Programming）网站的数据，目前已经有超过 200 篇与模糊测试相关的学术论文被发表。因此，如何提高模糊测试效率成为一个重要的研究课题。

模糊测试工具（Fuzzer）是实现模糊测试功能的载体。从不同的方面，模糊测试工具分为多种类型。比如，从测试用例的生成方式上，模糊测试工具可以分为基于变异的和基于生成的（或基于语法的）模糊测试工具。从对被测程序的分析程度，模糊测试工具可以分为黑盒、灰盒和白盒测试工具。

以基于覆盖率的模糊测试过程为例，图 1 展示了模糊测试的一般流程[1]。对于被测程序，首先需要对程序进行插桩以获取程序执行时的状态信息（如覆盖率）等。在测试之前需要根据被测程序的结构选择出符合输入格式的初始种子。在模糊测试过程中，模糊测试工具监督被测程序的执行状态，如选择能够发现新路径的输入作为种子，保存能够触发程序崩溃的输入。模糊测试过程结束后，对这些能够造成程序崩溃的输入作深入地分析，从而发现程序的漏洞。

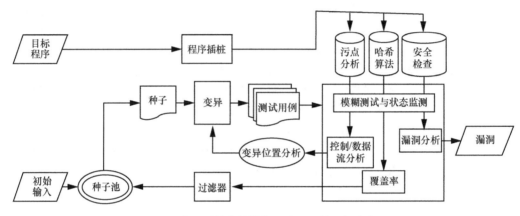

图 1　基于覆盖率的模糊测试工具的一般流程

■ 二　关键科学问题与挑战

模糊测试的主要瓶颈在于其盲目性。这种盲目性表现在：①对测试用例的生成存在盲目性；②对被测程序的内部结构存在盲目性；③对执行状态的反馈存在盲目性等。对于①，测试用例的质量对于模糊测试的结果有着很大的影响[2]，高质量的测试用例有助于模糊测试取得较高的覆盖率或者挖掘到更多的漏洞。然而，目前大多数模糊测试技术在测试用例的生成方法仍较为随机和盲目，因此，大多数生成的测试用例实际上是"无效的"或者"重复的"，从而限制了模糊测试效率的提升。对于②，大多数的模糊测试工具对被测程序的内部结构是不够了解的，尤其是黑盒模糊测试，更类似于一种"暴力破解"的方法。这种对被测程序的盲目性使模糊测试难以对被测程序进行深入的检测和探索。对于③，目前大多数的模糊测试工具会对程序的执行过程进行监测，并根据程序的执行状态作出一定的反馈。比如，基于变异的模糊测试工具会根据程序的执行状态选择出能够发现新的程序路径的输入作为变异种子。然而，模糊测试工具对于程序状态的响应仍存在很大的盲目性。比如，对于所有选择出的种子都进行较为盲目和随机地变异，因此会造成种子结构的损坏，使大量的时间花费在格式检查而不是深层次的程序逻辑上。

基于上述背景，如何改善模糊测试的盲目性，提高其智能性成为一个关键的科学问题。基于上述三点挑战，本文将问题分为三个课题，分别从不同角度来解决模糊测试的盲目性问题。

（1）如何生成用于模糊测试的高质量测试用例

已经有相关研究表明，初始种子的质量对模糊测试的效果有着很大的影响[2]。因此，如何生成用于模糊测试的高质量测试用例是一个关键的研究问题。高质量的测试用例通常具有以下特点：能够发现程序更多的路径；能够触发程序更多的漏洞。因此种子需要符合一定的格式要求从而能够探索到更深入的路径；需要在数据空间有较广泛的分布从而能够覆盖更多的区域；并且还要有一定的异常性，从而能够发现程序的漏洞。

（2）如何获取并利用被测程序的内部信息，从而提高模糊测试效率

大多数模糊测试工具对于被测程序的内部信息是较为盲目的。比如，基于覆盖率的模糊测试工具是目前较为流行的模糊测试工具之一，其目标是尽可能覆盖程序中所有的部分。然而，模糊测试工具的主要目标是挖掘软件漏洞，由于漏洞代码只占程序整个代码的极小部分，并且目前的模糊测试工具很难取得较高的覆盖率。因此，在测试时间有限的情况下，模糊测试工具应该优先关注程序中更可能存在漏洞的部分。

（3）模糊测试如何根据程序执行状态作出智能化响应

目前大多数灰盒模糊测试工具利用程序插桩的方法对程序执行中的信息进行记录，并根据反馈信息改善测试策略。比如选择能够发现新路径的输入作为种子，并变异得到新的测试用例。由于变异操作的随机性和盲目性，经过这种变异操作得到的新测试用例很可能劣于原种子。因此，如何根据程序执行状态为模糊测试工具提供更加精确的反馈信息，以及如何作出智能化响应成为一个重要的研究问题。

三　国内外相关工作

本节主要从 4 方面介绍模糊测试相关的研究现状，分别是初始化种子生成与选择策略研究、基于污点分析的模糊测试技术、基于符号执行的模糊测试技术研究和基于机器学习的模糊测试技术研究。

3.1　初始化种子生成与选择策略研究

根据模糊测试的种子生成方式的不同，可以将模糊测试工具分为基于变异的模糊测试工具和基于生成的模糊测试工具。其中基于变异的模糊测试工具会选择一些输入作为初始种子，然后在模糊测试的过程中选择出有优势的种子，并对其进行变异产生新的输入。基于语法的模糊测试工具通常会基于已经设计好的模型或者语法生成新的输入。基于变异的模糊测试工具由于不需要对输入格式建模，因此使用较为方便，扩展性也很好。但生成的输入往往在格式上不够完整，从而导致无法进入程序中更深的路径。基于生成的模糊测试工具则基于一定格式生成数据，因此数据的结构性和完整性更好。但由于需要对每种格式的输入进行建模，因此在使用上较为复杂，扩展性较差。基于变异的模糊测试工具典型代表有 AFL（American Fuzzy Lop）、libfuzzer[3]、honggfuzz、VUzzer[4]等。为了提高模糊测试

的效果，很多基于变异的模糊测试工具会与其他技术进行结合[5-7]。基于生成的模糊测试工具典型代表有 Peach、Skyfire[8]等。Peach 是通过对每种格式的输入构建一个语法模型，并基于该语法模型生成输入。Skyfire[8]通过从大量的输入样本学习出一个基于概率的上下文敏感语法（Probabilistic Context-sensitive Grammar），可以用于生成高度结构化的测试样例，如 XML 和 XSL 格式的文件。Godefroid 等提出了一种基于 RNN 的机器学习方法用于自动地生成复杂格式的测试用例[9]。

3.2 基于污点分析的模糊测试技术研究

污点分析可以发现输入中的哪些字节会对程序的某个路径有影响。VUzzer[4]利用污点分析来发现程序中的"magicbytes"，并利用该值来辅助程序的变异过程。TaintScope[10]利用污点追踪的方法来推断出 checksum 有关的代码，并利用修改控制流的方法来绕过这些 checksum 检查。Angora[11]利用污点分析方法检测出与分支相关的输入字节，从而在变异的过程中只对这些字节进行变异。TIFF[12]使用内存数据结构识别和污点分析的方法来推测输入类型。

3.3 基于符号执行的模糊测试技术研究

基于符号执行的典型模糊测试工具有 Driller[6]，SYMFUZZ[7]，DART[13]，SAGE[14]等。符号执行技术可以用于求解出满足某些路径约束的输入，从而提高模糊测试的覆盖率。DART、SAGE 和 Driller 将动态符号执行技术与 AFL 相结合，当 AFL 在一段时间内无法发现新路径时，动态符号执行技术会求解出满足路径约束的新输入。SYMFUZZ 利用符号分析方法来探索输入的比特位与执行路径的依赖关系，从而根据该依赖关系来计算一个优化的变异率。然而，由于符号执行技术本身存在的问题，如路径爆炸等，使基于符号执行的模糊测试技术难以在真实软件中取得较好的效果。

3.4 基于机器学习的模糊测试技术研究

随着机器学习技术的不断发展，很多算法成功地应用到系统安全领域（如模糊测试）。很多模糊测试技术通过与机器学习方法相结合从而变得更加智能化和高效。Learn&Fuzz[9]构造了一个神经网络模型，该模型从样本数据中学习到输入的语法结构。Rajpal 等[15]利用神经网络来预测输入的哪些字节会对路径分支有影响，从而指导变异操作。Böttinger 等[16]将模糊测试过程形式化为一个强化学习的过程，通过构造一个 deep Q-learning 模型来指导模糊测试过程。NEUZZ 利用神经网络来拟合程序的行为，并通过梯度求解的方法来生成能够发现新路径的输入[17]。目前这些基于机器学习的模糊测试方法均对模糊测试的效果有一定的提高。随着人工智能技术的不断发展，未来一定会有更多的人工智能方法可以应用到模糊测试技术中，从而使模糊测试技术更加智能化。

■ 四 创新型解决方法与有效性论证

基于上述背景，如何利用人工智能技术来辅助模糊测试，提高其智能性是一个非常重要的研究课题。为了解决该研究问题，本文从三方面进行研究，分别是如何利用人工智能技术辅助生成高质量测试用例，如何利用人工智能技术辅助分析程序状态，以及如何利用人工智能技术帮助模糊测试工具根据执行状态作出智能化反馈。对于以上三方面，本文提出并实现了三项研究工作。分别是：基于 WGAN 的智能化种子生成；基于神经网络的漏洞预测辅助模糊测试；基于粒子群算法的模糊测试变异策略优化。下面分别对这三项研究工作进行介绍。

4.1　基于 WGAN 的智能化种子生成

4.1.1　方法介绍

本文提出了一种基于机器学习的智能化种子生成方法和系统——SmartSeed[18]。SmartSeed 构造了一个基于 WGAN 的种子生成模型，可以基于种子数据样本学习到输入的格式。图 2 展示了 SmartSeed 的工作流程。SmartSeed 的工作流程主要分为三个主要步骤：预处理（Preparation）、模型构建（Model Construction）、模糊测试（Fuzzing）。在预处理阶段，需要准备训练数据。SmartSeed 使用的训练数据为模糊测试过程中所收集的 crash 文件或者能够发现新路径的文件。在模型构建阶段，本文构建了一个基于 WGAN[19]的生成模型，该模型可以根据收集出的数据生成与其相似的新数据。在模糊测试阶段，模糊测试将使用模型产生的输入作为初始种子进行测试。

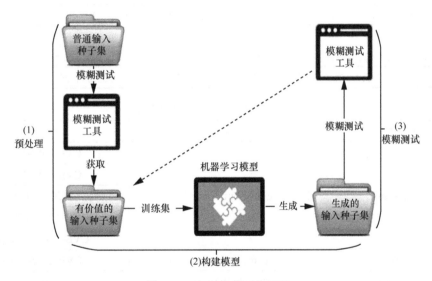

图 2　SmartSeed 的工作流程

4.1.2　有效性论证

（1）程序崩溃（unique crashes）和程序路径（unique paths）数量

为了评估 SmartSeed 生成的种子的有效性，本文将 SmartSeed 生成的种子与随机生成的种子、AFL 发现的 crash 文件等作为模糊测试的初始种子进行测试。

表 1 展示了使用不同的初始种子发现的程序崩溃和程序路径数量。根据表 1 的结果，可以看出使用 SmartSeed 生成的种子作为初始种子可以取得更好的模糊测试效果。

（2）CVE 数量

表 2 展示了 SmartSeed 发现的 CVE 的数量[18]。利用 SmartSeed 生成的种子，共发现了23 个 CVE，其中 16 个是新发现的 CVE。

根据上述实验结果，可以看出 SmartSeed 显著地提升了模糊测试的效率。

表 1　不同的初始种子发现的程序崩溃和程序路径数量

测试程序	SmartSeed+AFL		random+AFL		AFL-result+AFL		peachset+AFL		hotset+AFL		AFL-cmin+AFL	
	程序崩溃	程序路径	程序崩溃	程序路径	程序崩溃	程序路径	程序崩溃	程序路径	程序崩溃	程序路径	程序崩溃	程序路径
mp3gain	153	1 742	87	936	128	876	129	841	119	989	95	698
ffmpeg	0	1 592	0	1 925	0	1 671	0	1 129	0	1 178	0	1 306
mpg123	78	2 154	0	1 183	0	1 001	0	1 405	0	1 172	0	1 589
mpg321	204	1 060	40	766	13	187	37	748	16	128	72	441
magick	238	3 374	0	697	0	1 149	0	196	0	722	0	265
bmp2tiff	56	714	21	466	34	684	32	534	21	583	21	498
exiv2	66	1 549	20	1 413	38	2 293	55	1 096	57	1 593	27	1 202
sam2p	50	1 322	21	468	36	719	25	520	28	479	12	363
avconv	0	4 315	0	1 873	0	4 191	0	1 994	0	1 976	0	2 200
flvmeta	90	1 259	68	886	87	1 295	100	1 104	98	1 013	104	1 128
ps2ts	43	1 692	4	1 381	14	1 740	26	1 472	7	1 419	19	1 742
mp42aac	118	658	80	329	102	585	84	571	53	338	70	453
合计	1 096	21 431	341	12 323	452	16 391	488	11 610	399	11 590	420	11 885
平均值	91.3	1 785.9	28.4	1 026.9	37.7	1 365.9	40.7	967.5	33.25	965.8	35	990.4

表 2　SmartSeed 发现的 CVE 信息

测试程序	漏洞类型	漏洞编号
mp3gain	global-buffer-overflow	CVE-2017-12911
		CVE-2017-14410
		CVE-2018-10781(+)
		CVE-2018-10783(+)
		CVE-2018-10784(+)
mp3gain	segmentation violation	CVE-2017-14406
mp3gain	stack-buffer-overflow	CVE-2018-10777(+)
mp3gain	memcpy-param-overlap	CVE-2018-10782(+)
mpg123	integer overflow	CVE-2018-10789(+)
mpg321	heap-buffer-overflow	CVE-2018-10786(+)
magick	memory leak	CVE-2017-11754
bmp2tiff	heap-buffer-overflow	CVE-2018-10779(+)
bmp2tiff	segmentation violation	CVE-2014-9330
exiv2	heap-buffer-overflow	CVE-2017-17723
		CVE-2018-10780(+)
exiv2	stack-overflow	CVE-2017-14861

测试程序	漏洞类型	漏洞编号
sam2p	heap-buffer-overflow	CVE-2018-10792(+)
		CVE-2018-10793(+)
ps2ts	heap-buffer-overflow	CVE-2018-10787(+)
		CVE-2018-10788(+)
mp42aac	memory access violation	CVE-2018-10791(+)
mp42aac	buffer overflow	CVE-2018-10790(+)
		CVE-2018-10785(+)

4.2 基于神经网络的漏洞预测辅助模糊测试

4.2.1 方法介绍

基于覆盖率的模糊测试工具是当前最为流行的模糊测试工具之一，其目标是尽可能地覆盖被测程序的所有位置。典型的基于覆盖率的模糊测试工具有 VUzzer[4]、AFL、AFLFast[20]等。尽管基于覆盖率的模糊测试工具取得了较为不错的效果，但这种将被所有被测程序一视同仁，盲目追求整体覆盖率的方法存在很大的效率问题。主要原因如下所述。首先，存在漏洞的代码往往只占整个被测程序代码的一小部分。比如，Shin 等[21]发现只有约 3%的 Mozilla Firefox 代码是有漏洞的。因此，绝大多数的代码覆盖率提升对于检测漏洞来说是没有直接帮助的。其次，取得较高的覆盖率是非常困难的。对于大多数基于变异的模糊测试工具，其很难变异出能够满足复杂路径约束（如路径中包含 magic bytes 或者 checksum）的输入。对于基于符号执行的模糊测试工具来说，尽管能够求解出满足某些路径约束的输入，但对于一些更为复杂的路径约束，尤其是真实软件中的复杂路径，则会由于"路径爆炸"等问题而无法求解。因此，模糊测试工具目前很难在较短时间内达到一个较高的覆盖率。

基于上述背景，为了提高漏洞挖掘的效率，模糊测试工具应该首先关注被测程序中更可能存在漏洞的代码，再关注其他部分的代码。因此，本文提出了一种漏洞代码优先的模糊测试方法与系统——V-Fuzz[22]。V-Fuzz 主要包含两个模块：一是基于神经网络的二进制函数漏洞预测模型；另一个是基于遗传算法的漏洞优先的模糊测试工具[22]。图 3 展示了 V-Fuzz 的整体架构。对于一个被测二进制程序来说，V-Fuzz 提供的漏洞预测模型可以预测其中每个二进制函数存在漏洞的概率值，概率值越高表示存在漏洞的可能性越大。根据预测结果，漏洞优先的模糊测试工具会更倾向于生成能够到达高漏洞概率部分的输入，从而提高了模糊测试挖掘漏洞的效率。

下面具体介绍 V-Fuzz 中的漏洞预测模型和漏洞优先的模糊测试工具。

（1）基于神经网络的漏洞预测模型

漏洞预测模型的主要功能是：给定一个程序，输出可能存在漏洞的代码位置。由于 V-Fuzz 主要关注二进制程序漏洞预测，即在未知源码的情况下对程序的漏洞进行预测。因此，V-Fuzz 所实现的漏洞预测模型功能为：给定一个二进制程序，该模型输出其中每个二进制函数存在漏洞的概率。V-Fuzz 的漏洞预测模型是基于图嵌入神经网络实现的[23]。对被测二进制程序中的每个函数进行逆向分析得到控制流图，该控制流图中的每个点是一个基本块（Basic Block），边表示基本块之间的流向关系。通过对每个基本块提取一定的属性信息，将其表示为一组数值向量。因此，整个函数则抽象为其中所有基本块的属性向量集合。基于上述方法，可以将每个函数抽象为一组用数值向量表示的图结构。

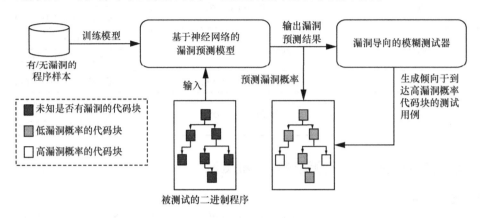

图 3　V-Fuzz 的整体结构

该漏洞预测模型是有监督的，需要有标签的数据对该模型进行训练。训练样本由大量的二进制函数构成，其中每个函数的标签为 0 或 1，分别表示不存在漏洞和存在漏洞。对于函数中的每个基本块，该图嵌入模型会训练出一个图嵌入向量，该向量包含了能够用于预测整个函数是否存在漏洞的信息。整个函数的图嵌入向量为其中所有点的图嵌入向量的聚合，最后通过降维和归一化函数得到该函数存在漏洞的概率值。

（2）漏洞优先的模糊测试工具

V-Fuzz 的模糊测试过程如图 4 所示。基于漏洞预测模型的输出结果，V-Fuzz 会更多地关注漏洞概率高的部分，即更倾向于生成能够到达漏洞概率高位置代码的输入。具体方法是根据每个函数的漏洞概率，给其中所包含的每个基本块一个静态漏洞分数，漏洞概率越高，对应的静态漏洞分数越高。V-Fuzz 对被测程序采用动态二进制插桩方法，计算每个输入所覆盖的基本块。然后利用遗传算法选择出高适应度的输入作为种子，其中每个种子的适应度分数为其覆盖的基本块的静态漏洞分数之和。随着模糊测试的进行和遗传算法的迭代，V-Fuzz 会不断生成更多可能到达漏洞部分的测试用例。

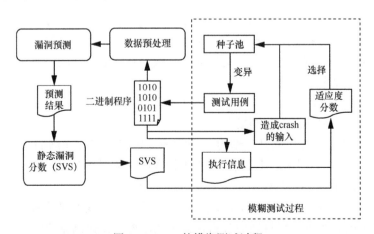

图 4　V-Fuzz 的模糊测试过程

4.2.2 有效性论证

下面对 V-Fuzz 的漏洞预测模型性能和模糊测试结果分别进行评估。

（1）漏洞预测模型性能评估

用于训练和测试该漏洞预测模型的数据来自 NIST（National Institute of Standards and Technology）的 NVD 库，本文选择了其中的 Juliet Test Suite v1.3 数据集，其中包含一些 C/C++ 语言的代码，代码中每个函数已经被标记为是否有漏洞。其中训练数据的数量为 20 000 个函数，测试数据的数量为 2 000 个函数。图 5 展示了该漏洞预测模型的准确率和召回率。从图中可以看出该模型的准确率可以达到 80% 以上，召回率可以达到 60% 以上[22]。

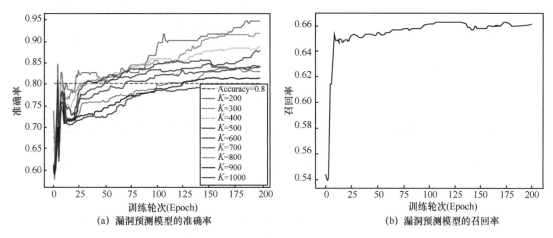

图 5　漏洞预测模型的准确率和召回率

（2）模糊测试结果评估

为了评估 V-Fuzz 的模糊测试效果，将其与目前先进的几个模糊测试工具进行比较，这些模糊测试工具包括 VUzzer[4]、AFL 和 AFLFast[20]。AFL 和 AFLFast 在测试过程中需要被测程序的源码，而 V-Fuzz 和 VUzzer 不需要。对于被测程序，本文选择了 10 个真实软件和 4 个常用来评估 Fuzzer 的测试基准（LAVA-M benchmark[24]）。

表 3 展示了这几个模糊测试工具在 24 h 内发现的程序崩溃的数量[21]。从表中可以看出，V-Fuzz 发现的程序崩溃的数量远多于其他模糊测试工具。

表 4 展示了 V-Fuzz 所发现的 CVE 信息[21]。从表中可以看出，V-Fuzz 可以有效地挖掘出软件中的漏洞，并且 V-Fuzz 成功地发现了 3 个新的 CVE。

通过上述实验结果，可以看出 V-Fuzz 提高了模糊测试挖掘漏洞的效率。

表 3　各个模糊测试工具在 24 h 内发现的程序崩溃数量

测试程序	版本	Fuzzer			
		V-Fuzz	VUzzer	AFL	AFLFast
uniq	LAVA-M	659	321	0	0
base64	LAVA-M	128	100	0	0
who	LAVA-M	117	92	0	0
pdftotext	xpdf-2.00	209	59	12	108
pdffonts	xpdf-2.00	581	367	13	0

测试程序	版本	Fuzzer			
		V-Fuzz	VUzzer	AFL	AFLFast
pdftopbm	xpdf-2.00	50	25	37	35
pdf2svg+libpoppler	pdf2svg-0.2.3 libpoppler-0.24.5	3	2	0	1
mp3gain	1.5.2	217	34	103	110
mpg321	0.3.2	321	184	40	17
xpstopng	libgxps-0.2.5	3 222	2 195	2	2
xpstops	libgxps-0.2.5	4 157	3 044	3	3
xpstojpeg	libgxps-0.2.5	4 828	4 243	4	4
cflow	1.5	1	0	0	0
总数		14 493	10 666	214	280
平均数		1 114	820	16	21

表 4　V-Fuzz 所发现的 CVE

测试程序	版本	CVE ID	漏洞类型
pdftotext	xpdf≤3.01	CVE-2007-0104	Buffer errors
pdffonts			
pdftopbm			
mpg321	0.3.2	CVE-2017-11552	Buffer errors
mp3gain	1.5.2	CVE-2017-14406	NULL pointer dereference
		CVE-2017-14407	Stack-based buffer over-read
		CVE-2017-14409	Buffer overflow
		CVE-2017-14410	Buffer over-read
		CVE-2017-12912	Buffer errors
libgxps	≤0.3.0	CVE-2018-10767(new)	Buffer errors
		CVE-2018-10733(new)	Stack-based buffer over-read
libpoppler	0.24.5	CVE-2018-10768(new)	NULL pointer dereference

4.3　基于粒子群算法的模糊测试变异策略优化

4.3.1　方法介绍

　　基于变异的模糊测试工具是目前较为流行的漏洞挖掘工具之一，典型的代表有 AFL、libfuzzer[3]、honggfuzz 等。通常，基于变异的模糊测试工具会对已经选择出的种子进行变异操作，从而产生新的输入。这些变异操作的实现通常是基于一组变异算子（Mutation Operators）来实现的。模糊测试工具会基于一定的概率分布来选择这些变异算子（如 AFL 基于均匀分布来选择变异算子），但这种变异算子选择方法是不够高效的。基于大量的实验[25]发现：不同的变异算子的效率是不同的；不同变异算子对于不同程序的使用效率是不同的；

变异算子的选择随着时间的增加是存在变动的。目前对于模糊测试变异操作的研究是非常少的，之前的研究工作有利用强化学习来指导变异算子的选择[16]。然而，这些工作在漏洞挖掘效果上的表现不佳，原因可能在于这些方法本身的实现就会占用很多计算资源。

基于上述背景，本文提出了一种变异策略优化方法和系统——MOPT。MOPT 基于粒子群优化（PSO，Particle Swarm Optimization）算法实现变异算子的优化选择，并且可以根据不同的被测程序适应性地找到对应的优化变异算子选择概率分布[25]。根据 MOPT 的方法，每个变异算子可以被视为概率空间中的一个粒子，每个粒子存在一个被选择的概率空$[x_{min}, x_{max}]$，其中每个粒子的被选择概率会根据当前局部最优和全局最优的概率进行调节。随着粒子群算法的不断迭代，MOPT 会逐步选择出更加优化的变异算子选择概率。

图 6 展示了 MOPT 的实现原理[25]。MOPT 包含 4 个主要模块，分别是 PSO 初始化模块（PSO Initialization Module）、导向模糊测试模块（Pilot Fuzzing Module）、核心模糊测试模块（Core Fuzzing Module）和 PSO 更新模块（PSO Updating Module）。PSO 初始化模块的功能是初始化每个粒子的选择概率和算法参数。导向模糊测试模块主要是进行初步的模糊测试，并根据测试结果对目前的变异算子作评估，从而适应性地调整每个变异算子的被选择概率。其中，需要观测和记录的数据有：①每个变异算子帮助生成了多少个有用的测试用例；②每个变异算子被使用的次数；③整个变异算子集合发现了多少有用的测试用例。根据以上数据，导向模糊测试模块会选择当前表现最好的一个变异算子的概率分布，然后核心模糊测试模块会基于选择出的概率分布来选择合适的变异算子，进行模糊测试，同时记录执行数据。最后，PSO 更新模块会根据导向模糊测试模块和核心模糊测试模块的结果对 PSO 算法的参数进行更新。

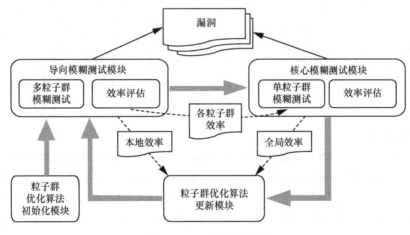

图 6　MOPT 的实现原理

4.3.2　有效性论证

下面分别从三方面来论证 MOPT 的模糊测试效果。

（1）程序崩溃数量

本文在 AFL 的基础上实现了 MOPT 的方法，实现了两种不同的模糊测试工具：MOPT-AFL-tmp 和 MOPT-AFL-ever。

表 5 展示了这两种模糊测试工具和 AFL 效果的对比。从图中可以看出，MOPT-AFL-tmp 和

MOPT-AFL-ever 在所有被测程序上的表现都比 AFL 要好。比如，在程序 infotocap 上，MOPT-AFL-tmp 比 AFL 多发现 248 个程序崩溃，MOPT-AFL-ever 比 AFL 多发现 600 个程序崩溃。

（2）程序路径数量

表 5 也展示了以上三个模糊测试工具所发现的程序路径数量[25]。从图中可以看出，MOPT-AFL-tmp 和 MOPT-AFL-ever 在所有被测程序上的表现都比 AFL 要好。比如，在程序 pdfimages 上，MOPT-AFL-tmp 和 MOPT-AFL-ever 分别比 AFL 多发现 9 746 和 13 754 个程序路径。

表 5   AFL、MOPT-AFL-tmp 和 MOPT-AFL-ever 效果的对比

测试程序	AFL		MOPT-AFL-tmp				MOPT-AFL-ever			
	程序崩溃	程序路径	程序崩溃	增幅	程序路径	增幅	程序崩溃	增幅	程序路径	增幅
mp42aac	135	815	209	+54.8%	1 660	+103.7%	199	+47.4%	1 730	+112.3%
exiv2	34	2 195	54	+58.8%	2 980	+35.8%	66	+94.1%	4 642	+111.5%
mp3gain	178	1 430	262	+47.2%	2 211	+54.6%	262	+47.2%	2 206	+54.3%
tiff2bw	4	4 738	85	+2 025.0%	7 354	+55.2%	43	+975.0%	7 295	+54.0%
pdfimages	23	12 915	357	+1 452.2%	22 661	+75.5%	471	+1 947.8%	26 669	+106.5%
sam2p	36	531	105	+191.7%	1 967	+270.4%	329	+813.9%	3 418	+543.7%
avconv	0	2 478	4	+4	17 359	+600.5%	1	+1	16 812	+578.5%
w3m	0	3 243	506	+506	5 313	+63.8%	182	+182	5 326	+64.2%
objdump	0	11 565	470	+470	19 309	+67.0%	287	+287	22 648	+95.8%
jhead	19	478	55	+189.5%	489	+2.3%	69	+263.2%	483	+1.0%
mpg321	10	123	236	+2 260.0%	1 054	+756.9%	229	+2 190.0%	1 162	+844.7%
infotocap	92	3 710	340	+269.6%	6 157	+66.0%	692	+652.2%	7 048	+90.0%
podofopdfinfo	79	3 397	122	+54.4%	4 704	+38.5%	114	+44.3%	4 694	+38.2%
合计	610	47 618	2 805	+359.8%	93 218	+95.8%	2 944	+382.6%	104 133	+118.7%

（3）漏洞数量

表 6 展示了 AFL、MOPT-AFL-tmp 和 MOPT-AFL-ever 发现的漏洞数量[25]。从表中的结果可以看出，MOPT-AFL-tmp 和 MOPT-AFL-ever 所发现的漏洞数量远超过 AFL。比如，在这些被测程序中，AFL 总共发现 33 个 CVE，而 MOPT-AFL-tmp 总共发现 88 个 CVE，MOPT-AFL-ever 总共发现 85 个 CVE。因此，MOPT 在漏洞挖掘效果上也是非常出色的。

表 6   AFL、MOPT-AFL-tmp 和 MOPT-AFL-ever 发现的漏洞数量

测试程序	AFL				MOPT-AFL-tmp				MOPT-AFL-ever			
	未知的程序漏洞		已知的程序漏洞	总和	未知的程序漏洞		已知的程序漏洞	总和	未知的程序漏洞		已知的程序漏洞	总和
	非 CVE	CVE	CVE		非 CVE	CVE	CVE		非 CVE	CVE	CVE	
Mp42aac	/	1	1	2	/	2	1	3	/	5	1	6
exiv2	/	5	3	8	/	5	4	9	/	4	4	8

测试程序	AFL				MOPT-AFL-tmp				MOPT-AFL-ever			
	未知的程序漏洞		已知的程序漏洞	总和	未知的程序漏洞		已知的程序漏洞	总和	未知的程序漏洞		已知的程序漏洞	总和
	非CVE	CVE	CVE		非CVE	CVE	CVE		非CVE	CVE	CVE	
mp3gain	/	4	2	6	/	9	3	12	/	5	2	7
pdfimages	/	1	0	1	/	12	3	15	/	9	2	11
avconv	/	0	0	0	/	2	0	2	/	1	0	1
w3m	/	0	0	0	/	14	0	14	/	5	0	5
objdump	/	0	0	0	/	1	2	3	/	0	2	2
jhead	/	1	0	1	/	4	0	4	/	5	0	5
mpg321	/	0	1	1	/	0	1	1	/	0	1	1
infotocap	/	3	0	3	/	3	0	3	/	3	0	3
podofopdfinfo	/	5	0	5	/	6	0	6	/	6	0	6
tiff2bw	1	/	/	1	2	/	/	2	2	/	/	2
sam2p	5	/	/	5	14	/	/	14	28	/	/	28
合计	6	20	7	33	16	58	14	88	30	43	12	85

MOPT 的方法可以应用于目前大多数基于变异的模糊测试工具上，本文不仅将 MOPT 方法与 AFL 结合，实现了 MOPT-AFL-tmp 和 MOPT-AFL-ever，还将 MOPT 方法与其他的基于变异的模糊测试工具（如 AFLFast、VUzzer 和 QSYM 等）进行结合，实现了 MOPT-AFLFast、MOPT-Angora、MOPT-VUzzer、MOPT-QSYM 等工具。因此，下面对这些工具的性能进行测试，从而评估 MOPT 方法的扩展性。

（1）真实软件

表 7 展示了 MOPT 方法与其他基于变异的模糊测试工具结合后，在真实软件中的性能表现[25]。从程序崩溃和程序路径这两个评估指标的实验结果上来看，结合了 MOPT 方法的模糊测试工具都取得了性能的提升。比如，在测试 mp42aac 这个软件时，MOPT-AFLFast-tmp 和 MOPT-AFLFast-ever 均比 AFLFast 本身发现了更多的程序崩溃和程序路径。

（2）LAVA-M benchmark

表 8 展示了 MOPT 方法与其他基于变异的模糊测试工具结合后，在 LAVA-M benchmark 程序中的表现[25]。从表中可以发现，结合了 MOPT 方法的模糊测试工具能够发现更多的 LAVA-M 程序的漏洞。比如，MOPT-Anogra 在 who 软件中发现了超过 2 000 个漏洞，而其他的模糊测试工具均没有达到这个效果。

因此，从以上的实验结果中可以看出 MOPT 方法显著地提高了模糊测试的性能。

表 7　MOPT 扩展性实验结果 1

测试工具	评估指标	mp42aac	exiv2	mp3gain	tiff2bw	pdfimages	sam2p	mpg321
AFL	程序崩溃	135	34	178	4	23	36	10
	程序路径	815	2 195	1 430	4 738	12 915	531	123

测试工具	评估指标	mp42aac	exiv2	mp3gain	tiff2bw	pdfimages	sam2p	mpg321
MOPT-AFL-tmp	程序崩溃	209	54	262	85	357	105	236
	程序路径	1 660	2 980	2 211	7 354	22 661	1 967	1 054
MOPT-AFL-ever	程序崩溃	199	66	262	43	471	329	229
	程序路径	1 730	4 642	2 206	7 295	26 669	3 418	1 162
AFLFast	程序崩溃	210	0	171	0	18	37	8
	程序路径	1 233	159	1 383	5 114	12 022	603	122
MOPT-AFLFast-tmp	程序崩溃	393	51	264	5	292	196	230
	程序路径	3 389	2 675	2 017	7 012	24 164	2 587	1 208
MOPT-AFLFast-ever	程序崩溃	384	58	259	18	345	114	30
	程序路径	2 951	2 887	2 102	7 642	26 799	2 623	160
VUzzer	程序崩溃	12	0	54 500	0	0	13	3 598
	程序路径	12%	9%	50%	13%	25%	18%	18%
MOPT-VUzzer	程序崩溃	16	0	56 109	0	0	16	3615
	程序路径	12%	9%	51%	13%	25%	18%	18%

表 8   MOPT 扩展性实验结果 2

测试程序	已知漏洞	未知漏洞	AFL 发现的漏洞	MOPT-AFL-ever 发现的漏洞	AFLFast 发现的漏洞	MOPT-AFLFast-ever 发现的漏洞	VUzzer 发现的漏洞	MOPT-VUzzer 发现的漏洞	AFL-Angora 发现的漏洞	MOPT-Angora 发现的漏洞	AFL-QSYM 发现的漏洞	MOPT-QSYM 发现的漏洞
base64	44	4	4	39	7	36	14	17	44(+2)	44(+3)	24	44(+4)
md5sum	57	4	2	23	1	18	38	41	57(+4)	57(+4)	57(+1)	57(+1)
uniq	28	1	5	27	7	15	22	24	26	28(+1)	1	18
who	2 136	381	1	5	2	6	15	23	1 622(+65)	2 069(+145)	312(+46)	774(+70)

五   总结与展望

模糊测试作为一种应用广泛的漏洞挖掘方法，在工业界和学术界都受到了广泛地关注和应用。如何提高模糊测试的智能性和效率成为一个重要的科研问题。人工智能技术的快速发展为这个科研问题的解决提供了一些可行的方法。针对具体的模糊测试问题，本文利用了不同的人工智能方法对其进行解决，并提出和实现了相应的智能化模糊测试方法和系统，实验结果表明这些人工智能驱动的模糊测试方法均能够显著地提升模糊测试的效率，一定程度地改善了模糊测试的盲目性。随着人工智能技术的不断发展，在人工智能技术的辅助之下，未来模糊测试技术一定能够取得更大的提升和发展。

参考文献：

[1] GAN S, ZHANG C, QIN X, et al. CollAFL: path sensitive fuzzing[C]//2018 IEEE Symposium on Security and Privacy (SP). 2018: 679–696.

[2] REBERT A, CHA S K, AVGERINOS T, FOOTE J. Optimizing seed selection for fuzzing[C]//Proceedings of the 23rd USENIX Conference on Security Symposium. 2014: 861-875.

[3] SEREBRYANY K. Continuous fuzzing with libfuzzer and addresssanitizer[C]//2016 IEEE Cybersecurity Development (SecDev). 2016: 157–157.

[4] RAWAT S, JAIN V, KUMAR A, et al. VUzzer: application-aware evolutionary fuzzing[C]//Proceedings 2017 Network and Distributed System Security Symposium. 2017.

[5] HALLER I, SLOWINSKA A, NEUGSCHWANDTNER M. Dowsing for overflows: a guided fuzzer to find buffer boundary violations[C]//Proceedings of the 22nd USENIX conference on Security. 2013: 49-64.

[6] STEPHENS N, GROSEN J, SALLS C, et al. Driller: augmenting fuzzing through selective symbolic execution[C]//Proceedings 2016 Network and Distributed System Security Symposium. 2016.

[7] CHA S K, WOO M, BRUMLEY D. Program-adaptive mutational fuzzing[C]//2015 IEEE Symposium on Security and Privacy. 2015: 725-741.

[8] WANG J, CHEN B, WEI L, et al. Skyfire: data-driven seed generation for fuzzing[C]//2017 IEEE Symposium on Security and Privacy (SP). 2017: 579-594.

[9] GODEFROID P, PELEG H, SINGH R. Learn&Fuzz: machine learning for input fuzzing[C]//Proceeding of the 32nd IEEE/ACM International Conference on Automated Software Engineering (ASE). 2017: 50-59.

[10] WANG T, WEI T, GU G, et al. TaintScope: a checksum-aware directed fuzzing tool for automatic software vulnerability detection[C]//2010 IEEE Symposium on Security and Privacy (SP). 2010: 497-512.

[11] CHEN P, CHEN H. Angora: efficient fuzzing by principled search[C]//2018 IEEE Symposium on Security and Privacy (SP). 2018: 711-725.

[12] JAIN V, RAWAT S, GIUFFRIDA C, et al. TIFF: using input type inference to improve fuzzing[C]//Proceedings of the 34th Annual Computer Security Applications Conference on - ACSAC '18. 2018: 505–517.

[13] GODEFROID P, KLARLUND N, SEN K. DART: directed automated random testing[C]//Proceedings of the ACM SIGPLAN 2005 Conference on Programming Language Design and Implementation. 2005: 213-223.

[14] GODEFROID P, LEVIN MY, MOLNAR D. Automated whitebox fuzz testing[C]//Proceedings of the Network and Distributed System Security Symposium, NDSS 2008. 2008.

[15] RAJPAL M, BLUM W, SINGH R. Not all bytes are equal: neural byte sieve for fuzzing[J]. arXiv:1711.04596, 2017.

[16] BÖTTINGER K, GODEFROID P, SINGH R. Deep reinforcement fuzzing[C]//2018 IEEE Security and Privacy Workshops (SPW). 2018: 116–122.

[17] SHE D, PEI K, EPSTEIN D, et al. NEUZZ: efficient fuzzing with neural program smoothing[C]//IEEE Symposium on Security and Privacy. 2019: 803-817

[18] LYV C, JI S, LI Y, et al. SmartSeed: smart seed generation for efficient fuzzing[J]. arXiv:1807.02606, 2018.

[19] ARJOVSKY M, CHINTALA S, BOTTOU L. Wasserstein generative adversarial networks[C]//ICML. 2017: 214-223.

[20] BÖHME M, PHAM VT, ROYCHOUDHURY A. Coverage-based greybox fuzzing as markov chain[C]// Proceedings of the 2016 ACM SIGSAC Conference on Computer and Communications Security - CCS'16. 2016: 1032-1043.

[21] SHIN Y, WILLIAMS L. Can traditional fault prediction models be used for vulnerability prediction[J]. Empirical Software Engineering, 2013, 18(1): 25-59.

[22] LI Y, JI S, LYV C, et al. V-fuzz: vulnerability-oriented evolutionary fuzzing[J]. arXiv:1901.01142, 2019.

[23] XU X, LIU C, FENG Q, et al. Neural network-based graph embedding for cross-platform binary code similarity detection[C]//Proceedings of the 2017 ACM SIGSAC Conference on Computer and Communications Security- CCS '17. 2017: 363-376.

[24] DOLAN-GAVITT B, HULIN P, KIRDA E, et al. LAVA: large-scale automated vulnerability addition[C]//2016 IEEE Symposium on Security and Privacy (SP). 2016: 110-121.

[25] LYU C, JI S, ZHANG C, et al. MOPT: optimize mutation scheduling for fuzzers[C]//28th USENIX Security Symposium. 2019.

数据驱动的机器学习系统安全分析

沈超，陈宇飞

西安交通大学

摘　要：近年来机器学习理论取得了重大突破，在计算机视觉、语音识别、自然语言处理等领域，机器学习系统判断准确水平和决策能力已经追平甚至超越人类。Caffe、Tensorflow 等开源深度学习框架，以及谷歌、微软等厂商提供的机器学习服务接口进一步简化了机器学习系统的开发难度，机器学习系统正大范围地部署。然而，机器学习系统在运行过程中逐渐暴露出安全问题。如何保证机器学习系统的安全可靠运行已成为热点问题。本文根据机器学习系统中的数据流向，从数据读取、数据预处理、机器学习模型三个主要模块对机器学习系统的安全性进行分析。

一　背景介绍

机器学习算法的设计初衷是对历史经验数据特征进行学习，并针对将来的输入数据进行决策。大多数机器学习算法工作的最基本的假设是训练数据与测试数据需要服从相同分布。但由于所处环境的开放性和复杂性，机器学习系统可能会接触到同训练数据具有显著差异的自然数据，甚至是被恶意修改过的对抗性数据。在这种情况下，机器学习系统的行为将难以预测，服务质量无法得到保证，在自动驾驶、人脸支付等重要的安全场景中，甚至可能引发灾难性后果。机器学习安全问题正日益受到学术界和工业界的广泛关注，其研究重点主要在于两个方面：机器学习系统正受到什么等级的安全风险，以及机器学习系统在遭受攻击时具有表现出的稳定强度。现有研究大多数立足于机器学习模型这一显著的攻击面。由于目前对深度学习模型认知存在明显的局限性，难以对深度学习模型行为进行预测，或者作出严格的安全边界证明，这是当前深度学习领域安全攻防陷入僵局的一个重要原因。除了机器学习模型作用机理可能引起的安全风险之外，机器学习系统由于设计和实现时的疏忽，同样经受着系统性漏洞的威胁，如硬件缺陷、代码漏洞等。本文将沿着机器学习系统数据流向，对机器学习系统的系统性漏洞和机理性缺陷进行简要分析和总结。

二　数据读取安全问题

机器学习系统依靠传感器（如摄像头、麦克风等）或数据文件输入（文件上传）获取信息。一旦攻击者采取某种方式对输入环节进行了干扰，就能够从源头上对系统发动攻击。其中最主要的问题为传感器欺骗攻击——攻击者针对传感器的工作特性，恶意构造相应的攻击样本并输送至传感器，造成人和传感器对数据的感知差异，从而达到欺骗效果。传感器欺骗攻击一个典型的例子是"无声"语音命令攻击，该类攻击通过播放对人类听觉系统难以察觉的声音信号对语音识别系统开展攻击[1-2]。它们利用了现代电子设备中普遍使用的非线性麦克风硬件——人类无法识别频率超过 20 kHz 的声音，而麦克风的可录制范围上限为 24 kHz。攻击者可以在麦克风超出人类听觉的频率范围内发送信号，从而避免被攻击者发现，但可以由设备扬声器驱动。

三　数据预处理安全问题

数据预处理环节的作用通常是为了将输入数据转换为模型输入要求的特定形式。为了提升信息系统处理效率，一般需要对数据进行重采样以实现信息压缩，这一过程会引发信息损失，成为一个潜在的攻击面。例如，当前主流视觉深度学习模型输入大小固定，需要对输入图片进行缩放操作。Xiao 等[3]提出了针对图像预处理环节的欺骗攻击。该方法提出了针对插值算法的逆向攻击方法，当攻击图片被图像识别系统缩放后，目标图片得以显现。与对抗样本攻击方法不同，该方法针对的是图像预处理环节，理论上与图像识别模型无关，并且该方法可以实现目标攻击。

四　机器学习模型安全问题

机器学习模型是机器学习系统进行感知和决策的核心部分，其应用过程主要包含训练和预测两个重要阶段。对于机器学习模型的攻击可以主要分为三类：①诱导攻击——攻击者借助向训练数据加入毒化数据等手段，影响模型训练过程，进而干扰模型的工作效果；②逃逸攻击——攻击者在正常样本基础上人为地构造异常输入样本，致使模型在分类或决策时出现错误，达到规避检测的攻击效果；③探索攻击——攻击者试图推断机器学习模型是如何工作的，包括对模型边界的预测、训练数据的推测等。以下简要介绍 5 种当前工作主要关注的机器学习系统安全问题。

（1）数据投毒

数据投毒是指攻击者通过修改训练数据内容和分布，来影响模型的训练结果。例如，Yang 等[4]展示了攻击者通过对推荐系统注入构造的虚假关联数据，污染训练数据集，实现对控制推荐系统反馈结果的人为干预。实验表明，通过对共同访问（Co-visitation）推荐系统进行数据投毒，可以实现对 YouTube、eBay、Amazon、Yelp、LinkedIn 等 Web 推荐系统功能产生干扰。Muñoz-González 等[5]提出了基于反向梯度优化的攻击方法，针对深度学习模型等在内的一系列基于梯度方法训练的模型进行数据投毒攻击。

（2）模型后门

模型后门指通过训练得到的在深度神经网络中的隐藏模式。当且仅当输入为触发样本时，模型产生特定的隐藏行为；否则，模型工作表现保持正常。例如，Gu 等[6]提出了 BadNets，通过数据投毒方式来注入后门数据集。针对 MNIST 手写数据集识别模型，使用 BadNets 可以达到高于 99％的攻击成功率，但不会影响模型在正常样本上的识别性能。

（3）对抗样本攻击

传统机器学习模型大多基于一个稳定性假设：训练数据与测试数据近似服从相同分布。当罕见样本甚至是恶意构造的非正常样本输入机器学习模型时，就有可能导致机器学习模型输出异常结果。例如，Szegedy 等[7]在 2013 年所描述的视觉"对抗样本"现象：对输入图片构造肉眼难以发现的轻微扰动，可导致基于深度神经网络的图像识别器输出错误的结果。通过构造对抗样本，攻击者可以通过干扰机器学习服务推理过程来达成逃逸检测等攻击效果。根据攻击效果分类，对抗样本攻击可以被分类为目标攻击[8]和非目标攻击[9]，而根据攻击者对机器学习模型的攻击能力则可以将攻击分类为白盒攻击[10]和黑盒攻击[11]。为了达到欺骗效果，对抗样本的一个显著特点是隐蔽性，即对抗扰动难以被人类所察觉，或者不改变原样本的语义信息。除了隐蔽性之外，Tramèr等[12]还揭示了对抗样本的另一个突出特性——可传递性。借助可传递性，同一个对抗样本可以同时作用于多个模型。

（4）模型逆向攻击

由于机器学习模型在训练时会或多或少地在训练数据上发生过拟合，攻击者可以根据训练数据与非训练数据的拟合差异来窥探训练数据隐私。Fredrikson等[13]以医疗机器学习中的隐私问题为例阐述模型逆向攻击：对某一个被训练好的机器学习模型，攻击者利用模型未知属性以及模型输出的相关性，实现对隐私属性的推测。例如，Fredrikson等[14]根据华法林剂量信息来尝试对患者的基因型进行推测。

（5）模型萃取攻击

模型萃取攻击指攻击者可以通过发送轮询数据、查看对应的响应结果，推测机器学习模型的参数或功能，复制一个功能相似甚至完全相同的机器学习模型。例如，针对 n 维线性回归模型，通过 n 组线性不相关轮询数据及模型输出可准确求解出权重参数[15]。该攻击破坏了算法机密性，造成了知识产权的侵犯，并使攻击者能够依据被复制模型进一步执行对抗样本攻击或模型逆向攻击。

五　研究展望

本节简要对未来机器学习系统安全研究的发展方向作简单讨论。

（1）物理对抗样本

针对无人驾驶、人脸识别、语音识别等应用，需要评估其在真实场景下的安全性能，尤其是潜在的物理对抗样本威胁。不同于信息域内对图像、音频等文件直接进行修改的对抗样本攻击方式，物理对抗样本攻击效能评估还需要同时考虑物理环境以及输入输出设备特性等因素的影响。例如，针对视觉系统而言，还需考虑光照、角度、摄像头光学特性、打印设备分辨率及色差等因素对构造对抗样本的影响；对音频处理系统而言，进行音频对抗样本的重放攻击需同时考虑攻击扬声器的声音播放质量、目标麦克风的收音性能、以及背景噪声等因素的影响。

（2）模型鲁棒性的形式化验证

形式化验证可以给出对于攻击的上界或模型鲁棒性下界的估计，对于安全系数要求较高的场合而言是十分必要的。可以预见，形式化验证将是今后模型安全评估的一个重要研究方向，会有越来越多的研究集中在如何降低验证复杂度以及提高方法的模型普适性上。

（3）机器学习系统自动化测试方法

当前形式化验证方法计算复杂度高、难以应用到实际深度模型上。此外，复杂的代码依赖层级给机器学习系统的人工分析带来极大的难度。对此，可以借助自动化测试方法来持续提高对攻击强度的平均估计，发现模型可能出现的异常行为或者安全漏洞。在设计和应用自动化测试方法时需要关注以下问题：如何定义模型异常行为；如何区分模型在无意义分类边界下和关键分类边界下的异常行为；如何定义自动化评测的引导指标。

（4）模型和数据隐私保护

在某些应用场景中，相较于机器学习系统的精度，用户更重视个人数据的隐私保护。尤其在大规模分布式数据存储和模型训练的情况下，如何同时保证用户数据隐私和模型的训练效率及工作精度，是机器学习服务提供商需要解决的关键问题。

参考文献：

[1] ZHANG G, YAN C, JI X, et al. Dolphinattack: inaudible voice commands[C]//Proceedings of the 2017 ACM SIGSAC Conference on Computer and Communications Security. 2017: 103-117.

[2] ROY N, HASSANIEH H, ROY C R. Backdoor: making microphones hear inaudible sounds[C]// Proceedings of the 15th Annual International Conference on Mobile Systems, Applications, and Services. 2017: 2-14.

[3] XIAO Q, CHEN Y, SHEN C, et al. Seeing is not believing: camouflage attacks on image scaling algorithms[C]//Proceedings of 28th USENIX Security Symposium. 2019: 443-460.

[4] YANG G, GONG N Z, CAI Y. Fake co-visitation injection attacks to recommender systems[C]//Proceedings of the 24th Annual Network Distributed Systems Security Symposium. 2017.

[5] MUÑOZ-GONZÁLEZ L, BIGGIO B, DEMONTIS A, et al. Towards poisoning of deep learning algorithms with back-gradient optimization[C]//Proceedings of the 10th ACM Workshop on Artificial Intelligence and Security. 2017: 27-38.

[6] GU T, DOLAN-GAVITT B, GARG S. Badnets: identifying vulnerabilities in the machine learning model supply chain[J]. arXiv preprint arXiv:1708.06733, 2017.

[7] SZEGEDY C, ZAREMBA W, SUTSKEVER I, et al. Intriguing properties of neural networks[J]. arXiv preprint arXiv:1312.6199, 2013.

[8] PAPERNOT N, MCDANIEL P, JHA S, et al. The limitations of deep learning in adversarial settings[C]// Proceedings of the 2016 IEEE European Symposium on Security and Privacy (EuroS&P). 2016: 372-387.

[9] GOODFELLOW I J, SHLENS J, SZEGEDY C. Explaining and harnessing adversarial examples[J]. arXiv preprint arXiv:1412.6572, 2014.

[10] MOOSAVI-DEZFOOLI S M, FAWZI A, FROSSARD P. Deepfool: a simple and accurate method to fool deep neural networks[C]//Proceedings of the IEEE Conference on Computer Vision and Pattern Recognition. 2016: 2574-2582.

[11] PAPERNOT N, MCDANIEL P, GOODFELLOW I, et al. Practical black-box attacks against machine learning[C]//Proceedings of the 2017 ACM on Asia Conference on Computer and Communications Security. 2017: 506-519.

[12] TRAMÈR F, PAPERNOT N, GOODFELLOW I, et al. The space of transferable adversarial examples[J]. arXiv preprint arXiv:1704.03453, 2017.

[13] FREDRIKSON M, LANTZ E, JHA S, et al. Privacy in pharmacogenetics: an end-to-end case study of personalized warfarin dosing[C]//Proceeding of the 23rd USENIX Security Symposium. 2014: 17-32.

[14] FREDRIKSON M, JHA S, RISTENPART T. Model inversion attacks that exploit confidence information and basic countermeasures[C]//Proceedings of the 22nd ACM SIGSAC Conference on Computer and Communications Security. 2015: 1322-1333.

[15] TRAMÈR F, ZHANG F, JUELS A, et al. Stealing machine learning models via prediction APIs[C]// Proceedings of the 25th USENIX Security Symposium. 2016: 601-618.

基于强化学习的物联网无线传输隐私保护技术研究

肖亮

厦门大学信息与通信工程系

摘　要：随着物联网通信技术的发展和智能信息处理设备的普及，无线传输中的隐私泄露对物联网安全造成了巨大的威胁。针对物联网系统数据规模大和设备节点多等特点，本文研究了基于强化学习的物联网无线传输隐私的保护方案。首先，分析了物联网系统的复杂性和特殊性，介绍了物联网传输隐私保护中的几个关键技术问题和挑战，并讨论了在保护物联网传输隐私保护领域的国内外相关工作。然后，介绍了两种物联网传输隐私保护场景及其基于强化学习的隐私保护方案：针对边缘计算中不可信服务器泄露数据隐私的风险，采用强化学习优化物联网设备的传输策略，权衡时延、能耗和隐私保护水平；针对车联网基于位置的服务保护用户位置隐私的场景，应用强化学习优化位置扰动策略，保护用户的语义位置隐私，提高服务质量。最后，通过仿真和理论分析评估上述方案的有效性，并对未来工作进行展望。

■ 一　背景介绍

随着物联网规模和应用的迅速发展，其信息传输过程中的隐私泄露问题日益严重[1]。在一些应用中，物联网设备的计算和通信资源受限，难以应用复杂的加密和认证算法，成为攻击者窃取用户隐私的重要攻击目标。例如，通过分析手环等健康医疗设备的数据传输模式，攻击者可以获取用户的身体状况和日常习惯等隐私[2]。攻击者分析车联网广播的基于位置的服务所需的车辆位置信息，实施贝叶斯分析攻击，可以推断用户的生活轨迹、家庭健康和政治倾向等信息[3]。目前，物联网无线传输隐私受到窃听攻击、推断攻击、差分攻击和背景知识攻击等威胁[4]。

（1）窃听攻击

攻击者监听物联网无线传输信道的信息，采用流量分析和暴力破解等手段，从信息流中窃取物联网用户的隐私信息[5]。如图 1 所示，在无线传感器网络中，窃听者通过拦截在无线信道上传输的数据包，并利用高斯消去法等技术解码所拦截的数据包以窃取源节点的数据隐私[6]。

（2）推断攻击

攻击者收集物联网的广播信息和用户信息，运用贝叶斯推断数据挖掘技术来获得用户的敏感性信息。例如，物联网用户为获取基于位置的服务向服务器提供其位置信息，其信息广播过程可能泄露用户的轨迹，甚至其身份和出行习惯等信息。

（3）差分攻击

攻击者通过统计或者聚合物联网数据库查询结果的差异来推断用户隐私信息。例如，医疗数据库中的攻击者可以通过对比"数据库中患癌共有多少人？"和"数据库中不叫 Alice 的用户共有多少人患癌？"统计查询结果的差异进行窃取用户 Alice 的医疗隐私。

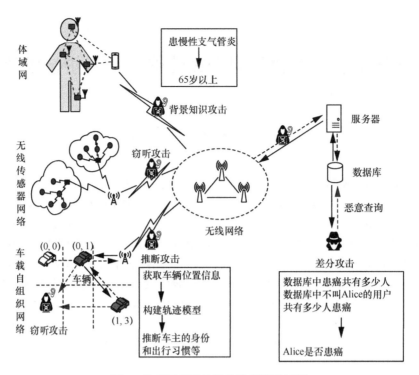

图1　物联网无线传输的隐私泄露问题

（4）背景知识攻击

攻击者将已知的信息与其他信息相结合，对目标的隐私信息做出更精确的推断[4]。如图1所示，攻击者利用65岁以上年龄组的慢性支气管炎患病率更高等背景知识，可以推断出患慢性支气管炎的病人的大概年龄。

目前，物联网无线传输隐私保护主要采用加密、匿名和差分隐私等技术。例如，物联网无线传输可利用属性密钥和打孔密钥对用户身份和性别等属性信息加密，抵御推断攻击，但加密数据仍然面临暴力拆解攻击的威胁[7]。此外，复杂的密钥计算和管理对于一些轻量级的物联网设备来说，往往存在着通信开销和计算开销过大的问题。例如，物联网设备在解密复杂密文时会导致高能耗和高时延，进而影响物联网无线传输的服务质量。此外，基于属性的加密方案要求用户根据自身属性形成访问接入策略，用户可能会为了保护自己的敏感隐私属性[8]，而拒绝参与接入网络中，如病人的生病类型等属性信息。

物联网无线传输隐私保护还可以通过匿名技术来实现。针对基于位置服务的物联网无线传输中的边信道攻击，文献[9]提出了一种基于k-匿名的虚假位置选择算法，采用信息熵的方法来评估用户的隐私水平。物联网设备还可以使用差分隐私机制对其传输信息进行扰动，与传统的匿名化技术（如k-匿名技术）相比，差异隐私机制与数据本身的内容无关，从而更好地保护物联网无线传输过程的数据隐私[10-11]。例如，文献[10]提出了一种基于差异隐私的智能家居隐私保护的流量混淆框架，利用差分隐私机制对网络流量进行扰动，从而抵制基于流量分析的贝叶斯推断攻击，避免攻击者链接数据流的源节点和目的节点，保护用户的隐私。然而，在基于差分隐私机制的物联网无线传输隐私保护技术中，数据扰动参数的选择会直接影响物联网无线传输过程中数据的隐私性和可用性，扰动太大导致数据可用性差，而扰动太小会导致用户数据隐私水平下降。

▉ 二 关键科学问题与挑战

为了应对物联网系统隐私泄露的安全威胁，需要解决下列关键问题。

（1）物联网系统的动态性对隐私泄露的影响机理

与传统的无线网络相比，物联网节点数量巨大，任意节点的加入或者离开都会导致物联网系统结构的变化从而增加隐私泄露的风险。此外，物联网设备通常具有较高的移动性。动态变化的节点位置与复杂的现实环境，使物联网设备数据传输的信道模型难以被预知，而信道增益等相关参数的未知势必会给物联网设备的隐私保护方案带来挑战。因此，如何在相关参数未知的情况下有效地保护物联网无线传输的隐私将是本文研究的关键。

（2）物联网无线传输性能与隐私保护水平的权衡

常见的评估物联网无线传输性能的指标主要包括通信质量、服务质量、能量损耗和时延等。在保护系统隐私的同时，势必会影响一些无线传输性能。例如，传统的加密和认证方法在保护了隐私的同时增加了时延和计算开销，对隐私数据加噪的机制在保护数据隐私的同时损失了部分数据可用性导致服务质量受损。因此，如何在不同的应用场景下权衡隐私保护水平和无线传输性能也是关键问题。

同时，在物联网的无线传输隐私保护的参数优化中也面临着许多挑战。

（1）难以预知的隐私泄露模型

物联网系统需要在无线数据传输过程中保护用户的隐私。当一个物联网系统存在不可信的节点时，系统中其他节点的数据通常会面临不同程度的隐私泄露的风险。例如，不可信的基于位置服务器将泄露收集到的用户位置数据，并利用收集的数据分析用户身份、兴趣爱好等。同样地，在物联网设备上传用户数据的过程中，边缘服务器可以通过分析用户上传的数据特征（如数据量变化）推测出用户的行为模式。然而，在实际应用中，往往难以获得物联网无线传输过程中的隐私泄露模型。因此，物联网系统需要能够在未知的隐私泄露模型下保护用户隐私安全。

（2）难以准确评估物联网无线传输的隐私保护水平

隐私保护水平是物联网无线传输过程中的重要指标，但这个指标并没有统一的量化标准，通常是用隐私保护方法中的参数间接估计得来，如在使用基于差分隐私加噪的物联网无线传输系统中，使用隐私预算来体现隐私保护水平。但在实际情况中，用这些间接参数往往会高估了真实的隐私保护水平。例如，在考虑了位置的语义特征的情况下，真实的位置隐私保护水平往往会比由隐私预算评估出的隐私保护水平要低。因此，如何针对不同的场景和隐私需求，制定不同的隐私保护水平评估机制是一个巨大的挑战。

（3）大规模物联网系统的时延最小化

物联网系统将大量不同的设备集成到网络中，数量庞大且快速增长的物联网设备正以指数级的速度创建数据[12]。由于这些数据具有动态性和实时性，传输时延会严重影响服务器对实时数据分析的准确性。例如，在基于位置的服务器收集并分析大量移动物联网设备上传的实时位置数据并提供路况预测等服务时，不仅需要考虑流量负载的问题，还需要考虑传输时延带来的影响。因此，如何最小化物联网系统的时延也是一个挑战。

（4）物联网设备资源受限

对于计算资源有限的物联网设备来说，执行一些计算密集型的任务是比较困难的。例如，为了保护用户隐私，物联网设备使用传统的认证或加密的方法来进行安全传输。但这些方法需要承担大量的计算量，不仅占用计算资源，而且消耗大量的能耗[13]。因此，资源受限的物联网设备无法承担如此复杂的计算量。物联网系统如何在物联网设备资源受限情况下保护无线传输中的数据隐私也是一大挑战。

（5）优化速度慢

在实际的物联网设备传输场景中，策略优化的试错过程往往代价很大。一方面，如果物联网设备在无线传输隐私保护优化过程中由于隐私保护程度不够而导致数据大量泄露，那么造成的损失是不可逆的。另一方面，物联网设备由于能量及计算资源受限，优化过程中能耗过大可能会导致设备资源的提前耗尽，从而影响系统工作。因此，如何有效地提高物联网无线传输隐私保护算法的优化速度也是一个挑战。

■ 三 国内外相关工作

加密机制是传统的物联网无线传输隐私保护方法。例如，文献[14]在移动系统中提出一种基于隐私保护的图像检索方法，通过利用同态加密机制对用户传输图像进行加密，以保护用户的数据隐私。文献[15]在智慧医疗场景下提出一种基于移动设备计算资源约束下的隐私保护框架，利用基于属性加密的访问控制来减少医疗数据的隐私泄露。

物联网设备还可以利用匿名机制保护其无线传输过程中的数据隐私。文献[16]提出了一种基于分布式 k-匿名机制的用户身份隐私保护方案，该方案将虚假用户的生成过程建模成一个非协作贝叶斯博弈模型，令用户根据各自位置以及隐私需求生成虚拟用户混入普通用户的位置报告中，以抵抗具有边信息的推断攻击。文献[17]提出一种基于 k-匿名和差分隐私的隐私保护方案，通过将用户请求隐匿在其余 $k-1$ 请求中，再通过拉普拉斯加噪机制对 k 个请求的查询结果进行扰动，以抵抗基于位置服务应用中的差分攻击和背景知识攻击。为了验证数据可用性，该方案推导出一个满足隐私水平下界并确保查询结果可用性的充分必要条件。文献[9]提出了一种基于 k-匿名的虚假位置选择算法来保护用户的位置隐私，综合考虑熵以及匿名区域大小指标来最大化真实位置与虚假位置的距离，以抵抗具有用户隐私保护机制及历史请求频率边信息的攻击者。

差分隐私机制不依赖数据本身的内容，因此在物联网无线传输隐私保护技术中得到了广泛应用。例如，文献[18]提出了一种基于差分隐私的位置隐私保护方案，运用拉普拉斯加噪机制对移动设备位置进行扰动，以抵抗基于时间相关性的推断攻击。文献[19]提出了一种基于差分隐私的轨迹发布算法，通过指数加噪机制对每个位置的方向和距离进行有界限的扰动后发布下一个位置，仿真结果表明所提方案在保证服务质量的同时提高了隐私保护水平。文献[10]提出了一种基于差分隐私的代理网关选择算法，通过综合考虑能量消耗、隐私水平等指标选择某个扰动后的网关来代理用户到无线网络的流量出口，以模糊流量与流量所属信息源间的关联性，抵制恶意流量分析攻击者。

强化学习令物联网设备在无须预知攻击模型和网络模型的情况下自主优化其无线传输的隐私保护参数，提高物联网的无线传输隐私保护水平。例如，文献[20]在智慧交通场景中提出了一种基于深度 Q 网络（DQN，Deep Q-Network）和差分隐私的车辆位置隐私保护方案，用户使用拉普拉斯加噪机制对位置数据进行扰动，并将扰动后的位置数据上传至服务器请求车辆接送服务，交通服务提供商作为智能体通过观测用户上传的位置数据，等待提供服务的车辆位置及时间戳等状态，优化车辆调度策略，降低车辆等待时间以及提高用户的隐私水平。文献[21]提出一种基于深度 PDS（Post-Decision State）的移动边缘计算场景下的位置隐私保护方案，物联网设备作为智能体通过观测电池能量水平，最低能量需求等状态，决策目标边缘计算服务器位置来进行卸载数据策略，节约能耗和提高隐私保护水平。文献[22]提出一种基于深度强化学习的可见光抗窃听通信方案，波束发射机通过观测信道状态信息、误码率以及评估的保密容量，来决策波束赋形策略，提高保密容量、降低误码率。

四　创新性解决办法

4.1　强化学习介绍

　　智能手机、智能车辆和健康手环等物联网设备可以使用强化学习算法保护其无线传输过程中的数据隐私，在无须知道攻击者的攻击功率和攻击模式等信息的前提下通过试错来选择安全协议等参数，与环境交互获得最佳隐私保护策略[23]。如图 2 所示，移动设备通过优化视频共享游戏数据卸载率，抵御窃听者从边缘设备中非法获取隐私的攻击，进而提升卸载过程中的保密率；健康手环通过调整发射功率等策略，抵制窃听者非法获取用户血糖值和血压值等健康数据，降低误码率；用户在访问服务器的过程中，通过位置移动来对抗窃取用户 IP 地址、用户代理和浏览器等信息的窃听者；为了检测木马等非法获取姓名、身份证号码、银行账户和密码等信息的恶意软件，用户可以通过调整卸载率等策略来提升检测精度。在上述大规模物联网中，强化学习算法可以克服电量、计算资源和内存资源等方面的限制，通过评估信号的误码率、保密率和检测精度等关键性能指标，选择自身的发射功率和卸载率等策略，评估这一段时间内的效益从而实现物联网无线传输中的隐私保护。

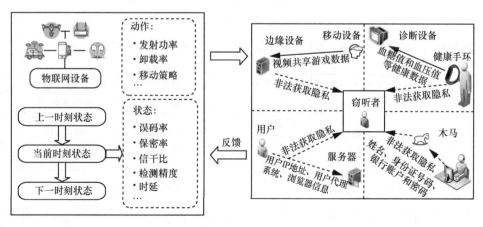

图 2　基于强化学习的物联网无线传输隐私保护技术

　　文献[20-21, 24-26]研究了在移动卸载中使用强化学习保护无线传输中的隐私，其中文献[26]提出移动设备作为学习智能体，在将共享视频游戏中的数据等卸载到接入点、基站和交换机等边缘设备时会遭到智能攻击者的窃听，造成隐私泄露。移动设备使用 Q 学习和 DQN，观测用户密度、电量和无线带宽等状态变化，调整边缘设备的选择、卸载率和发射功率，通过评估系统的保密能力、能量损耗和时延等指标获取效益函数，优化自身移动卸载策略。

同时，针对不同场景下状态变化特点和对优化速度的要求不同，可以使用不同的强化学习算法，以抵制窃听、恶意软件和智能攻击等窃取隐私的攻击。目前用于各种无线传输数据安全保护场景的强化学习算法主要包括 Q 学习、Dyna-Q、Win or Learn Faster-Policy Hill Climbing（WoLF-PHC）、DQN、FastDQN、Deep Deterministic Policy Gradient（DDPG）、PDS 和 DeepPDS 算法等，如表 1 所示。Q 学习作为一种基础的强化学习算法，具有易实现、复杂度低的特点，在光通信抗窃听攻击场景下能提高保密率和降低误码率[22]。在 Q 学习基础之上提出的 Dyna-Q、WoLF-PHC 和 PDS 算法分别通过构建模型、混合策略和使用已知模型来加快学习速度，减少随机探索的时间，在无人机系统等能量有限的场景中得到广泛应用[26-27]。DQN 通过将深度学习和 Q 学习相结合，压缩状态空间加速学习，在多用户物联网场景中可以达到更高的隐私水平[20]。在此基础上，将迁移学习与 DQN 结合的 FastDQN 利用数据挖掘技术挖掘相似场景下的隐私保护经验进一步加速学习。然而，上述算法都是基于离散的动作空间，存在量化问题和维度灾难问题，因此，文献[22]提出利用 DDPG 在连续的动作空间中优化隐私保护参数，避免局部最优，在动作不易量化的场景中达到更高的保密率。

由于物联网网络规模大且网络拓扑复杂多变，上述基于强化学习的无线传输数据安全保护算法无法直接应用于物联网无线传输隐私保护中。同时，大多数物联网设备的计算资源和能量资源受限，无法支持计算复杂度较高的深度学习算法。

表 1 基于强化学习的无线传输数据安全保护算法比较

强化学习算法	应用场景	性能指标	优点	参考文献
Q 学习	光通信抗窃听攻击	误码率 保密率	便于实现、复杂度低	[22]
Dyna-Q	基于云服务器的恶意软件检测	检测精度 检测时延	利用 Dyna 结构和真实经验构建模型，加速学习	[26]
WoLF-PHC	无人机对抗智能攻击	安全率 保密性 信干比	采用混合策略，减少随机探索	[27]
DQN	车联网中多用户位置数据隐私保护	隐私水平 等待时延	利用卷积神经网络（CNN）压缩状态空间，使用经验回放技术更新网络权重	[20]
Fast DQN	移动数据卸载缓存抗智能攻击	保密容量 能量损耗 计算时延	将迁移学习和 DQN 相结合，利用相似场景下的经验加速学习	[25]
DDPG	光通信抗窃听攻击	误码率 保密率	状态-动作空间连续化，避免局部最优	[22]
PDS	基于云服务器的恶意软件检测	检测精度 检测时延	利用已知的信道模型减少不必要的探索学习，加快收敛速度	[26]
Deep PDS	移动边缘计算抗窃听攻击	电量 隐私损失	将 DQN 和 PDS 结合，用已知的信道模型加速 DQN 的学习	[21]

4.2　基于强化学习的物联网设备传输隐私保护技术

在物联网系统中，节点间数据传输的过程面临着隐私泄露的风险。由于物联网设备计算能力有限，无法在本地处理所有采集到的数据，于是需要将这些数据上传一部分至边缘服务器[12]，进而从边缘服务器处获取部分计算结果，以此来降低能耗提高运算效率。但由于边缘服务器并非是完全可信的，上传至服务器的数据可能会泄露物联网用户的隐私。

一般情况下，为了降低上传数据过程的能耗，当信道环境好时，物联网设备倾向上传尽可能多的数据；当信道环境较差时，物联网设备更倾向设备自身计算采集的数据。然而，由于不可信的边缘服务器会根据收到的数据量估计出设备与服务器之间的信道环境，从而推测出物联网用户的个人信息，如所处的位置等。为保护用户的隐私，物联网设备可以通过在信道环境好的情况下上传较少的数据，而在信道环境差的情况下增加上传的数据量来迷惑服务器，使服务器无法从设备上传的数据量中得到用户的隐私信息，进而保护用户隐私。但这种方法会增加设备的能耗及计算时延，影响系统整体的效率。为了权衡隐私保护水平与设备能耗和计算时延等系统传输参数，本节提出一种基于强化学习的物联网设备传输隐私保护技术。基于不同的信道环境，动态调整上传数据比例，在减少系统有效性损失的同时，有效地提高了系统的隐私保护水平。

4.2.1　系统模型

物联网系统主要由物联网设备和边缘服务器组成。物联网设备使用传感器节点采集数据，评估与服务器间的信道增益和采集到的数据的优先级，并观察当前的电量，然后将一部分采集到的数据上传至服务器，由服务器分担部分计算量，另一部分数据在本地完成计算。服务器会将计算结果反馈至设备。例如，在医疗保健物联网系统中，物联网设备通过传感器节点观测用户的血压等健康信息，再将部分采集到的信息上传到服务器，服务器对数据进行分析后能够得出用户的健康状态并反馈给用户。

物联网设备工作时，设备采集计算所需的数据并读取缓存中存储的未处理数据，接着将这些数据归为待计算数据，然后根据信息的重要程度对信息的优先级作估计，这一过程能保证重要的信息被优先计算。完成计算数据的切分后，设备将这些计算任务分为三部分：一部分上传到服务器，一部分本地处理，另一部分被存储到缓存中。通过对比上传数据量与待处理数据量，并根据信道增益评估当前时刻的隐私保护水平。完成计算后，物联网设备需要估计当前时隙的能耗、观察计算时延等性能指标来指导下一时刻的数据传输。这里的能耗不仅包括了上传信息消耗的能量，还包括了本地存储和计算的能耗。由于物联网设备大多数由设备装载的电池供能，所以需要观察电池剩余的电量以确保设备下一时隙正常运行。

4.2.2　基于强化学习的数据传输隐私保护算法

针对上述物联网设备数据传输的隐私保护场景，本节介绍一种基于强化学习的算法来优化传输策略。如图 3 所示，根据物联网设备观测的信道增益等状态调整上传数据率和本地计算数据率，该算法能够在减小设备能耗、计算时延的同时提高隐私保护水平。当一个时隙开始时，物联网设备会从环境中采集数据，同时估计当前的信道增益。然后，设备根据文献[28]提出的任务切分算法将采集的数据和缓存中的待处理数据均分成 N 等分的计算任务，并使用数据分析算法确定数据的优先级[29]。考虑到运算过程需要的能耗，设备在电池处于低电量和高电量状态下能够承担的计算任务量是不同的。因此设备需要观测当前时刻电池的剩余电量。完成观测和估计后，系统记录采集到的数据量、数据优先级、信道增益、缓存器中的存储的未计算数据和电池的剩余电量，利用这些数据生成系统的状态序列。

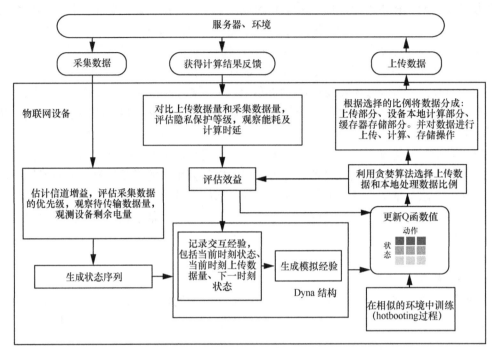

图 3　基于强化学习的物联网设备传输隐私保护算法

为保护设备的隐私，设备需要根据状态选择不同的上传数据比例。而考虑到设备的计算能力及电量的限制，设备往往难以本地计算所有未上传的数据，因此设备还需要选择本地计算数据比例，这两个比例之和必须小于或等于 1，如果还有部分数据既无法上传又无法本地计算，那么就需要将它们存储在设备的缓存区。然而，设备的缓存大小是有限的，数据在缓存区的等待时延也是系统需要考虑的重要因素之一。综合考虑隐私和设备的限制，算法的动作由上传数据比例和本地计算数据比例组成。设备根据所处的状态从动作空间中选择合适的动作，避免系统陷入局部最优的情况，算法采用ε-贪婪算法来选择数据比例，物联网设备开始对数据进行处理，一部分上传服务器，一部分设备做本地计算，剩下的部分存入缓存器。

服务器完成计算后，将结果反馈到物联网设备。当设备完成本地计算且收到边缘设备发送的计算报告后，分析上传的数据量和待处理的数据总量之间的差异，结合当前信道增益评估隐私等级。考虑到隐私的保护势必会造成系统的整体性能下降，系统的效益函数由当前时刻的隐私保护水平、计算能耗、任务计算时延和数据排队时延组成，同时设备还需要观察当前剩余电量，若不能支撑下一时刻设备的正常运行，需要在效益中加上一个惩罚因子。

由于物联网设备的电量有限，算法需要快速收敛，以便设备能尽快作出最优决策。因此，算法采用 Dyna 结构和迁移学习技术以加快收敛速度，并使用 PDS 方法来利用已知的信道模型提高学习效率。具体而言，在设备收到服务器的结果反馈后，结合已知的信道模型构建中间状态序列，并估计由当前状态转移至各种可能的中间状态的转移概率。通过各中间状态下执行当前时刻动作获得的效益更新多个 Q 值后，设备对其进行概率加权平均，并更新 Q 表。根据 Dyna 结构，设备记录当前的交互经验，并通过每一时隙的真实环境交互经验更新隐私保护经验池。在每一时隙更新 Q 表时，结合经验池中的经验对 Q 值进行多次迭代，从而达到加快收敛的目的。为了减少随机探索的交互次数，系统在工作前使用迁移学习的方法，即让设备与相似的环境交互一段时间，记录交互的隐私保护经验，在初始化时随机抽取部分经验更新 Q 表。

4.2.3　小结

本节提出了基于强化学习的物联网设备传输隐私保护技术，该技术基于设备到服务器的信道状态，设备采集数据量、数据优先级和设备电量来优化设备数据传输策略，在保护了用户隐私的同时尽量减小系统传输的性能损失。系统利用了基于 Dyna 结构的 PDS 学习方法，并结合了迁移学习技术，加快了算法的收敛速度。

4.3　基于强化学习的物联网语义位置隐私保护技术

近年来，越来越多的物联网设备通过上传位置信息获取各种基于位置的服务（LBS，Location Based Services），如实时路况查询和个性化地点推荐服务[30-31]。位置的地理坐标仅表示位置的空间特征，而语义位置（也可以理解为位置的语义特征）从另一个维度描述一个位置的社会意义，如学校或银行。用户上传给服务器的语义特征包含大量的用户个人信息，如生活习惯、职业、社会关系和兴趣爱好等。在缺少隐私保护的情况下，物联网中传输的大量位置数据往往会被攻击者窃听并泄露，从而导致用户的个人信息被恶意利用。

研究表明，基于差分隐私的位置扰动方法可以有效地保护 LBS 中的位置隐私[32]。该方法通过上传一个在物联网设备的真实位置上做了扰动后的虚假位置来迷惑攻击者，从而保护设备的真实位置。然而，现有的位置扰动方法往往只考虑了位置的地理特征，忽略了位置的语义特征[33]，因此通常会高估方案的隐私保护程度。同时，对于不同种类的 LBS，位置扰动幅度的大小往往会对服务质量造成不同程度的影响。因此，设备的位置和请求服务类型等因素会影响方案的隐私保护程度和获取的服务质量。例如，路况查询准确度或推荐准确度。由于在物联网中，这些用户行为相关的因素动态性强，难以建模，给扰动策略的优化带来了很大的挑战。针对这些问题，本节提出了一种基于强化学习的语义位置隐私保护技术，该技术应用差分隐私的加噪机制，对物联网设备的位置进行扰动。基于物联网设备的地理坐标、语义位置和历史攻击结果（如接收到的广告），应用强化学习算法动态调整加噪机制的隐私预算，在未知攻击模型及物联网设备移动模型的情况下提高隐私保护程度和服务质量。

4.3.1　系统模型

本节研究在服务器节点不可信的情况下，可移动的物联网设备上传位置数据并向服务器请求 LBS 时的位置隐私保护问题。移动物联网设备由于需要获取基于位置的服务，必须向服务器发送位置数据和服务请求。服务器通过分析物联网设备位置信息，向其提供服务。由于服务器不是绝对可信的，物联网设备上传的位置数据容易被攻击者窃取。因此物联网设备可通过对真实位置进行扰动，并上传扰动后的位置在获取服务的同时保护位置隐私。

服务器能够基于接收到的实时位置数据，通过无线网络将数据分析的结果反馈给物联网设备，向物联网设备提供相应的服务。由于服务器节点可能受到攻击从而泄露收集到的语义位置数据。智能攻击者从服务器或无线网络中窃取设备上传的地理位置，并根据物联网设备历史移动数据得到先验的位置转移模型[34]，对设备的真实语义位置作出实时推断。攻击者可以基于推断出的真实语义位置分析用户信息，如职业、身份、兴趣爱好等，并基于这些信息给用户发送有针对性的诈骗信息或广告，获取非法利润。

在每一次请求服务前，物联网设备自身的定位功能获取当前所在的地理坐标和语义位置，根据当前语义位置和历史隐私保护情况对真实的地理坐标作扰动，并将扰动后的位置数据上传给服务器用以获取服务。接收到服务器的反馈后，物联网设备需要评估服务质量，如地点推荐服务的准确度等。另外，设备可以通过观察接收到的诈骗信息和广告与真实语义位置的关联性来评估当前的隐私保护水平[35]。

4.3.2 基于强化学习的物联网语义位置扰动方案

本节提出了一个基于强化学习的物联网语义位置扰动（RSTO）方案。物联网设备利用强化学习算法优化位置扰动策略，即加噪机制的隐私预算，来权衡语义位置隐私保护程度与 LBS 服务质量。隐私预算决定了攻击者区分两个不同语义位置的难度，其值越小，攻击者越难推断出物联网设备的真实坐标。本方案在未知攻击模型和用户移动模型的情况下，有效提高了设备的隐私保护程度，并降低服务质量损失。

基于强化学习的物联网语义位置扰动方案流程如图 4 所示。物联网设备应用文献[36]提出的迁移学习方法，在相似的环境下，通过与服务器和攻击者交互，获取位置、扰动策略及对应效益等交互数据并存储到经验池中。在学习开始前，在经验池中随机选取一定数量的经验初始化 Q 表以减少和环境的交互，加快算法收敛。在每一时隙开始时，物联网设备观察当前的地理坐标和语义位置，获取历史隐私保护程度，构建当前时隙的状态序列。其中历史隐私保护程度由用户前一时刻收到的广告与语义位置的相关性确定。

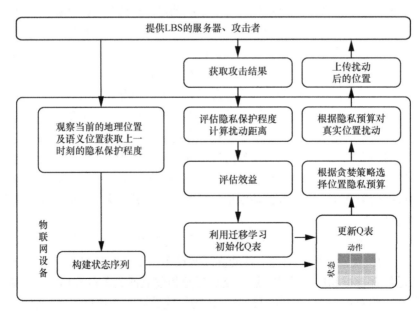

图 4　基于强化学习的物联网语义位置扰动方案流程

基于上述状态序列，物联网设备采取 ε 贪婪策略来选择这一时隙的隐私预算，即以 $1-\varepsilon$ 的概率选择具有最大 Q 值的隐私预算，以 ε 的概率在动作空间内随机选择，其中隐私预算决定了扰动幅度的 Gamma 分布，从而决定了扰动幅度的大小。物联网设备按照 Gamma 概率分布随机抽样得到当前位置的扰动幅度，并计算加噪后的位置坐标。设备上传扰动后的位置坐标到服务器，通过计算设备的真实位置和扰动位置间的距离来评估本次服务质量的损失。在接收到诈骗信息或广告后，根据其与当前真实语义位置的相关程度来评估当前的隐私保护程度。基于服务质量损失和隐私保护程度，物联网设备评估当前的效益，并根据迭代的 Bellman 方程更新 Q 函数的值。

4.3.3 小结

本节主要提出了一种基于强化学习的物联网语义位置隐私保护技术，利用差分隐私的加噪机制，在移动物联网设备向不可信的服务器请求 LBS 的场景下保护设备的位置隐私。该技术综合考虑了物联网设备的地理坐标、语义位置等信息，在未知攻击模型的情况下，保护了物联网设备的语义位置隐私，并减少服务质量损失。

五　有效性验证

5.1　理论分析

5.1.1　稳态性能

博弈论作为网络安全研究的有效方法被广泛应用于针对各类网络攻击的防御机制中。静态博弈中均衡策略的分析可以给出智能攻击下防御者的最优防御策略，并给出系统参数对其安全性能的影响。因此，物联网的无线传输隐私保护过程可以看作物联网设备与攻击者之间或单个物联网设备优化各项指标之间的博弈。通过求解该博弈的均衡（如纳什均衡或者斯坦伯格均衡），来获取最优的物联网无线传输的隐私保护策略，从而得到基于强化学习的物联网无线传输隐私保护方案的理论界。

如文献[37]中，物联网设备需要优化任务处理时延、设备能量损耗、排队时延和数据隐私保护等级，然而数据卸载性能与数据隐私之间存在着优化矛盾。因此，该物联网设备可以构建一个物联网数据卸载博弈，来导出最优的数据卸载策略，进而求出所提的基于强化学习的物联网无线传输隐私保护方案的处理时延、能量损耗和隐私保护等级的性能界。

在当前时刻，物联网设备新产生 C_1 bit 数据量，缓存器中有 C_0 bit 未处理的数据量，因此当前时刻物联网设备需处理的数据总量为 (C_0+C_1) bit。由于该物联网设备计算资源和能量有限，它需要以功率 P 上传一部分数据到边缘设备，上传的数据量比率是 $x_1 \in \{l_1 / N\}_{0 \leqslant l_1 \leqslant N}$，本地的数据量比率是 $x_0 \in \left\{\dfrac{l_1}{N}\right\}_{0 \leqslant l_0 \leqslant N}$，即物联网设备处理 $x_0(C_0+C_1)$ bit，边缘设备处理 $x_1(C_0+C_1)$ bit，本地缓存 $(1-x_0-x_1)(C_0+C_1)$ bit。根据文献[38-39]，物联网设备能量损耗 E 取决于本地处理能耗 $\varsigma x_0(C_0+C_1)$ 与数据卸载能耗 $Px_1(C_0+C_1)$。计算任务的处理时延 T 取决于本地计算时延和边缘计算时延。其中，本地计算的时延为计算数据量与本地计算能力 f 的比值，边缘计算时延主要取决于卸载数据量和无线信道传输速率 $\mathrm{lb}(1+Ph)$ [38]，其中，h 是物联网设备与当前边缘设备之间的信道增益。数据的等待时延损耗 W 反映了数据在等待状态下没有及时处理带来的损失，若当前数据的优先级 χ，则等待损耗为优先级与剩余未处理的数据量的乘积。根据文献[40]，当信道状态 h 高于阈值 $\hat{h}$，物联网边缘计算系统的

隐私等级 R 由当前时刻产生的数据量与向边缘计算设备发送的数据量的差值决定。

若同时考虑物联网设备的隐私保护等级、能量损耗、任务处理时延、任务等待时延损耗，则可以定义物联网设备的效益如下：

$$u = R - \beta E - \mu T - \nu W \tag{1}$$

其中，β, μ, ν 分别为能量损耗、处理时延、等待损耗的权重。

基于强化学习的物联网数据卸载隐私保护优化的过程，可构建为隐私性能和数据卸载相关的三项性能之间的博弈。

定理 若物联网设备和边缘计算设备所在的环境和参数满足以下条件：

$$h \geqslant \hat{h} \tag{2}$$

$$\mu < (\nu\chi - \beta P + 1)\text{lb}(1 + Ph) \tag{3}$$

$$\nu\chi < \beta\varsigma \tag{4}$$

则基于强化学习的物联网数据卸载隐私保护技术在足够长的训练时间后，可以获得如下性能界：

$$R = C_0 \tag{5}$$

$$T = \frac{C_0 + C_1}{\text{lb}(1 + Ph)} \tag{6}$$

$$E = PC_0 + PC_1 \tag{7}$$

$$u = C_0 - \beta P(C_0 + C_1) - \mu\frac{C_0 + C_1}{\text{lb}(1 + Ph)} \tag{8}$$

证明 见参考文献[37]。

讨论 由式（2）～式（4）可以看出，当信道增益优于信道状态阈值，物联网设备与边缘设备之间的传输速率大于一个基于任务优先级和发射功率的上界，且任务的优先级小于一个基于本地处理单位能耗的阈值时，物联网设备倾向于上传全部的数据到边缘设备。此时，如式（5）～式（8）所示，物联网设备的隐私保护等级与上一时刻未处理完的缓存数据有关，任务处理时延取决于任务总量和传输速率，物联网设备的能耗取决于上传数据的发射功率和任务总量。物联网设备的效益大小与任务量的大小和任务上传的发射功率有关。

5.1.2 算法复杂度分析

根据文献[41]，基于 Q 学习的物联网无线传输隐私保护方案训练 T 步的时间复杂度 $O(T)$，相较于基于 Q 学习的物联网无线传输隐私保护方案，文献[37]所提的隐私保护算法每个时隙需要多更新 J 次 Q 值表，因此它的时间复杂度 $O(JT)$，由此可见，文献[37]所提的基于强化学习的物联网设备传输隐私保护算法的时间复杂度较低，可以部署在计算资源、存储资源和能量受限的物联网场景中。而对于资源比较充足的物联网边缘计算设备等，可以使用 DQN 等深度强化学习算法[42]，使用小规模深度神经网络压缩高维状态行为空间，提高隐私保护等级、降低计算时延以及节约能量损耗。

5.2 仿真验证

5.2.1 基于强化学习的物联网设备传输隐私保护算法

基于强化学习的物联网设备传输隐私保护算法（RLIO），针对物联网设备利用边缘计算服务器进行数据处理过程中存在隐私泄露问题，能够根据设备当前的电量，所处的无线信道状态、待处理数据量及其优先级，来优化数据传输策略（即确定上传的数据占比和用于本地计算的数据占比），从而提高数据的隐私水平，降低设备的计算时延和能量损耗。此外，相比于文献[40]提出的 CMDP（Constrained Markov Decision Process）算法，所提算法采用了 PDS 方法，所以能够更好地预测环境变化，从而提升系统性能；所提算法还加入了迁移学习技术和 Dyna 结构以加速算法的学习过程。

仿真结果表明，相比于 CMDP 算法，基于强化学习的物联网设备传输隐私保护算法具有更高的隐私水平、更低的能耗、更小的计算延迟、更快的收敛速度，并且各项评价指标接近于式（5）～式（8）推导出的理论界。

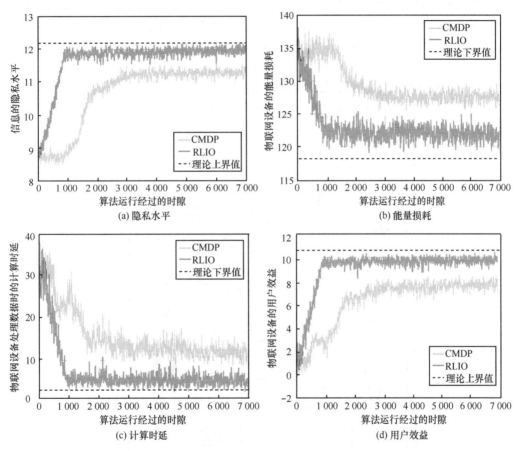

图 5　在物联网设备每时隙新产生 20 kB 任务量的边缘计算数据传输场景下，
物联网无线传输隐私保护算法的仿真性能结果

图 5(a)表示隐私水平与时隙的关系。从图中可以看出，随着算法运行时隙的增长，所提算法的隐私水平也逐渐增高，至第 1 000 个时隙收敛至稳态。达到稳态后所提算法的隐私水平约为 11.9，趋近于理论上界（图中黑线代表理论上界值），而 CMDP 算法的隐私水平仅为 9 左右，即此时所提算法的隐私水平比 CMDP 算法的隐私水平高了 32.2%。

图 5(b)表示物联网设备能量损耗与时隙的关系。从图中可以看出，随着算法运行时隙的增长，所提算法和 CMDP 算法的能量损耗都呈现下降的趋势，但所提算法的能量损耗值

能够更快地收敛至稳态，且比 CMDP 算法具有更低的能量损耗。以算法运行至第 1 000 个时隙的结果为例，此时所提算法的能量损耗值收敛至稳态为 123 左右，CMDP 算法的能量损耗值约为 135，即所提方案节约了 8.9%的设备能耗。

图 5(c)表示计算时延与时隙的关系。从图中可以看出，随着算法运行时隙的增长，基于强化学习的物联网设备传输隐私保护算法和 CMDP 算法的能量损耗都呈现下降的趋势，但所提算法具有更低的计算时延。以算法运行至第 1 000 个时隙的结果为例，此时所提算法的计算时延收敛至稳态为 5 左右，CMDP 算法的计算时延约为 25，也即采用所提算法相较于比 CMDP 算法，降低了 80%的计算时延。

图 5 (d)表示用户效益与时隙的关系。从图中可以看出，随着算法运行时隙的增加，所提算法和 CMDP 算法的用户效益都呈现上升的趋势，但所提算法的用户效益值能够更快地收敛至由式（8）得出的稳态值。稳态时所提算法比 CMDP 算法具有更高的用户效益，此时，所提算法的用户效益约为 9.8，基于 CMDP 算法的用户效益为 7.6 左右，即稳态时基于强化学习的隐私保护算法的用户效益比 CMDP 算法的用户效益高了 28.9%。

5.2.2 基于强化学习的物联网语义位置隐私保护算法

针对物联网设备的 LBS 服务中的位置隐私保护问题，对文献[43]所提算法进行了仿真，初始仿真拓扑如图 6 所示。

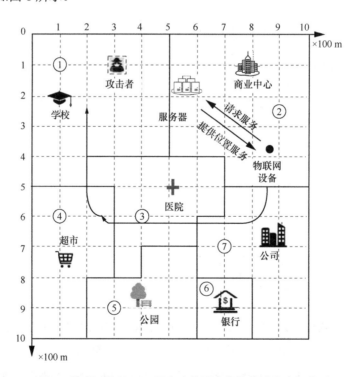

图 6 物联网设备 LBS 服务中的隐私保护算法仿真拓扑

仿真基于模拟的市区地图，由 7 块不同面积的语义位置区域（学校、医院、公园、银行、公司、商业中心和超市）组成。图中单箭头曲线为物联网设备的移动轨迹示例。基于强化学习的语义位置扰动算法通过优化物联网设备的位置扰动策略来权衡隐私保护程度与服务质量，能显著地提高物联网设备用户的效益。与不考虑位置的语义特征且以固定的隐私预算对真实位置进行扰动的对比算法（PIM，Planar Isotropic Mechanism）对比[16]，RSTO 算法能根据物联网设备的地理坐标、位置语义和历史隐私保护程度优化位置扰动策略（即隐私预算）。在模拟的市区通信场景下的仿真结果（图 7）表明，与 PIM 算法相比，所提的 RSTO 算法能够显著地提高隐私保护水平，并且在一定程度上提高服务质量。

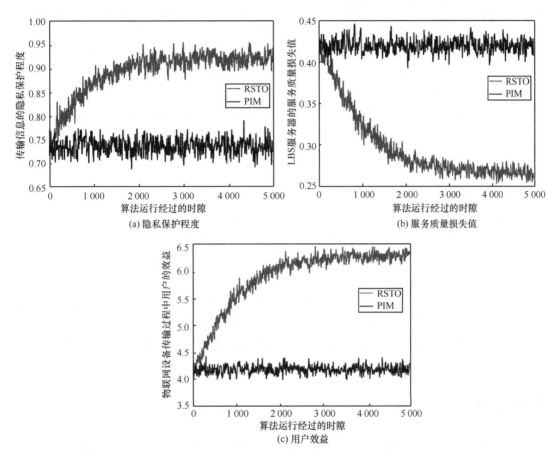

图 7　在图 6 所示的网络拓扑下，物联网语义位置隐私保护算法的仿真性能结果

图 7(a)表示隐私保护程度与时隙的关系。从图中可以看出，随着算法运行时隙的增长，RSTO 算法的隐私保护程度也逐渐增高，而 PIM 算法的隐私保护程度一直维持在 0.74 左右。RSTO 算法在经过约 3 000 时隙后收敛至稳态，此时 RSTO 算法的隐私保护程度达到了约 0.93，相比于 PIM 算法的大约提高了 25.6%。

图 7(b)表示服务质量损失值与时隙的关系。从图中可以看出，随着算法运行时隙的增长，RSTO 算法的服务质量损失值逐渐降低，即 LBS 服务器的服务质量不断提高。与服务质量损失值一直维持在 0.42 左右的 PIM 算法相比，RSTO 算法在经过约 4 000 个时隙后收敛至稳态，此时 RSTO 算法的服务质量损失值约为 0.27，比 PIM 算法降低了 35.7%。

图 7(c)表示用户效益与时隙的关系。从图中可以看出，随着算法的运行，RSTO 算法的用户效益也逐渐提高，且在经过约 4 000 个时隙后收敛至稳态。稳态时 RSTO 算法的用户效益约为 6.4，PIM 算法的用户效益约为 4.25，此时 RSTO 算法的用户效益比 PIM 算法的用户效益提高了 50.6%。

六 总结与展望

本文介绍了物联网无线传输智能隐私保护技术，讨论了物联网设备数据卸载隐私保护和车联网基于位置服务的隐私保护。介绍了基于强化学习的物联网无线传输隐私保护方案，解决了网络结构多变和隐私泄露模型等挑战，综合考虑服务质量、通信效率、计算开销和隐私保护水平等性能。物联网设备利用强化学习优化其数据卸载量和数据加噪程度等策略，保护数据隐私，提高信息传输效率。未来的研究必须解决以下挑战。

（1）网络状态观测难

现有基于强化学习的隐私保护技术需要物联网设备能够准确地观察网络和隐私泄露状态，且能即时获得每个隐私保护策略的网络反馈，评估网络收益。但是，实际的物联网设备对网络环境的观察有偏差和时延。因此，如何设计对观测误差和反馈延时鲁棒的强化学习算法是物联网智能隐私保护技术发展的一个研究方向。

（2）连续动作的控制

现有基于强化学习的隐私保护技术采用离散的隐私保护策略。但是，实际物联网的扰动强度等隐私保护策略是天然连续的，其离散化可能导致优化空间受限等问题。因此，如何动态优化连续的动作空间，是物联网无线传输隐私策略的一个挑战。

（3）安全探索问题

基于强化学习的物联网隐私保护过程中，物联网设备采用某种方法随机地选择隐私保护策略，获取交互经验。然而，在实际应用中，该探索过程中执行的某些策略可能导致系统陷入危险状态。因此，未来需要设计基于安全探索的强化学习，提高物联网无线传输的数据隐私保护的可靠性。

参考文献：

[1] LI C, PALANISAMY B. Privacy in internet of things: from principles to technologies[J]. IEEE Internet of Things Journal, 2018, 6(1): 488-505.

[2] AVANCHA S, BAXI A, KOTZ D. Privacy in mobile technology for personal healthcare[J]. ACM Computing Surveys (CSUR), 2012, 45(1): 3.

[3] HASOUNY H, SAMHAT A E, BASSIL C, et al. VANET security challenges and solutions: a survey[J]. Vehicular Communications, 2017, 7: 7-20.

[4] WANG T, ZHENG Z, REHMANI M H, et al. Privacy preservation in big data from the communication perspective-a survey[J]. IEEE Communications Surveys & Tutorials, 2018, 21(1): 753-778.

[5] ROMAN R, ZHOU J, LOPEZ J. On the features and challenges of security and privacy in distributed internet of things[J]. Computer Networks, 2013, 57(10): 2266-2279.

[6] ZHANG P, JIANG Y, Lin C, et al. P-coding: secure network coding against eavesdropping attacks[C]//2010 Proceedings IEEE INFOCOM. 2010: 1-9.

[7] PHUONG T V X, NING R, XIN C, et al. Puncturable attribute-based encryption for secure data delivery in internet of things[C]//IEEE INFOCOM 2018-IEEE Conference on Computer Communications. 2018:

1511-1519.

[8] GUO L, ZHANG C, SUN J, et al. A privacy-preserving attribute-based authentication system for mobile health networks[J]. IEEE Transactions on Mobile Computing, 2013, 13(9): 1927-1941.

[9] NIU B, LI Q, ZHU X, et al. Achieving k-anonymity in privacy-aware location-based services[C]//IEEE INFOCOM 2014-IEEE Conference on Computer Communications. 2014: 754-762.

[10] LIU J, ZHANG C, FANG Y. EPIC: a differential privacy framework to defend smart homes against Internet traffic analysis[J]. IEEE Internet of Things Journal, 2018, 5(2): 1206-1217.

[11] NAGHIZADE E, BAILEY J, KULIK L, et al. Challenges of differentially private release of data under an open-world assumption[C]//Proceedings of the 29th International Conference on Scientific and Statistical Database Management. 2017: 27.

[12] CHIANG M, ZHANG T. Fog and IoT: an overview of research opportunities[J]. IEEE Internet of Things Journal, 2016, 6(3): 854-864.

[13] LIU Z, HUANG X, HU Z, et al. On emerging family of elliptic curves to secure internet of things: Ecc comes of age[J]. IEEE Transactions on Dependable and Secure Computing, 2017, 14(3): 237–248.

[14] LIU J, LU Y H. Energy savings in privacy-preserving computation offloading with protection by homomorphic encryption[C]//Proceedings of the 2010 International Conference on Power Aware Computing and Systems, HotPower. 2010: 1-7.

[15] XU J, CHEN L, REN S. Online learning for offloading and autoscaling in energy harvesting mobile edge computing[J]. IEEE Transactions on Cognitive Communications and Networking, 2017, 3(3): 361-373.

[16] LIU X, LIU K, GUO L, et al. A game-theoretic approach for achieving k-anonymity in location based services[C]// 2013 Proceedings IEEE INFOCOM. 2013: 2985-2993.

[17] WANG J, CAI Z, LI Y, et al. Protecting query privacy with differentially private k-anonymity in location-based services[J]. Personal and Ubiquitous Computing, 2018, 22(3): 453-469.

[18] XIAO Y, XIONG L. Protecting locations with differential privacy under temporal correlations[C]//Proceedings of the 22nd ACM SIGSAC Conference on Computer and Communications Security. 2015: 1298-1309.

[19] JIANG K, SHAO D, BRESSAN S, et al. Publishing trajectories with differential privacy guarantees[C]// Proceedingsof the 25th International Conference on Scientific and Statistical Database Management. 2013: 12.

[20] SHI D, DING J, ERRAPOTU S M, et al. Deep Q-network based route scheduling for TNC vehicles with passengers' location differential privacy[J]. IEEE Internet of Things Journal, 2019.

[21] HE X, JIN R, DAI H. Deep PDS-learning for privacy-aware offloading in MEC-enabled IoT[J]. IEEE Internet of Things Journal, 2018.

[22] XIAO L, SHENG G, LIU S, et al. Deep reinforcement learning enabled secure visible light communication against eavesdropping[J]. IEEE Transactions on Communications, 2019.

[23] SUTTON R, BARTO A. Reinforcement Learning: An Introduction[M]. MIT Press, 1998.

[24] XIAO L, WAN X Y, DAI C H, et al. Security in mobile edge caching with reinforcement learning[J]. IEEE Wireless Communications, 2018, 25(3): 1-7.

[25] QIU X Y, LIU L B, CHEN W H, et al. Online deep reinforcement learning for computation offloading in blockchain-empowered mobile edge computing[J]. IEEE Transactions on Vehicular Technology, 2019, 68(8): 8050-8062.

[26] XIAO L, LI Y D, HUANG X L, et al. Cloud-based malware detection game for mobile device with offloading[J]. IEEE Transactions on Mobile Computing, 2017, 16(10): 2742-2750.

[27] XIAO L, XIE C X, MIN M H, et al. User-centric view of unmanned aerial vehicle transmission against smart attacks[J]. IEEE Transactions on Vehicular Technology, 2018, 67(4): 3420-3430.

[28] LIU W, CAO J, YANG L, et al. Appbooster: boosting the performanceof interactive mobile applications with computation offloading andparameter tuning[J]. IEEE Trans Parallel Distrib Syst, 2017, 28(6): 1593-1606.

[29] GOLREZAEI N, MOLISCH A, DIMAKIS A, et al. Femtocaching anddevice-to-device collaboration: a new architecture for wireless videodistribution[J]. IEEE Commun Mag, 2013, 51(4): 142-149.

[30] ASUQUO P, CRUICKSHANK H, MORLEY J, et al. Security and privacy in location-based services for vehicular and mobile communications: An overview, challenges and countermeasures[J]. IEEE Internet of Things, 2018, 5(6): 4778-4802.

[31] XIAO L, ZHUANG W, ZHOU S, et al. Learning-based VANET Communication and Security Techniques[M]. Springer, 2019.

[32] ANDRES M, BORDENABE N, CHATZIKOKOLAKIS K, et al. Geo-indistinguishability: differential privacy for location-based systems[C]//ACM Conf. Computer and Commun Security (CCS'13). 2013.

[33] SHOKRI R. Privacy games: optimal user-centric data obfuscation[C]//Privacy Enhancing Technologies (PET'15). 2015.

[34] GOTZ M, NATH S, GEHRKE J. Maskit: privately releasing user context streams for personalized mobile applications[J]. ACM SIGMOD Int. Conf Management of Data, 2012: 289-300.

[35] WANG W, ZHANG Q. A stochastic game for privacy preserving context sensing on mobile phone[C]// IEEE INFOCOM 2014-IEEE Conference on Computer Communications. 2014: 2328-2336.

[36] ZUO H, ZHANG G, PEDRYCZ W, et al. Fuzzy regression transfer learning in takagi–sugeno fuzzy models[J]. IEEE Transactions on Fuzzy Systems, 2017, 25(6): 1795-1807.

[37] Min M, WAN X, XIAO L, et al. Learning-based privacy-aware offloading for healthcare iot with energy harvesting[J]. IEEE Internet of Things Journal, 2019, 6(3): 4307-4316.

[38] CHEN X, JIAO L, LI W, et al. Efficient multi-user computation offloading for mobile-edge cloud computing[J]. IEEE/ACM Transactions on Networking, 2015, 24(5): 2795-2808.

[39] ZHANG W, WEN Y, GUAN K, et al. Energy-optimal mobile cloud computing under stochastic wireless channel[J]. IEEE Transactions on Wireless Communications, 2013, 12(9): 4569-4581.

[40] HE X, LIU J, JIN R, et al. Privacy-aware offloading in mobile-edge computing[C]//GLOBECOM 2017-2017 IEEE Global Communications Conference. 2017: 1-6.

[41] JIN C, ALLEN-ZHU Z, BUBECK S, et al. Is q-learning provably efficient[C]//Advances in Neural Information Processing Systems. 2018: 4863-4873.

[42] MNIH V, KAVUKCUOGLU K, SILVER D, et al. Human-level control through deep reinforcement learning[J]. Nature, 2015, 518(7540): 529.

[43] WANG W, MIN M, XIAO L, et al. Protecting Semantic Trajectory Privacy for VANET with Reinforcement Learning[C]// IEEE International Conference on Communications (ICC'19). 2019: 1-5.

智能攻防研究

张超

清华大学网络科学与网络空间研究院

摘　要： 当前网络攻防对安全人员能力要求极高。自动攻防技术的提出，为解决这一制约指明了方向，逐渐成为国际前沿研究热点。自动网络攻防对于网络空间安全战略平衡至关重要，其核心是自动挖掘漏洞、利用漏洞发起攻击和缓解漏洞进行防御，以及积累漏洞等战略资源。近年来，人工智能技术在图像和语音识别、机器翻译、游戏决策等领域取得重大进展，在特征提取、知识构建、经验描述等方面展现出了巨大优势，也为自动攻防提供了重要的突破口。应用人工智能技术实现智能攻防，重点解决攻防对象表示、攻防经验表示、攻防小样本学习等关键问题，实现智能漏洞挖掘、漏洞利用与缓解，可以显著提升网络攻防的自动和智能水平，对维护网络空间安全具有重要意义。

■ 一　背景

在网络安全领域，Lockheed-Martin（洛克希德·马丁）公司提出了著名的网络攻防杀伤链理论，描述了网络入侵的基本流程。该理论表明，网络攻防的一个核心是发掘目标的漏洞，并针对漏洞编写利用工具，然后以不同方式在目标上触发该利用工具，通过漏洞获取目标的控制权，进而植入恶意代码、部署 C&C 远程控制工具、实施窃密/破坏/拒绝服务/攻击跳板等攻击行为。攻击方的核心任务是挖掘未修补漏洞并编写漏洞利用工具，相应地，防守方的核心任务是挖掘未知 0 day 漏洞或者发现已被利用的 1day 漏洞，并针对性地打补丁或者升级防护措施。漏洞的挖掘、利用及防御，是网络攻防的首要任务。

"没有网络安全，就没有国家安全。"随着信息化的逐步推进，万物互联逐步成为现实，未来冲突的第一个爆发点很大概率是网络空间。网络攻防是发生在网络空间的冲突，对网络空间甚至物理空间的安全性至关重要。围绕漏洞的网络攻防经过几十年的发展，形成了一个动态博弈的军备竞赛。

网络攻防发展态势如图 1 所示，目前主流的网络攻防是机器辅助的形式，主要依靠安全人员的经验和能力，拥有熟练攻防技巧的安全分析人员借助工具来实施攻防行为。这种模式无法应对网络空间的快速增长，也无法快速响应潜在的突发威胁。自动攻防成为新的赛道，部分国家将其作为重点战略方向，催生了大量研究成果和团队。

"人工智能是引领新一轮科技革命和产业变革的战略性技术。"在移动互联网、大数据、超级计算、传感网、脑科学等新理论新技术以及经济社会发展强烈需求的共同驱动下，人工智能的发展进入了新的阶段。当前，新一代人工智能相关学科发展、理论建模、技术创新、软硬件升级等整体推进，正在引发链式突破，推动各领域向智能加速跃升。最新的前沿研究表明，智能网络攻防通过应用人工智能技术、改进人工智能技术为网络攻防赋能，实现自动、批量化和持续化智能对抗，可以突破安全分析人员能力及数量的约束。智能对抗是未来网络空间竞争的必经之路。

机器辅助　　　　　自动化　　　　　智能化

图 1　网络攻防发展态势

1.1　机器辅助攻防

传统网络攻防主要依靠安全人员的经验和能力，机器起辅助作用。以著名的 DEFCON CTF 攻防对抗赛事为例，比赛时长 3 天，每个队伍约 10 人，共同分析 10 余个有漏洞的服务，任务包括：挖掘服务的漏洞、攻击对手的服务、对自己服务打补丁。这一赛事同时对参赛选手的智力和体力进行考验，参赛队伍通常需要通宵达旦分析程序，但是仍然无法完成相当一部分任务。另外，以针对真实程序的 Pwn2Own 比赛为例，参赛选手通常需要几个月的时间挖掘目标程序的未知漏洞，并编写漏洞利用工具绕过层层防御，实现对目标程序的控制。国内近年来在 CTF（Capture The Flag）比赛和人才培养方面也进行了大量探索，其中蓝莲花与 0ops 联合战队获得了 2016 年 DEFCON CTF 第二名，是该赛事迄今为止国内最优成绩，但是与国际强队之间仍存在一定的差距。

传统网络攻防正面临着几个重大的挑战：①攻防博弈技术不断升级迭代，攻防门槛不断提高，人才培养难度和周期变大；②网络空间规模快速增长，攻防目标指数级增长，人力资源无法跟上；③网络突发威胁变幻莫测，快速响应难度增大。随着网络空间的持续扩大和复杂化、网络空间的经济政治价值越来越高，以及国家之间、组织之间对抗的升级，传统的以人为主、机器为辅的对抗模式已经无法满足现代网络安全防御的需求。网络攻防的自动化成为一个必然的趋势。

1.2　自动攻防

2014 年 3 月 1 日，美国国防部 DARPA（Defense Advanced Research Projects Agency）启动了计算机超级大挑战项目——CGC（Cyber Grand Challenge）项目，目标是实现自动攻防系统；2016 年 8 月 4 日，该项目历时两年多正式结束。CGC 项目资助了来自学术界和工业界的 100 多支队伍成功研制出了 7 个原型机器，支持全自动程序分析、漏洞挖掘、漏洞利用及防护等网络攻防的核心任务，在自动网络攻防方向迈出了人类历史上的第一步。华人学者张超博士、李康教授分别带队参加了 CGC 项目，取得了突出的成绩。

CGC 作为自动攻防方向划时代的第一个项目，吸引了来自全球的安全研究人员的关注。CGC 项目结束之后，美国政府后续通过 NSF 及国防部多个重大项目，对多支参赛队伍进行了持续资助。全球多支研究团队在自动攻防方向展开了跟踪研究，CGC 项目结束之后的两年时间内，相关研究成果成倍增长。例如，在自动漏洞挖掘方面，近两年网络与系统安全国际四大顶级会议中每年发表论文 20 多篇，接近总文章数目的 $\frac{1}{10}$；在自动漏洞利用方面，近两年四大顶级会议共发表论文近 10 篇，超过过去所有年份的相关论文数量之和。

正如CGC比赛结果显示，自动攻防仍然面临众多挑战。例如，自动漏洞利用仍然基于已知的攻防技巧。类似于棋谱一样，攻防技巧难以枚举，且无法应对动态变化的场景做出动态决策，因而效果有限。但是，也正如CGC比赛所展示的，当前自动攻防尚未应用人工智能技术，存在极大提升空间。

1.3 智能网络攻防

近年来，人工智能技术在不同的应用领域（如图像识别、人脸识别、语音识别、机器翻译等）取得了极大的进展。研究人员发现，人工智能技术可以有效改进网络攻防技术。加州大学的研究人员在2014年提出了基于RNN的二进制函数边界识别，表明了人工智能技术可以有效增强网络攻防的基础——程序分析技术。微软等公司研究人员在2017年提出了基于LSTM的智能漏洞挖掘方案，有效提升了对复杂对象的漏洞挖掘能力。Intel的研究人员在2018年提出了基于硬件特性和RNN的漏洞利用检测方案，验证了智能防御的可行性。国内学者如张超、陈恺、纪守领、邹德清等研究团队也分别提出了智能化解决方案。

利用人工智能技术赋能网络安全攻防，可以颠覆传统的网络安全攻防模式，突破传统安全攻防对高端安全人才的依赖，实现网络安全对抗批量化、自动、智能，抢占网络空间安全的战略制高点。因而，探索智能网络攻防技术，具有十分重要的意义。

然而，智能网络攻防仍处于初步探索状态，存在许多问题有待解决。例如，攻防任务的目标是程序，不同于图像语音等目标，那么如何对其进行适当表示，以适应现有的人工智能技术？网络攻防需要特定的领域知识，那么如何表达这些攻防经验和领域知识，使机器能够自动甚至智能地执行攻防任务？现有的深度学习等人工智能技术依赖于大量的训练样本，而网络攻防领域的样本稀缺，如何解决小样本训练的难题？这些都是亟待探索的关键问题。

■ 二 关键科学问题与挑战

（1）攻防对象的表示问题

不同于图像识别、语音识别等应用场景的目标，网络攻防的主要目标是程序。而程序分析中常见的是高维非欧数据，如代码的抽象语法树、控制流图等，经典的人工智能技术无法对这些数据进行有效处理。如何对这些攻防对象进行适当的表示，是决定人工智能技术能否有效应用到网络攻防的重要因素。

（2）攻防经验的表示问题

网络攻防存在一些指导性原则或者经验。例如，如果攻击者数据可以控制敏感变量或者敏感操作，那么存在一条攻击路径。然而，当前攻防经验是零散不成体系的，缺少系统化方案来表示攻防经验，缺少机器可理解的表达形式，限制了网络攻防的自动程度。如何表示攻防经验，使机器可以自主推理、自主动态决策，找到攻防解决方案，是需要解决的另一个关键科学问题。

（3）攻防小样本学习问题

不同于图像识别、语音识别等应用场景，网络攻防场景下的攻防数据非常稀缺，因而会影响当前流行的深度学习技术的效果。不同于图像识别等标识任务，攻防相关数据的标识需要大量的专业知识，通过人工标识攻防相关数据的可行性极低。如何降低攻防相关分析任务对训练数据的依赖性，以及如何持续性自动生成新的训练样本，是解决攻防小样本学习难题必须解决的问题。

三 国内外相关工作

网络攻防的几个核心任务是漏洞挖掘、漏洞利用、漏洞防御，而支撑上述几个任务的重要基础是二进制程序分析。此外，智能网络攻防依赖于人工智能技术，各国也制定实施了一系列的政策规划来保障其实施。下面分别介绍这几个方面在国内外的研究现状。

3.1 国内外主要规划与政策

以美国为首的世界主要国家先后制定了智能网络攻防的相应规划。2016 年 2 月 6 日发布的《美国联邦网络空间安全研发战略计划》中明确提出，要利用自治系统等新兴技术确保网络空间的威慑力、防护力、检测力和适应力 4 个安全要素。而 2016 年 10 月 13 日发布的《美国国家人工智能研究与发展战略规划》中，着重强调要利用人工智能增强国家和国土安全，并将安全可靠作为人工智能优先发展的战略方向。2019 年 2 月 12 日，紧随"美国人工智能计划"的启动，美国国防部发布了《2018 年国防部人工智能战略摘要——利用人工智能促进安全与繁荣》报告，再次突出了利用人工智能支撑网络安全和国家安全的重要性。

为了支撑人工智能与安全研究，国外搭建了若干科研实验平台，采集相关数据，并支持协调安全分析。2006 年，美国建立了 DETERLab 共享平台，为网络安全研究人员、公司及政府提供网络安全技术创新的研究、开发、探索、实验及测试环境，是目前最大的网络安全科研设施。2016 年，新加坡 NCL 实验室开始建设与 DETERLab 类似的平台。

我国也高度重视人工智能与安全问题。2016 年《国家网络空间安全战略》中明确了建设网络强国的战略目标，提出了"没有网络安全，就没有国家安全"的理念。2017 年发布的"科技创新 2030—重大项目"同时将网络空间安全以及人工智能列入。2017 年国务院发布的《新一代人工智能发展规划》中明确提出三步走的战略目标，指出人工智能是引领未来的战略性技术，必须把人工智能发展放在国家战略层面系统布局，主动规划，牢牢把握人工智能发展新阶段国际竞争的战略主动，打造竞争新优势、开拓发展空间，以人工智能提升国家综合国力，有效维护和保障国家安全。

3.2 漏洞挖掘研究

漏洞挖掘是网络攻防的核心任务之一，攻防双方共同关注的问题。自 20 世纪 70 年代美国发起 Protection Analysis Project 研究计划以来，人们围绕软件漏洞挖掘问题提出了各种各样的解决方法，逐渐形成了以静态分析、模糊测试符号执行、智能探索等程序分析技术为代表的漏洞挖掘方法。

（1）静态分析

基于代码（源代码或者二进制代码）的静态分析是一类经典的漏洞挖掘技术，在不运行目标程序的情况下分析代码中潜在的漏洞。静态分析通常通过词法、语法、语义等分析抽象出程序（中间）表示，进一步结合数据流分析、控制流分析等技术识别代码缺陷位置，再验证漏洞存在与否。此外，可能根据一定的安全规则来进行检测，如代码中是否使用 strcpy 等不安全的函数等。代表性的研究工作包括 RICH[1]、BOON[2]、CodeSurfer[3]、Pixy[4]、LCLint[5] 等。文献[6-7]的工作是最新的研究进展。

由于缺少运行时信息，静态分析中存在众多难题，如指针指向分析、别名分析（Alias Analysis）等，严重制约着静态分析的结果准确性。采用静态分析技术进行漏洞挖掘时，容易产生大量的误报和漏报，后续通常需要人工介入等方式对候选漏洞进行深入分析，导致漏洞挖掘效率低。

（2）模糊测试

模糊测试是一种通过为目标软件提供非预期输入，并监视软件执行是否出现安全违例的方式来进行漏洞挖掘的动态测试方法。模糊测试在软件测试和漏洞挖掘中具有非常重要的地位，已成为工业界应用最广泛的漏洞挖掘方案。其原理简单，易于实现及定制，因而极受欢迎。

测试用例生成方法决定了其漏洞挖掘的效率，是模糊测试研究中的难点。经过多年研究，逐渐形成了盲目随机的测试用例生成方法[8-9]（代表性工具有 zzuf 等）、基于输入结构信息的测试用例生成方法[10]（代表性工具有 Peach、Sulley 等）、基于污点分析技术的测试用例生成方法[11-12]以及基于变异的测试用例生成方法（代表性工具有 honggfuzz、AFL 以及 libfuzzer 等）。

其中，基于变异的测试用例生成方法不依赖于程序源码或者输入格式等知识，具有最佳的可扩展性，是目前最主流的漏洞挖掘方法。但是，由于变异的随机性，变异生成的测试用例通常不符合程序预期，无法执行特定的程序路径（如校验和等），导致代码覆盖率低等问题。AFL 等代表性工具以代码覆盖率为进化目标，提出了一种覆盖率制导的进化算法，在实践中取得了很好的效果。覆盖率制导的模糊测试核心研究内容包括：种子生成、种子挑选排序、种子变异等。研究人员在此基础上提出了大量的改进方法。

在种子生成方面，Skyfire[13]通过学习正常样本，推断出一个概率上下文无关文法，可以指导测试用例生成；IMF[14]通过学习 API 测试序列的参数依赖、位置依赖等，提取 API 依赖关系，并指导 API 测试序列生成；DIFUSE[15]通过静态分析构造合法的输入对内核驱动进行测试。

在种子挑选排序方面，AFLfast[16]优先挑选变异较少的种子，VUzzer[17]优先挑选路径比较深的种子，AFLgo[18]优先挑选离目标待测点更近的种子，FairFuzz[19]优先挑选执行稀缺代码的种子，QTEP[20]优先挑选触发更多敏感代码的种子。Honggfuzz 和 Libfuzzer 还引入了一个数据流特征——分支语句的操作数匹配度，优先挑选更满足分支约束的种子，都取得了不错的效果。

在种子变异方面，VUzzer[17]通过污点分析识别记录需要变异的字节以及变异的目标值。REDQUEEN[21]通过识别输入中被程序原封不动直接用于条件比较的字节，进而指导更高效的变异，绕过校验和、magic number 等检查。FairFuzz[19]通过测试记录不应该变异的字节，从而控制变异的范围。ProFuzzer[22]通过监控测试过程中分支的变化情况，识别输入字段类型，指导字段变异。Driller[23]、QSYM[24]则通过符号执行来生成测试用例，突破模糊测试难以探索的瓶颈分支。

国内学者张超博士团队提出的控制流敏感模糊测试方案 CollAFL[25]消除了测试过程中覆盖率跟踪面临的哈希碰撞问题，并优先挑选未探索邻居分支数量最多的种子，在 20 多个软件中发现 150 多个未知漏洞，获得 95 个 CVE 漏洞编号，包含 9 个任意代码执行漏洞，该工作发表在 IEEE S&P 2018 上。其团队进一步提出了数据流敏感的模糊测试方案 GreyOne，通过轻量级的污点分析以及数据匹配度分析，精确指导模糊测试的变异位置及变异取值，可以有效提升代码覆盖率和漏洞触发能力，相比 CollAFL 进一步提升了漏洞挖掘的能力，在 13 个软件中发现了 105 个未知漏洞，相关成果被 USENIX Security 2020 录用。

（3）符号执行

基于符号执行和约束求解来生成测试用例[26-29]是另外一类流行的漏洞挖掘方法，代表性工具包括 KLEE[27]、S2E[30]、SAGE[31]以及 SpringField 等。符号执行技术通过遍历程序执行路径，运用符号执行对目标程序进行"解释"执行，计算各变量的符号表达式，并采集程序路径约束表达式、漏洞条件约束表达式，最终通过约束求解器求解生成样本。

国内学者张超博士团队提出的 HOTracer[32]通过对程序执行轨迹进行深入的离线分析，构建堆溢出漏洞的模型，采用符号执行方法挖掘其中潜藏的堆溢出漏洞。例如，该方案通过分析 Word 程序的一个已知漏洞 PoC，在同一条路径中发现了两个潜藏的漏洞，弥补了模糊测试等漏洞挖掘方案的盲目随机性缺陷。该工作发表在 USENIX Security 2017 上。

符号执行技术可以进行推理，且理论完备，可靠性高，因而在学术界得到了广泛的研究。然而符号执行技术在工业界中应用很少，主要是由于其存在两个重要的局限：程序路径数量爆炸导致符号执行分析任务难以扩展，而单路径的约束表达式可能过于复杂导致无法求解。

（4）智能探索

研究人员在早期提出了几种传统的机器学习方案，通过刻画漏洞特征来挖掘潜在漏洞。Engler 等[33]提出了基于程序代码行为异常挖掘漏洞的方法，通过数据挖掘、统计分析等方法发现程序中的异常。Grieco 等提出的方案 VDISCOVER[34-35]，通过收集代码的静态特征及运行时的特征（如 API 调用序列），使用机器学习的方法训练分类器，并预测新代码中潜在的漏洞。Scandariato 等提出的方案[36-37]，则通过分析源代码或者漏洞描述的文本，采用机器学习来预测新的漏洞。Meng 等提出的方案[38-40]则通过机器学习分析代码相似性来预测其他代码中类似的漏洞。

基于机器学习的漏洞挖掘方案，通常需要首先定义漏洞的特征，然后通过机器学习算法训练得到一个分类器。然而，漏洞的成因非常复杂，难以定义其本质特征，因而这一类方案的准确性通常不高。此外，机器学习的方法即使正确预测了漏洞的存在，通常也无法生成测试用例来验证漏洞的真实性。

相比机器学习方案，深度学习可以自主学习的特征，更适用于分析漏洞等复杂的问题。近两年，有多个基于深度学习的漏洞挖掘方案被陆续提出，大多是通过辅助模糊测试，来提升漏洞挖掘的效率。2017 年 Learn&Fuzz[41]方案通过 RNN 学习合法输入的格式，生成一个种子生成模型，进而生成有效测试用例进行模糊测试。2017 年文献[42]的方案通过 DNN 预测敏感输入字节，对测试用例变异位置进行排序。此外，2017 年文献[43]的方案通过生成式对抗网络（GAN）来生成种子，扩充模糊测试的种子池。2018 年文献[44]的方案通过利用强化学习对种子变异策略进行排序，优先选择更高效的种子变异方案。NEUZZ[45]通过构建神经网络模拟程序输入与代码覆盖率之间的映射关系，进而通过梯度下降算法，生成新的程序输入作为种子驱动模糊测试，取得了不错的效果。此外，2018 年华中科技大学邹德清教授团队的 VulDeePecker[46]工作通过对源码进行嵌入，训练一个 DNN 模型预测代码片段是否包含漏洞。

3.3　漏洞利用研究

漏洞利用是网络攻防中最具挑战性的一个环节。如何通过触发程序中潜藏的漏洞，并利用漏洞的能力篡改程序的执行状态，实现攻击者的意图，是长期困扰研究人员的一个问题。漏洞利用过程与围棋等有相似之处，攻击者需要动态决策，针对漏洞条件、程序运行时执行的上下文等决定下一步的输入，驱使程序进入特定的状态。如何自动实现这一过程，是当前的研究热点和难点。

这一方向的研究挑战性极大。自第一次有相关工作的论文发表，在随后的 8 年中，相关工作的论文发表不到 10 篇。而在 2016 年 CGC 挑战赛结束之后，近年来相关研究出现井喷现象。国内学者张超博士团队在此方向取得了突出的成果。

（1）国外研究

自动漏洞利用的研究方兴未艾。2008 年，Brumley 等[47]首次提出了基于二进制补丁比较的漏洞利用自动生成方法 APEG。Avgerinos 等[48]首次提出了一种有效的漏洞自动挖掘和利用方法 AEG。Cha 等[49]在 2012 年的 IEEE S&P 会议上提出了基于二进制程序的漏洞利用自动生成方法 Mayhem。Wang 等[50]针对控制流劫持类漏洞提出了一种多样性利用样本自动生成方法 PolyAEG。Hu 等[51]在 2015 年 USENIX Security 会议上首次提出了一种面向数据流利用的自动构造方法 FlowStitch。

美国国防部 DARPA 于 2014 年发起了为期两年的自动攻防竞赛 CGC，旨在推动安全研究人员对自动二进制程序分析、漏洞挖掘、漏洞利用及防护技术展开研究，其中最核心的难点是自动漏洞利用技术。CGC 竞赛吸引了全球优秀高校和公司的共 104 支队伍参与，包括 CMU 大学、UC Berkeley 大学、UCSB 大学、GaTech 大学、美国雷神公司、GrammaTech 安全公司等。最终，7 支决赛队伍综合了当前最先进的程序分析等技术，开发了自动程序分析平台，支持自动漏洞利用等。华人学者张超博士在美国工作期间带队设计开发了自动攻防原型系统 Galactica，获得了 CGC 初赛防御第一名和决赛攻击第二名的优异成绩。

美国加州大学圣塔芭芭拉分校（UCSB）的研究人员公开了他们 CGC 自动利用生成框架 Rex，该框架以一个二进制程序文件和造成程序崩溃的概念验证（PoC，Proof of Concept）为输入，最终输出一个可以成功利用的 C 代码文件。Rex 的底层使用了 Angr 这一符号执行引擎作为二进制程序的分析工具，在进行混合符号执行（Concolic Execution）到达漏洞点后，通过寄存器的状态来判断漏洞类型，并根据当前的内存布局生成对应的利用脚本。这种为 CGC 比赛所开发的通用漏洞生成框架，在复杂的真实环境中局限性比较大，成功率非常低。

CGC 初步证实了自动漏洞利用的可行性，仍然留下许多问题有待解决。现阶段的自动技术基于现有程序分析技术的融合，面临很多挑战，智能程度低。在 CGC 竞赛之后，研究人员分别提出了一些改进方案。Bao 等[52]提出了自动替换攻击样本中的攻击载荷的方案 ShellSwap，把已经成型的利用作为输入，通过程序分析的方式，识别其中注入的 shellcode

代码，并将其替换成不同架构的 shellcode，从而达到将利用适配到不同架构的相同应用上的效果。而 Shoshitaishvili[53]提出了用人工辅助的人机交互攻防系统。2018 年提出的 Fuze[54]方案，能够将一个内核中的释放后使用（UAF，Use after Free）漏洞 PoC 样本转换成利用脚本。

（2）国内研究

在漏洞自动利用方面，国内也有相关团队展开了研究，包括清华大学、中国科学院软件研究所、中国科学院信息工程研究所等单位分别进行了一些探索研究。中国科学院软件研究所苏璞睿团队在自动利用以及漏洞可利用性方面开展了深入的研究。其团队针对控制流劫持类漏洞提出了一套多样性利用样本自动生成方法 PolyAEG[50]。另外，其团队针对漏洞可利用性也进行了深入的分析，在对堆溢出漏洞可利用分析方面，提出了修复执行的方案进行深度评估堆溢出漏洞的危害和可利用性的方案[55]。中国科学院信息工程研究所陈恺团队与中国人民大学梁斌团队在漏洞触发样本自动生成方面进行了初步尝试研究，提出了基于自动学习 CVE 信息描述，尝试自动生成 PoC 样本触发目标漏洞的方法[56]，在实验中取得了初步的效果。

国内学者张超博士团队于 2018 年提出的 Revery[57]解决了自动漏洞利用中的一个具体挑战：通常漏洞挖掘方案生成的 PoC 样本无法利用，如何从这种样本派生出可利用的攻击样本。它通过定向模糊测试、程序切片和载荷拼接，找到另外一条能够更好地利用漏洞的路径。该工作发表在 CCS 2018 上，并获得了腾讯安全探索论坛第一名突破奖。

3.4 漏洞防御研究

网络攻防中，防守方一个重要的任务是针对漏洞的防御。研究人员提出了多种类型的防御方案，主要可以分为漏洞补丁生成、程序控制数据完整性保护、程序控制流完整性保护等。

（1）漏洞补丁生成

对漏洞打补丁是最直接有效的防御方案。研究人员提出了基于搜索的补丁生成方法、基于穷举的补丁生成方法、基于约束求解的方法。

2009 年，Weimer 等[58-61]提出了 GenProg 等算法，通过对程序的抽象语法树进行节点插入、删除或者替换操作，生成新的抽象语法树，并还原为候选的补丁，在测试用例集上验证修复是否成功，如果不成功，则继续搜索下一个抽象语法树。其后，研究人员进一步改进了 GenProg 中的候选错误定位、候选补丁搜索方法，分别提出了 RSRepair[62-64]等基于搜索的补丁生成方案。

基于穷举的补丁生成方案通过一定的策略穷举可能的补丁方案。2010 年文献[65]的方案通过程序变异（类似于模糊测试中的输入变异），对程序进行细微的修改（如更改操作数大小、改变操作符、改变判断条件等），生成候选的补丁。2015 年文献[66]的方案通过删除语句、修改条件语句的 true/false 结果、提前返回函数等步骤，验证修复算法的风险。

2012 年提出的 StemFix 方案[67]是第一个基于约束求解的方案，它通过对测试用例集提取约束，并应用约束求解器生成补丁。2014 年提出的 Nopol 方案[68-69]对一类特殊的错误（条件判断语句缺失或者条件判断错误）生成补丁，其搜索空间相比 StemFix 小很多，准确率也有所提高。

Kim 等[70]提出通过学习已知的补丁模板，可以减少 GenProg 中候选补丁的空间，提升补丁准确性。Long 等[71]在 2016 年提出了 Prophet，通过学习已知补丁的模式，预测候选补丁的正确概率，优先测试最有可能成功的补丁。其在 2017 年进一步提出了 Genesis[72]方案，通过学习已知补丁的模式，提炼出补丁的抽象语法树转化方法模板，并应用这些模板生成候选的补丁，进一步采用特殊的补丁空间遍历算法，高效筛选正确的补丁。

在智能探索方面，研究人员提出了采用人工智能技术学习补丁，并基于人工智能技术生成补丁。Gupta 等[73]在 2017 年 AAAI 会议上提出了 DeepFix 方案，通过对补丁前和补丁后的源码程序的指令序列及位置进行编码得到两个序列，进而构建并训练一个由多层 seq2seq 神经网络及注意力机制构成的网络，生成程序中的错误位置及补丁语句，进而通过一个预言机（如编译器）来判定补丁好坏。Gupta 等[74]在 2018 年进一步提出了基于深度强化学习的方案，该方案通过将程序表示为 token 序列，把补丁修补表示为 token 定位及 token 编辑操作（Action），把预言机（如编译器）输出的错误数目作为奖励（Reward），进一步提高了 DeepFix 的准确率。这两个方案只支持源码程序打补丁，且只能修复语法错误等，无法修复安全漏洞。Harer 等[75]在 2018 年提出了基于生成式对抗网络（GAN）的方案，通过训练鉴别器 Discriminator 识别未修复版本和已修复版本，以及生成器 Generator 对输入的漏洞程序生成候选补丁。

（2）程序控制数据完整性保护

控制数据指那些能够被读入指令寄存器中的数据，在 X86 架构 Windows 平台中，包括函数返回指令（ret）的跳转目标——函数返回地址，调用指令（call）和跳转指令（jmp）的跳转目标——函数指针，以及系统中用到的异常处理器（Exception Handler）等。攻击者通常篡改这些控制数据实现攻击目标。

针对函数返回地址保护的第一个方案是 StackGuard[76]，通过在函数返回地址之前插入 Canary 并检测其完整性，实现对返回地址的检测。Vendicator 设计的 StackShield 影子栈方案，通过在影子栈维护一个安全的返回地址复制，检测返回地址篡改。

针对异常处理器的代表性保护方案是 SafeSEH 和 SEHOP，通过编译时备份异常处理器（存储在 PE 格式可执行文件的文件头中），在运行时检查异常处理器合法性来检测 SEH 攻击；或者通过检测 SHE 链条合法性来检测 SHE 篡改攻击。

针对函数指针的一个代表性防护方案是 Etoh 和 Yoda 设计的 ProPolice，又称 SSP（Stack Smashing Protection），通过调整栈上数据布局，将函数指针与危险的 buffer 隔离开，实现一定程度的保护；另一个代表性方案是 PointGuard[77]，通过对指针进行加密保护，防止被攻击者篡改。CPI 方案[78]通过将敏感指针放入安全区，进而限制程序中的内存访问，只允许部分合法的安全指令访问敏感的指针。

（3）程序控制流完整性保护

Abadi 等[79]在 2005 年引入了控制流完整性（CFI，Control Flow Integrity）这一防护策略。它的基本思想是：限制程序运行时的控制流符合程序员编写的代码的真实意图。而程序员的意图可以通过编译时的控制流图（CFG，Control Flow Graph）描述。因而，控制流完整性保护方案实质是在运行时确保其控制流符合静态的控制流图。CFI 提供了一个强大的安全防护，它的完备性可被形式化证明[80]。它可以防御所有的控制流劫持攻击，包括大量的 shellcode 注入攻击以及高级的 return-to-libc 和 ROP 攻击等。同时，CFI 可以作为其他的防护机制的基础模块[81]，提供更多的防护。

然而，要实现一个完备的控制流完整性保护机制并不容易。Abadi 等的方案中存在一些局限：它依赖于目标程序的源代码信息，无法对单个模块进行部署，加固的模块无法与未加固模块衔接等；而且它依赖于静态分析技术构建完备的控制流图，而这是一个经典难题。另外，它的平均性能损失达到 15%，难以被工业界采纳。Liu 等[82]提出了一个二进制程序控制流完整性保护方案，但该方案依赖于对二进制程序的反汇编、植入及再编译，容易引起兼容性问题。

国内学者张超博士团队围绕控制流完整性保护展开了深入研究，提出了多个防护方案。其提出的 CCFIR 方案[83]，通过二进制改写，对每个间接跳转指令的跳转目标进行检查，限定其必须落入特定的代码区域。该方案发表在 IEEE S&P 2013 上，是 2013 年 10 篇最高引用安全论文之一。FPGate 方案[84]获得微软 BlueHat 防御竞赛特别提名奖，推动微软在 Windows 10 操作系统中部署 CFG 方案。传统的 CFI 方案无法对动态生成的代码（如 JIT 代码）提供保护，其团队继续提出了基于源码改写的 JITScope[85]方案（发表在 INFOCOM 2015）以及基于进程隔离的 DCG[86]方案（发表在 NDSS 2015）。此外，传统的 CFI 方案提供的安全防护是粗粒度的，无法对近年来流行的虚函数劫持攻击提供细粒度的防护。其团队相继提出了 VTint[87]和 VTrust[88]方案，分别针对二进制程序以及源码程序提供防护，限制虚函数表为只读，以及对虚函数类型进行匹配。这两个方案分别发表在 NDSS 2015 及 NDSS 2016 上。

■ 四　创新性解决思路

针对智能攻防的需求和挑战，本文提出了一个新的智能攻防研究框架，具体包括的研究内容以及总体技术路线如下。

（1）研究内容

本文围绕智能攻防的核心任务，重点开展如下 5 方面的研究。

① 智能网络攻防技术。当前的人工智能技术，主要面向图像识别、语音识别、机器翻译等领域，无法有效处理网络攻防的目标程序，无法表达攻防经验。如何拓展现有人工智能技术支撑网络攻防分析，是需要研究的内容。

② 二进制程序智能分析。网络攻防的主要目标是软件/程序，在实际攻防环境中，通常无法获得程序源代码，因而网络攻防研究的主要对象是二进制程序。传统的二进制程序分析主要是基于编译/反编译等理论的，这些技术经过几十年的发展已进入瓶颈期。借助人工智能技术，对二进制程序进行深入分析，支持后续的攻防研究，是一个重要研究内容。

③ 小样本条件下的智能漏洞挖掘。网络攻防的核心要素是漏洞，攻防双方都将漏洞挖掘作为其重点任务。传统的漏洞挖掘方案主要是模糊测试，存在很大改进空间。如何利用人工智能技术改进现有的漏洞挖掘方案，提升漏洞挖掘效率，是值得深入研究的内容。然而，不同于图像识别等应用场景，漏洞资源具有稀缺性，训练样本集规模很小，因而影响传统的深度学习方案的效率。如何在小样本条件下，有效应用人工智能技术提升漏洞挖掘效能，是另一个重要研究内容。

④ 基于知识图谱的攻击生成。自动化攻防最具挑战性的部分是自动化生成攻击。与下

围棋等类似，利用漏洞发起攻击同样需要进行动态决策才能成功。通常而言，漏洞利用过程需要根据漏洞条件、程序执行上下文、防御措施部署情况等众多条件，动态决定如何构造相关输入，控制程序的执行状态，最终绕过防御实现攻击。这一过程极度复杂，很难有固定的"棋谱"可以指导。如何提炼攻击知识，构建攻防领域的知识图谱，并基于这些知识指导机器去智能探索潜在的攻击，是一个核心研究内容，也是最具挑战性和创新性的研究内容。

⑤ 基于攻击知识的主动防御。当前工业界以及学术界研究最多的防御方案，通常是预定义的规则/机制。这种防御十分被动，一旦出现可以绕过它们的新的攻击方式，防守方需要花费很长时间去生成新的防御方案，给攻击者留下很长的攻击窗口。因而，基于新出现的攻击，自动地生成相应的防御方案，在实践中意义重大。如何基于攻击知识，应用人工智能技术，自动生成防御方案，主动快速响应突发威胁，是另外一个核心研究内容。

（2）技术路线

我们基于自身丰富的网络攻防实践经验，对网络攻防任务进行适当的分解，并针对各任务当前解决方案面临的挑战和问题，探索采用人工智能技术突破相关瓶颈或者提升性能。在选择具体的人工智能技术和模型时，我们基于自身前期人工智能研究的认知以及相关研究的成果，针对性地挑选合适的模型；同时对目标网络攻防任务进行适当调整，与人工智能模型联动，取得最佳的实践效果。

首先，我们通过人工定义实体及关系，采用程序分析手段自动提取攻防领域的知识图谱；通过探索数据降维以及图神经网络方法，实现对程序数据的处理，从而拓展人工智能技术，支撑后续的程序分析和网络攻防任务。

然后，采用人工智能技术来突破二进制程序分析的瓶颈，支撑上层网络攻防分析。我们通过应用循环神经网络的序列处理能力，提取代码特征，识别程序内的代码结构；通过提取程序代码的内存访问模式，运用神经网络提取特征，识别程序内的数据结构；通过双向循环神经网络预测输入格式，创新性地结合程序动态测试的反馈信息，构建增量训练数据集，实现程序输入格式的自动识别。

对于漏洞挖掘这一核心任务，我们围绕模糊测试这一当前最流行的漏洞挖掘方案，分析其各环节面临的局限，分别采纳不同的人工智能手段提升其效能。通过生成式对抗网络（GAN）生成符合预期格式的测试用例，提升测试用例有效性及代码覆盖率；通过强化学习（RL）智能选择最优变异策略，提升变异生成的测试用例的质量并提升代码覆盖率；通过循环神经网络的序列处理能力，预测给定路径的脆弱性，并采用定向模糊测试对高价值路径展开深入测试，提升模糊测试的导向性及漏洞挖掘效率；此外，通过蒙特卡洛树搜索算法，智能化调度符号执行技术，高效地探索模糊测试无法触发的瓶颈路径，提升代码覆盖率。

基于提出的人工智能和二进制分析技术，以及漏洞挖掘得到的漏洞信息，我们进一步应用网络攻防知识图谱自动化生成攻击。在模糊测试过程中提取程序正常执行的知识图谱 G1，在复现漏洞样本时提取漏洞能力的知识图谱 G2，在学习已知攻击时从相应知识图谱提取攻击模式 P1；进而采用链接预测补全知识图谱（推演漏洞潜在能力）；最后在补全的知识图谱 G3 中搜索匹配攻击模式 P1 的路径，即可得到候选的攻击路径。此外，我们基于已知的两种具体的攻击知识图谱，分别探索了自动化内存布局以及攻击流量自动重放。

进而，基于漏洞挖掘方案发现的漏洞，以及自动化攻击方案生成的攻击工具，进一步应用人工智能技术进行智能化主动防御。针对已知的漏洞，我们通过训练生成式对抗网络

（GAN）来自动生成补丁，实现自动防御；其中 GAN 的训练数据来源于开源社区大量的补丁信息。针对已知的攻击工具，我们通过训练循环神经网络（RNN），实现攻击流量和正常流量的分类，从而检测潜在的入侵行为。

五 有效性论证

围绕智能网络攻防的核心任务，我们开展了探索研究，在智能程序分析、智能漏洞挖掘方面完成了两个初步工作，证明了智能攻防的可行性。

5.1 跨版本二进制代码相似性判定

分析二进制文件间的差异性，支持补丁分析、恶意代码分析、漏洞搜索等场景应用。例如，在补丁分析场景中，攻击者使用补丁前后两个版本的程序发现已被修补的漏洞或模式上相似的未知漏洞。在恶意代码分析场景中，研究者通过分析不同恶意代码样本间的相似性分类恶意样本家族或建立血统演化关系。在漏洞搜索场景中，研究者搜索与已知漏洞函数相似的函数以达到发现新漏洞的目的。

本节对这一基础的二进制程序分析问题进行了深入研究，提出了基于人工智能技术的分析方案 αDiff，并发表在 ASE 2018 上。实验结果表明，基于人工智能的方案效果优于当前基于规则的分析方案。

（1）方案设计

所提方案接收两个无符号二进制文件作为输入，每个二进制文件可以被看作一组函数的集合，输出两个二进制文件函数间的匹配映射。所提方案使用了三种特征：函数内特征、函数间特征、模块间特征。第一个特征由深度神经网络在机器码层级上识别出，由于数据集无法表征函数的全局特征，后两个特征由现有经验指导提出。

整体 αDiff 方案设计如图 2 所示。

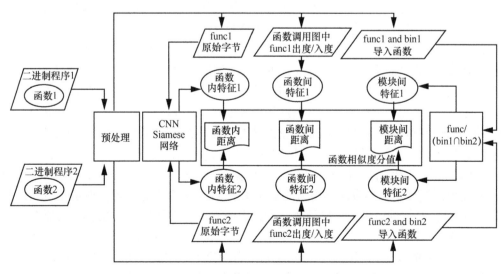

图 2 αDiff 方案设计

其中，第一个特征通过 CNN 进行训练，该 CNN 的参数通过如图 3 所示 Siamese 结构进行训练学习。

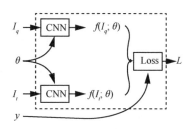

图 3　用于训练 CNN 参数的 Siamese 结构

（2）数据集

实验共收集了两个数据集：① 训练用数据集，同时用于演算预训练模型的准确性和超参实验；② 真实场景下的跨版本二进制代码比对用数据集。

数据集 1

该数据集被用于神经网络模型训练、预训练模型准确性评估。该数据集共包含 66 823 对二进制文件，每一对二进制文件来自同一个源码项目的不同版本。这些数据来源于两部分：一部分是从 GitHub 抓取的源码项目的各个发布版本编译而来；另一部分来源于 Ubuntu 软件源，我们选取了在 Ubuntu 12.04/14.04/16.04 中都存在 dbgsym 独立符号表的软件项目。

这些二进制文件全部是带有符号表的，因此可以用来提供标准答案。我们使用"输入提取器"从这些二进制文件中提取一个函数的机器码、出入度和导入函数调用集合，对每一对文件提取全部的差异函数和少量非差异函数，最终，共提取 2 489 793 个样本（函数对），其中 70.6%是有差异的函数对，29.4%是无差异的函数对。随后，将数据集 1 划分成三个不相交的文件集，分别用于训练（44 526 对文件、 1 665 025 对函数）、验证（11 150 对文件，417 158 对函数）和测试（11 147 对文件、407 610 对函数）。所有这些二进制文件都是 X86 架构下的。在划分过程中，我们保证没有同一对二进制文件被同时划分到两个集合中，这是为了检验模型对未知输入的泛化能力。

数据集 2

为了测试所提方案在实际跨版本场景中的表现，我们创建了两个数据子集：①由于对数据集 1 中的每一对文件只提取了部分函数，这跟真实的场景有差别，因此，对这些文件对重新提取全部的函数样本，最终选择了其中 9 308 对文件，共包含 140 多万个用户定义函数；②选取了 400 对难于比较的二进制文件，形成一个小的测试集，用于跟 BinDiff 比较，该子集共包含 365 374 个函数，其中用户定义函数 176 524 个。

（3）实验准确性

本节使用数据集 2 演算预训练模型和所提完整方法在真实跨版本代码比对场景中的准确性，如表 1 所示。

对于数据集 2 中的每一对二进制文件 BINpre 和 BINpost，对于 BINpre 中的每一个函数，我们使用预训练的模型计算寻找在 BINpost 中与其最相似（距离最小）的前 K 个函数，即 top-K 结果。随后，我们会在这前 K 个结果中确认是否包含真正应当匹配的函数（通过函数名），由于不是 BINpre 中的每个函数都有匹配的函数，这里选择使用回调率表示准确性。Top-K 的回调率是 Top-K 结果中包含正确匹配的函数的数量除以该对二进制文件间存在匹配的全部函数数量。

表 1   在数据集 2 上 αDiff-1f 和 αDiff-3f 平均准确性（召回率）统计

数据子集	平均召回率@1	平均召回率@5
αDiff-1f(仅函数内特征)	0.926	0.993
αDiff-3f（全部三个特征）	0.929	0.994

另外，借鉴 BinGo、Blex 等方法有效性验证方案，我们同样选择使用 Coreutils 作为验证数据，具体来说，使用 Coreutils 的 6 个版本 v5.0、v6.3、v7.1、v8.10、v8.26、v8.28 分别和 Coreutils 最新版本 8.29 做比较，这样，实验设置涵盖了从大到小不同粒度的版本差距和发布时间差距，能反映出工具在处理不同版本跨度时的综合表现能力。如表 2 所示，当处理大版本跨度文件对时，如 v5.0~8.10 VS v8.29，无论是只使用函数内特征的 αDiff-1f 还是使用全部特征的 αDiff-3f，表现均优于 BinDiff，且版本差越大时性能差距也越大，如 v5.0 VS v8.29 场景下，αDiff-3f 比 BinDiff 超出近 30%的准确率，αDiff-1f 比 BinDiff 高出 10%以上。当版本差距很小时，如 v8.26~v8.28 VS v8.29 场景下，αDiff 表现略弱于 BinDiff，然而差距很小，说明 BinDiff 在版本差距很小的场景下表现十分出色。

表 2   Coreutils 各版本和最新版本 v8.29 的检测结果对比

版本	发行日期	BinDiff	αDiff -1f			αDiff -3f		
			召回率@1	召回率@5	MRR	召回率@1	召回率@5	MRR
5.0	2003-04-02	0.486	0.649	0.756	0.708	0.738	0.821	0.782
6.3	2006-09-30	0.606	0.677	0.844	0.756	0.778	0.892	0.836
7.1	2009-02-21	0.618	0.743	0.870	0.809	0.804	0.896	0.853
8.10	2011-02-04	0.776	0.827	0.906	0.868	0.864	0.926	0.896
8.26	2016-11-30	0.992	0.958	0.987	0.972	0.977	0.999	0.987
8.28	2017-09-01	0.999	0.995	0.999	0.997	0.996	0.999	0.997

此外，我们对不同编译器、不同编译选项、不同架构等条件下的二进制代码相似性比对也进行了实验评估。结果表明，所提智能化方案 αDiff 在这些目标上也有非常显著的效果。

5.2   基于学习的模糊测试变异策略选择

模糊测试是当前最流行和有效的漏洞挖掘方法。其中，最重要的一类模糊测试方案是基于覆盖率制导的模糊测试，通过应用进化算法进行迭代式测试提升代码覆盖率。在每轮迭代中，从历史表现较好的种子池中取出一个种子，然后进行变异，生成一批新的测试用例用于测试目标程序，测试效果较好的测试用例加入种子池进行后续测试。

其中，对于选定的种子，模糊测试工具通常需要采用一定的变异策略生成一批新的测试用例。经典的变异策略包括比特翻转 bitflip、字节翻转 byteflip、插入、删除、取反等。不同的变异策略具有不同的测试效果，当前的模糊测试工具采用一种近乎随机的方式选择变异策略，其测试效果可以进一步提升。

本节对这一问题进行了研究，提出了一种基于学习的方案 MOPT，在运行时为选定的测试用例动态选择最优的变异策略。该方案在大量实际软件中取得了非常好的效果，相关工作发表在 USENIX Security 2019 上。

（1）方案设计

MOPT 方案设计如图 4 所示。本文将变异策略选择问题转换为寻找候选变异策略的最优概率分布问题，进而，借鉴粒子群优化算法 PSO，采用迭代式方法计算出最优的概率分布。具体而言，我们为每个例子分配一种变异策略，所有候选变异策略构成了一个粒子群。在每轮迭代中，每个粒子根据其当前运动惯性（V_{now}）、其历史最优概率运动方向（L_{best}）、全局粒子最优概率运动方向（L_{global}），综合选择下一步运动位置。如式（1）、式（2）所示。

$$X_{\text{now}}(p) \leftarrow w \cdot V_{\text{now}}(p) + r(L_{\text{best}}(p) - x_{\text{now}}(p)) + r(G_{\text{best}} - x_{\text{now}}(p)) \tag{1}$$

$$X_{\text{now}}(p) \leftarrow X_{\text{now}}(p) + V_{\text{now}}(p) \tag{2}$$

更进一步，为了提升粒子群算法的稳定性，引入了多个粒子群，分别按照 PSO 算法进行迭代。值得注意的是，我们统一了多个粒子群下的单个粒子的历史最优概率，作为该粒子的全局最优概率，避免采用其他粒子的概率作为该粒子的全局最优概率。如式（3）、式（4）所示。

$$V_{\text{now}}[S_i][P_j] \leftarrow w \cdot V_{\text{now}}[S_i][P_j] + r(L_{\text{best}}[S_i][P_j] - x_{\text{now}}[S_i][P_j]) + r \cdot (G_{\text{best}}[P_j] - x_{\text{now}}[S_i][P_j]) \tag{3}$$

$$X_{\text{now}}[S_i][P_j] \leftarrow X_{\text{now}}[S_i][P_j] + [S_i][P_j] \tag{4}$$

在具体部署时，在 fuzzing 启动之后，加入一个 pilot 试运行阶段，在试运行阶段测试多个粒子群，并选择效果最好的粒子群的变异策略概率分布指导正式的 core 阶段测试；在 core 阶段测试完之后，更新各粒子的全局效能（包括试运行阶段及 core 阶段测试效果），并将各粒子的效能比例作为各粒子的全局最优概率，进而采用 PSO 算法更新各粒子的概率分布，进行下一轮 pilot 测试。

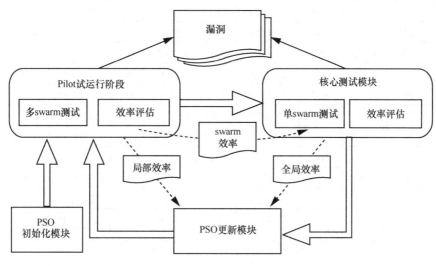

图 4　MOPT 方案设计

（2）实验结果

本文对 13 个真实世界的开源软件进行了测试，表 3 展示了具体的测试版本及测试命令。

表 3 测试详细信息

目标程序	源文件	输入格式	测试指令
mp42aac	Bento4-1-5-1	mp4	mp42aac @@ /dev/null
exiv2	exiv2-0.26-trunk	jpg	exiv2 @@ /dev/nuli
mp3gain	mp3gain-1_5_2	mp3	mp3gain @@ /dev/null
tiff2bw	libtiff-4.0.9	tiff	tiff2bw @@ /dev/null
pdfimages	xpdf-4.00	pdf	pdfimages @@ /dev/null
sam2p	sam2p-0.49.4	bmp	sam2p @@ EPS:/dev/null
avconv	libav-12.3	mp4	avconv -y -i @@ -f null-
w3m	w3m-0.5.3	text	w3m @@
objdump	binutils-2.30	binary	objdump-dwarf-check - C - g - f - dwarf - x @@
jhead	jhead-3.00	jpg	jhead @@
mpg321	mpg321-0.3.2	mp3	mpg321-t @@ /dev/null
infotocap	ncurses-6.1	text	infotocap @@
podofopdfinfo	podofo-0.9.6	pdf	podofopdfinfo @@

如表 4 所示，在同样的时间内，MOPT 方案可以触发约 4 倍的 crash，并多测试 1 倍的代码。

表 4 MOPT 方案的测试结果

目标程序	AFL		MO$_{PT\text{-}AFL\text{-}tmp}$				MO$_{PT\text{-}AFL\text{-}ever}$			
	程序崩溃	程序路径	程序崩溃	增幅	程序路径	增幅	程序崩溃	增幅	程序路径	增幅
mp42aac	135	815	209	+54.8%	1 660	+103.7%	199	+47.4%	1 730	+112.3%
exiv2	34	2 195	54	+58.8%	2 980	+35.8%	66	+94.1%	4 642	+111.5%
mp3gain	178	1 430	262	+47.2%	2 211	+54.6%	262	+47.2%	2 206	+54.3%
tiff2bw	4	4 738	85	+2 025.0%	7 354	+55.2%	43	+975.0%	7 295	+54.0%
pdfimages	23	12 915	357	+1 452.2%	22 661	+75.5%	471	+1 947.8%	26 669	+106.5%
sam2p	36	531	105	+191.7%	1 967	+270.4%	329	+813.9%	3 418	+543.7%
avconv	0	2 478	4	+4	17 359	+600.5%	1	+1	16 812	+578.5%
w3m	0	3 243	506	+506	5 313	+63.8%	182	+182	5 326	+64.2%
objdump	0	11 565	470	+470	19 309	+67.0%	287	+287	22 648	+95.8%
jhead	19	478	55	+189.5%	489	+2.3%	69	+263.2%	483	+1.0%
mpg321	10	123	236	+2 260.0%	1 054	+756.9%	229	+2 190.0%	1 162	+844.7%
infotocap	92	3 710	340	+269.6%	6 157	+66.0%	692	+652.2%	7 048	+90.0%
podofopdfinfo	79	3 397	122	+54.4%	4 704	+38.5%	114	+44.3%	4 694	+38.2%
合计	610	47 618	2 805	+359.8%	93 218	+95.8%	2 994	+382.6%	104 133	+118.7%

如表 5 所示，本节所提方案不仅仅可以应用于 AFL，对于其他模糊测试工具如 AFLfast、VUzzer 同样可以起到提升作用。

表 5 MOPT 方案对三种模糊测试工具的促进效果

测试工具	评估指标	mp42aac	exiv2	mp3gain	tiff2bw	pdfimages	sam2p	mpg321
AFL	程序崩溃	135	34	178	4	23	36	10
	程序路径	815	2 195	1 430	4 738	12 915	531	123
MOPT-APL-tmp	程序崩溃	209	54	262	85	357	105	236
	程序路径	1 660	2 980	2 211	7 354	22 661	1 967	1 054
MOPT-AFL-ever	程序崩溃	199	66	262	43	471	329	229
	程序路径	1 730	4 642	2 206	7 295	26 669	3 418	1 162
AFLFast	程序崩溃	210	0	171	0	18	37	8
	程序路径	1 233	159	1 383	5 114	12 022	603	122
MOPT-AFLFast-tmp	程序崩溃	393	51	264	5	292	196	230
	程序路径	3 389	2 675	2 017	7 012	24 164	2 587	1 208
MOPT-AFLFast-ever	程序崩溃	384	58	259	18	345	114	30
	程序路径	2 951	2 887	2 102	7 642	26 799	2 623	160
VUzzer	程序崩溃	12	0	54 500	0	0	13	3 598
	程序路径	12%	9%	50%	13%	25%	18%	18%
MOPT-VUzzer	程序崩溃	16	0	56 109	0	0	16	3 615
	程序路径	12%	9%	51%	13%	25%	18%	18%

在实际挖掘的漏洞数量方面，本文提出的方案在 tmp 模式发现了 88 个未知漏洞，而 AFL 仅发现了 33 个漏洞，如表 6 所示，表明所提方案的有效性。

表 6 MOPT 方案在漏洞挖掘方面的测试结果

目标程序	AFL				MOPT-AFL-tmp				MOPT-AFL-ever			
	未知的程序漏洞		已知的程序漏洞	总和	未知的程序漏洞		已知的程序漏洞	总和	未知的程序漏洞		已知的程序漏洞	总和
	非 CVE	CVE	CVE		非 CVE	CVE	CVE		非 CVE	CVE	CVE	
mp42aac	/	1	1	2	/	2	1	3	/	5	1	6
exiv2	/	5	3	8	/	5	4	9	/	4	4	8
mp3gain	/	4	2	6	/	9	3	12	/	5	2	7
pdfimages	/	1	0	1	/	12	3	15	/	9	2	11
avconv	/	0	0	0	/	2	0	2	/	1	0	1
w3m	/	0	0	0	/	14	0	14	/	5	0	5
objdump	/	0	0	0	/	1	2	3	/	0	2	2
jhead	/	1	0	1	/	4	0	4	/	5	0	5
mpg321	/	0	1	1	/	0	1	1	/	0	1	1
infotocap	/	3	0	3	/	3	0	3	/	3	0	3
podofopdfinfo	/	5	0	5	/	6	0	6	/	6	0	6
tiff2bw	1	/	/	1	2	/	/	2	2	/	/	2
sam2p	5	/	/	5	14	/	/	14	28	/	/	28
合计	6	20	7	33	16	58	14	88	30	43	12	85

这一工作验证了智能漏洞挖掘的有效性。其他的相关工作也表明，人工智能技术对于程序分析、漏洞挖掘等有显著作用。随着研究的深入，越来越多的网络攻防问题可以借助人工智能技术得以更好地解决。

六 总结与展望

万物互联、万物智能时代正在加速到来。与此同时，网络空间安全威胁日益严峻。传统的网络安全防御以人为主、以机器为辅，难以应对规模化增长的、突发性的、复杂多变的安全威胁挑战。自动化、智能化的网络安全防御方案可以降低对人的依赖，有效提升防御的水平。通过研究智能化网络安全防御关键技术，利用人工智能在"特征提取、知识构建、经验描述"等方面的技术优势，重点解决如何表示攻防对象、如何表示攻防经验、攻防小样本学习等关键问题，可以有效提升网络安全防御的自动化水平。预期在未来的几年时间内，相关研究团队可以研制出一个全流程的智能化防御原型系统，大幅提升防御能力，支撑网络空间生态的繁荣发展。

参考文献:

[1] BRUMLEY D, SONG D X, CHIUEH T C, et al. RICH: automatically protecting against integer-based vulnerabilities[C]//Network and Distributed System Security Symposium(NDSS 2007). 2007.

[2] WAGNER D, FOSTER J S, BREWER E A, et al. A first step towards automated detection of buffer overrun vulnerabilities[C]//Network And Distributed Systems Security(NDSS 2000). 2000: 3-17.

[3] BALAKRISHNAN G, GRUIAN R, REPS T, et al. CodeSurfer/x86—a platform for analyzing x86 executables[J]. Lecture Notes in Computer Science, 2005, 3443: 250-254.

[4] NENAD J, KRUEGEL C, KIRDA E. Pixy: a static analysis tool for detecting Web application vulnerabilities[C]//2006 IEEE Symposium on Security and Privacy. 2006.

[5] EVANS D. LCLint: a tool for using specifications to check code[C]//ACM SIGSOFT Software Engineering Notes. 1994: 87-96.

[6] MACHIRY A, SPENSKY C, CORINA J, et al. DR. CHECKER: a soundy analysis for Linux kernel drivers[C]//26th USENIX Security Symposium (USENIX Security 17). 2017: 1007–1024.

[7] WANG P, KRINKE J, LU K, et al. How double-fetch situations turn into double-fetch vulnerabilities: a study of double fetches in the Linux kernel[C]//26th USENIX Security Symposium (USENIX Security 17). 2017: 1–16.

[8] MILLER B P, FREDRIKSEN L, SO B. An empirical study of the reliability of UNIX utilities[J]. Communications of the ACM, 1990, 33(12): 32-44.

[9] BANKS G, COVA M, FELMETSGER V, et al. SNOOZE: toward a stateful network protocol fuzzer information security[C]//International Conference(ISC 2006). 2006: 343-358.

[10] KAKSONEN R. A functional method for assessing protocol implementation security[J]. Vacuum, 2001, 26(10–11): 437.

[11] GANESH V, LEEK T, RINARD M. Taint-based directed whiteboxfuzzing[C]//IEEE International Confe-

rence on Software Engineering. 2009: 474-484.

[12] WANG T, WEI T, GU G, et al. TaintScope: a checksum-aware directed fuzzing tool for automatic software vulnerability detection[C]//31st IEEE Symposium on Security and Privacy(S&P 2010). 2010: 497-512.

[13] HAN H, CHA S K. Imf: inferred model-based fuzzer[C]//Conference on Computer and Communication Security. 2017.

[14] WANG J, CHEN B, WEI L, et al. Skyfire: data-driven seed generation for fuzzing[C]//IEEE Security & Privacy. 2017.

[15] CORINAJ, MACHIRY A, SALLS C, et al. Difuze: interface aware fuzzing for kernel drivers[C]//Conference on Computer and Communication Security. 2017.

[16] BÖHME M, PHAM V T, ROYCHOUDHURY A. Coverage-based greybox fuzzing as Markov chain[C]//ACM Sigsac Conference on Computer& Communications Security. 2016.

[17] RAWAT S, JAIN V, KUMAR A, et al. VUzzer: application-aware evolutionary fuzzing[C]//NDSS Symposium. 2017.

[18] BHME M, PHAM V T, NGUYEN M D, et al. Directed GreyboxFuzzing[C]//The 2017 ACM SIGSAC Conference. 2017: 2329-2344.

[19] LEMIEUX, C, SEN K. Fairfuzz: a targeted mutation strategy for increasing greybox fuzz testing coverage[C]//Proceedings of the 33rd ACM/IEEE International Conference on Automated Software Engineering. 2018: 475-485.

[20] WANG S, NAM J C, TAN L. Qtep: qulity-aware test case prioritization[C]//Proceedings of the 2017 11th Joint Meeting on Foundations of Software Engineering. 2017.

[21] ASCHERMANN C, SCHUMILO S, BLAZYTKO T, et al. Redqueen: fuzzing with input-to-state correspondence[C]//NDSS. 2019.

[22] YOU W, WANG X, MA S, et al. Profuzzer: on-the-fly input type probing for better zero-day vulnerability discovery[C]// IEEE Security and Privacy. 2019.

[23] STEPHENS N, GROSEN J, SALLS C, et al. Driller: augmenting fuzzing through selective symbolic execution[C]//In NDSS (2016). 2016.

[24] YUN I, LEE S, XU M, et al. QSYM: a practical concolic execution engine tailored for hybrid fuzzing[C]// 27th USENIX Security Symposium (USENIX Security 18). 2018: 745-761.

[25] GAN S. CollAFL: path sensitive fuzzing[C]//2018 IEEE Symposium on Security and Privacy (SP). 2018.

[26] CADAR C, GANESH V, PAWLOWSKI P M, et al. EXE: automatically generating inputs of death[J]. ACM Transactions on Information & System Security, 2008, 12(2): 1-38.

[27] CADAR C, DUNBAR D, ENGLER D. KLEE: unassisted and automatic generation of high-coverage tests for complex systems programs[C]//Usenix Symposium on Operating Systems Design and Implementation(OSDI 2008). 2008: 209-224.

[28] SEN K, MARINOV D, AGHA G. CUTE: a concolic unit testing engine for C[C]//European Software Engineering Conference &ACM Sigsoft International Symposium on Foundations of Software Engineering. 2005: 263-272.

[29] GODEFROID P, KLARLUND N, SEN K, et al. DART: directed automated random testing[J]. Programming Language Design and Implementation, 2005, 40(6): 213-223.

[30] VITALY C, KUZNETSOV V, CANDEA G. S2E: a platform for in-vivo multi-path analysis of software systems[C]//ACM SIGPLAN Notices. 2011: 265-278.

[31] GODEFROID P, LEVIN M Y, MOLNAR D A. Automated whitebox fuzz testing[C]//Network and Distributed System Security Symposium(NDSS 2008). 2008.

[32] JIA X K, ZHANG C, SU P R, et al. Towards efficient heap overflow discovery[C]//26th USENIX Security Symposium (USENIX Security 17). 2017: 989-1006.

[33] ENGLER D, CHEN D Y, HALLEM S, et al. Bugs as deviant behavior: a general approach to inferring errors in systems code[C]//Eighteenth ACM Symposium on Operating Systems Principles. 2001: 57-72.

[34] FABIAN Y, LINDNER F, RIECK K. Vulnerability extrapolation: assisted discovery of vulnerabilities using machine learning[C]//Proceedings of the 5th USENIX Conference on Offensive Technologies. 2011.

[35] GRIECO G, GRINBLAT G L, UZAL L, et al. Toward large-scale vulnerability discovery using machine learning[C]//ACM Codaspy. 2016: 85-96.

[36] SCANDARIATO R. Predicting vulnerable software components via text mining[J]. IEEE Transactions on Software Engineering, 2014, 40 (10): 993-1006.

[37] DUMIDU W, MANIC M, MC-QUEEN M. Vulnerability identification and classification via text mining bug databases[C]//40th Annual Conference on Industrial Electronics Society. 2014.

[38] MENG Q K, WEN S M, ZHANG B, et al. Automatically discover vulnerability through similar functions[C]//Progress in Electromagnetic Research Symposium (PIERS). 2016.

[39] JAIN L. Discovering vulnerable functions by extrapolation: a control-flow graph similarity based approach[M]//Information Systems Security. Springer International Publishing. 2016: 532-542.

[40] CHANDRAN A. Discovering Vulnerable functions: a code similarity based approach[C]//International Symposium on Security in Computing and Communication. 2016.

[41] GODEFROID P, PELEG H, SINGH R. Learn&Fuzz: machine learning for input fuzzing[C]//IEEE/ACM International Conference on Automated Software Engineering (ASE). 2017.

[42] RAJPAL M, BLUM W, SINGH R. Not all bytes are equal: Neural byte sieve for fuzzing[J]. ArXivPrepr. ArXiv171104596, 2017.

[43] NICHOLS N, RAUGAS M, JASPER R, et al. Faster fuzzing: reinitialization with deep neural models[J]. CoRR, vol. abs/1711.02807, 2017.

[44] BOTTINGER K, GODEFROID P, SINGH R. Deep reinforcement fuzzing[C]//IEEE Security and Privacy Workshops, 2018.

[45] SHE D, PEI K, EPSTEIN D, et al. Neuzz: efficient fuzzing with neural program smoothing[C]//IEEE SP. 2019.

[46] LI Z, ZOU D, XU S, et al.VulDeePecker: a deep learning-based system for vulnerability detection[C]//Proceedings of the Network and Distributed System Security Symposium(NDSS). 2018.

[47] BRUMLEY D, POOSANKAM P, SONG D, et al. Automatic patch-based exploit generation is possible: techniques and implications[C]//Proceedings of the IEEE Symposium on Security and Privacy (S&P). 2008

[48] AVGERINOS T, CHA S K, TAO B L T, et al. AEG: automatic exploit generation[C]//Proceedings of the Network and Distributed System Security Symposium (NDSS). 2011.

[49] CHA S K, AVGERINOS T, REBERT A, et al. Unleashing mayhem on binary code[C]//Proceedings of the

IEEE Symposium on Security and Privacy (S&P). 2012.

[50] WANG H, SU P R, LI Q, et al. Automatic polymorphic exploit generation for software vulnerabilities[C]//Proceedings of International Conference on Security and Privacy in Communication Networks (SecureComm). 2013.

[51] HU H, CHUA Z L, ADRIAN S, et al. Automatic generation of data-oriented exploits[C]//Proceedings of the USENIX Security Symposium. 2015.

[52] BAO T, WANG R Y, SHOSHITAISHVILI Y, et al. Your exploit is mine: automatic shellcode transplant for remote exploits[C]//Proceedings of 2017 IEEE Symposium on Security and Privacy (Oakland). 2017.

[53] SHOSHITAISHVILI Y, WEISSBACHER M, DRESEL L, et al. Rise of the HaCRS: augmenting autonomous cyber reasoning systems with human assistance[C]//Proceedings of the ACM Conference on Computer and Communications Security (CCS). 2017.

[54] WU W, CHEN Y, XU J, et al. FUZE: towards facilitating exploit generation for kernel use-after-free vulnerabilities[C]//27th USENIX Security Symposium (USENIX Security. 2018: 781-797.

[55] HE L, CAI Y, HU,et al. Automatically assessing crashes from heap overflow[C]//IEEE/ACM International Conference on Automated Software Engineering. 2017.

[56] YOU W, ZONG P Y, CHEN K, et al. SemFuzz: semantics-based automatic PoCgeneration[C]//Proceedings of the 24th ACM Conference on Computer and Communications Security (CCS). 2017.

[57] WANG Y, ZHANG C, XIANG X B, et al. Revery: from proof-of-concept to exploitable (one step towards automatic exploit generation)[C]//ACM Conference on Computer and Communications Security (CCS'18). 2018.

[58] LE-GOUES C, NGUYEN T, FORREST S, et al. GenProg: a generic method for automatic software repair[J]. IEEE Trans. on Software Engineering, 2012, 38: 54-72.

[59] WEIMER W, NGUYEN T, LE-GOUES C, et al. Automatically finding patches using genetic programming. [C]//Proceedings of the Int'l Conf. on Software Engineering (ICSE). 2009: 364-367.

[60] FORREST S, WEIMER W, NGUYEN T, et al. A genetic programming approach to automated software repair[C]//Proceedings of the Genetic and Evolutionary Computing Conf (GECCO). 2009: 947-954.

[61] WEIMER W, FORREST S, LE-GOUES C, et al. Automatic program repair with evolutionary computation[J]. Communications of the ACM, 2010, 53(5): 109-116.

[62] QI Y, MAO X, LEI Y, et al. The strength of random search on automated program repair[C]//Proceedings. of the 36th International Conference on Software Engineering. 2014: 254-265.

[63] QI Y, MAO X, LEI Y. Making automatic repair for large-scale programs more efficient using weak recompilation[C]//Proceedings of the International Conference on Software Maintenance(ICSM). 2012: 254-263.

[64] QI Y, MAO X, WEN Y, et al. More efficient automatic repair of large-scale programs using weak recompilation[J]. Science China Information Sciences, 2012, 55(12): 2785-2799.

[65] DEBROY V, WONG W E. Using mutation to automatically suggest fixes for faulty programs[C]//Proceedings. of the 3rd International Conference on Software Testing, Verification and Validation (ICST). 2010: 65-74.

[66] QI Z, LONG F, ACHOUR S, et al. An analysis of patch plausibility and correctness for generate-and-validate patch generation systems[C]//Proceedings of the International Symposium on Software Testing and Analysis (ISSTA). 2015: 24-36.

[67] NGUYEN HDT, QI D, ROYCHOUDHURY A, et al. SemFix: program repair via semantic analysis[C]//Proceedings of the International Conference on Software Engineering (ICSE). 2013: 772-781.

[68] DE-MARCO F, XUAN J, LE-BERRE D, et al. Automatic repair of buggy if conditions and missing preconditions with SMT[C]//Proceedings of the 6th International Workshop on Constraints in Software Testing, Verification, and Analysis (CSTVA). 2014: 30-39.

[69] XUAN JF, MARTINEZ M, DE-MARCO F, et al. Nopol: automatic repair of conditional statement bugs in Java programs[R]. Technical Report. 2015: 1-22.

[70] KIM D, NAM J, SONG J, et al. Automatic patch generation learned from human-written patches[C]//Proceedings of the 2013 International Conference on Software Engineering. 2013: 802-811.

[71] LONG F, AMIDON P, RINARD M. Automatic inference of code transforms for patch generation[C]// Proceedings of the 2017 11th Joint Meeting on Foundations of Software Engineering. 2017: 727-739.

[72] LONG F, RINARD M. Automatic patch generation by learning correct code[J]. ACM SIGPLAN Notices, 2016, 51(1): 298-312.

[73] GUPTA R, PAL S, KANADE A. et al. Deepfix: fixing common C language errors by deep learning[C]// Thirty-First AAAI Conference on Artificial Intelligence. 2017.

[74] GUPTA R, KANADE A, SHEVADE S. Deep reinforcement learning for programming language correction[J]. arXiv preprint arXiv:1801.10467, 2018.

[75] HARER J, OZDEMIR O, LAZOVICH T, et al. Learning to repair software vulnerabilities with generative. adversarial networks[J]. arXiv preprint arXiv:1805.07475, 2018.

[76] COWAN C, PU C, MAIER D, et al. StackGuard: automatic adaptive detection and prevention of buer-over ow attacks[C]//Proceedings of the 7th conference on USENIX Security Symposium. 1998.

[77] COWAN C, BEATTIE S, JOHANSEN J, et al. Pointguard: protecting pointers from buer over ow vulnerabilities[C]//Proceedings of the 12th conference on USENIX Security Symposium. 2003.

[78] KUZNETSOV V, SZEKERES L, PAYERM, et al. Code-pointer integrity[C]//11th USENIX Symposium on Operating Systems Design and Implementation (OSDI 14). 2014: 147-163.

[79] ABADI M, BUDIU M, ERLINGSSON U, et al. Control flow integrity[C]//Proceedings of the 12th ACM conference on Computer and communications security, 2005: 340-353.

[80] ABADI M, BUDIU M, ERLINGSSON U, et al. A theory of secure control-flow[C]//Proceedings of the 7th international conference on Formal Methods and Software Engineering(ICFEM'05). 2005: 111-124.

[81] ZENG B, TAN G, MORRISETT G. Combining control flow integrity and static analysis for ecient and validated data sandboxing[C]//ACM Conference on Computer and Communications Security (CCS). 2011.

[82] LIU B C, HUO W, ZHANG C, et al. αDiff: cross-version binary code similarity detection with DNN[C]// IEEE/ACM Automated Software Engineering (ASE'18). 2018.

[83] ZHANG C, WEI T, CHEN Z F, et al. Practical control flow integrity & randomization for binary executables[C]//The 34th IEEE Symposium on Security & Privacy (IEEE S&P'13). 2013.

[84] WEI T, ZHANG C,CHEN Z F, et al. FPGate: the last building block for a practical CFI solution[R]. Technical Report for Microsoft BlueHat Prize Contest. 2012.

[85] ZHANG C, NIKNAMI M, CHEN K Z, et al. JITScope: protecting Web users from control-flow hijacking attacks[C]//IEEE Conference on Computer Communications (InfoCom'15). 2015.

[86] SONG C Y, ZHANG C, WANG T L, et al. Exploiting and protecting dynamic code generation[C]//The Network and Distributed System Security Symposium (NDSS'15). 2015.

[87] ZHANG C, SONG C Y, CHEN K Z, et al. VTint: protecting virtual function tables' integrity[C]//The Network and Distributed System Security Symposium (NDSS'15). 2015.

[88] ZHANG C, CARR S A, LI T X, et al. VTrust: regaining trust on virtual calls[C]//In the Network and Distributed System Security Symposium (NDSS'16). 2016.

认证安全

口令安全

周贝贝，陆城，吴宇，杨肖，何道敬
华东师范大学

摘　要： 身份认证是保障用户信息安全的重要手段，虽然存在生物虹膜、指纹等多种身份认证方式，但文本口令以其低成本、易实现等特性，在可预见的未来仍将作为主要的身份认证方式。用户口令安全意识薄弱和现有口令强度评价方法参差不齐使口令安全形势日益严峻。本文首先提出"群体口令"的概念以分析不同群体的口令特征，并在此基础上进行口令强度评价研究：为了挖掘群体特征对口令生成的影响，本文提出针对群体的口令强度评价方法（AM-LSTM PSM），并通过对比实验验证了该方法的有效性。该方法首先利用注意力机制学习群体特征对口令上下文特征依赖之间的关系的影响；然后使用处理时序特征具有天然优势的长短期记忆模型来处理文本口令，提高了口令强度评价的准确性。经过口令强度评价之后有一些口令会被评价为弱口令，针对弱口令，本文提出一种基于语义变换的口令加强方法：建立口令词汇数据库以对口令中的语义进行分析，通过口令语义变换对弱口令进行修饰，在保证口令可用性前提下提高安全强度。并且通过一系列评测实验验证了本文口令加强方法的有效性。

■ 一　背景介绍

随着信息技术的发展，截至 2018 年 6 月，中国网民人数超过 8 亿，其中手机用户占比超过九成[1]。共享理念、移动支付技术等的出现，使人们的资产变得越来越数字化、信息化。因此，如何保障人们的个人信息安全及财产安全变得越来越重要。身份认证技术作为保障信息系统的第一道防线，发挥着极为重要的作用。

身份认证有多种形式。比如，基于硬件的 U 盾、密码器等；基于人体生物特征的指纹、虹膜等以及其他文本口令、图形口令等。由于基于硬件及生物特征的身份认证往往存在较高的成本、使用不便等问题，而文本口令以其低成本、简单、易实现等特性被广泛应用在互联网身份认证中，且在未来仍将作为互联网中主流的身份认证方式。互联网口令存储过程如图 1 所示。研究表明，由于人的脑力记忆有限，人类一般只能记忆 5～7 个口令[2]，然而当今社会个人管理的口令数量远不止于此，导致人们在口令生成时普遍存在口令重用[3-4]、使用流行口令[5]、口令中加入过多个人信息[6]等不良行为。

近年来，大规模信息泄露事件不断发生，如 2009 年，国外知名游戏社交网站 Rockyou 遭遇黑客攻击，约 3200 万用户信息泄露；2011 年 12 月国内知名 IT 技术社区网站 CSDN 发生用户信息泄露，约 600 万用户明文口令被泄露，随后天涯、嘟嘟牛等国内多家网站相继爆发用户信息泄露事件，且部分口令直接以明文形式泄露；Gmail 是美国谷歌公司提供的免费网络邮件服务，在 2013 年遭遇黑客攻击导致近 500 万邮箱和口令数据泄露；据俄罗斯 RT 新闻频道报道，2013 年到 2016 年美国 Yahoo 公司约 10 亿条用户信息（包括姓名、口令等）被黑客持续不断窃取；据 Gizmochina 网 Shine Wong 的一篇文章报道，中国知名手机厂商小米公司在 2014 年发生口令信息泄露事件，约 800 万条信息泄露；2018 年 9 月，美国知名社交平台 Facebook 发现了一个安全漏洞，黑客可利用这个漏洞来获取信息，而这些信息可令黑客控制约 5 000 万个用户账号；2018 年知名酒店集团华住酒店因程序员操作不当致使包含用户姓名、身份证号等个人信息的约 2.5 亿条数据泄露。同时，口令安全问题逐渐受到相关学者的关注。

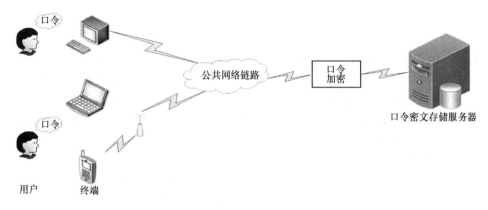

图 1　互联网口令存储过程

根据攻击者在进行猜测攻击时是否需要和服务器进行交互，可以将攻击方式分为在线攻击和离线攻击。因为在线攻击一般受到猜测次数的限制，所以工业界和学术界普遍认为在线攻击是容易抵抗的（参见 NIST SP800-63-2 和 NIST SP800-63B）。当今主流的互联网服务商在服务器口令存储时会采用加盐哈希等方法来保护口令库安全，这些方法可以减缓攻击者恢复口令的速度，但随着计算能力的提升及攻击者可以通过感染大量主机形成僵尸网络来加快口令恢复速度，这种减缓的效果将越来越弱，离线攻击对口令安全仍存在较大威胁。保障用户个人信息安全，一方面是用户自身提高口令安全意识，生成强度较高的口令；另一方面是互联网服务商提升辅助系统能力，如采用黑名单技术，不允许用户使用流行口令和提高口令强度评价器（PSM，Password Strength Meter）的准确性等方法。然而研究表明，大多数互联网服务商在口令强度评价器方面的研究投入不足[7]，主要采用启发式算法，以熵值[8]作为评价指标设计口令强度评价器，而以熵为评价指标的口令强度评价器只能粗略地计算口令的强度，并不能对口令强度进行准确刻画，这样将使用户误认为自己使用了强度较高的口令而导致互联网中弱口令被普遍使用。

近年来，口令猜测攻击技术已经发生了翻天覆地的变化，从最初的启发式攻击[6,9]，到中期发展完备的基于概率模型的攻击[10-12]，如今已出现基于神经网络模型的攻击[13]。与此同时，大规模真实口令信息数据的泄露在一定程度上提升了攻击算法的准确率与效率。

口令强度评价器和口令加强算法的缓慢发展与攻击算法的快速发展形成强烈反差，人们面临的口令安全形势仍较为严峻，因此口令强度评价和口令强度加强的研究有着十分重要的意义。

■ 二　关键科学问题与挑战

目前，针对口令的防护主要问题有口令强度评价和口令强度加强。

（1）口令强度评价

目前各网站使用的口令强度评价规则没有统一的标准，同一个口令在不同网站反馈的结果大多不同，学术界提出了很多口令强度评价方法，但没有在工业界得以应用。

（2）口令强度加强

网站在用户输入弱口令后往往提示用户口令不够强，可是没有具体给出用户设置强口令的方法，且同一口令在不同网站得到的反馈不同，因此往往会给用户带来更大的困惑。而口令强度与口令的可记忆性悖论一直是一个难以解决的问题，随机生成的口令安全性很高，可是对用户来说可用性太低，如果用户将口令写在纸上或者保存在自己的设备上会引入新的风险，因此亟须一个口令强度提高方法在提高口令强度的同时尽量减少对口令可用性的影响。

■ 三　国内外相关工作

安全研究通常基于攻击和防守两方面。口令安全中，攻击主要指口令破解，防守主要指口令强度评价和口令强度加强，本文将从口令破解与口令强度评价和口令强度加强三方面进行口令安全现状分析。

3.1　口令破解研究现状

1984 年，Grampp 等[14]使用暴力破解来进行口令猜测，以证明 UNIX 系统的可靠性；基于暴力破解的口令字典破解[15]技术比暴力破解更具针对性；彩虹表攻击[16]则是一种时空折中的思想，攻击者提前将部分明文转换成密文，然后在口令密文恢复时先比对彩虹表中是否存在相应的密文，如果存在则直接恢复出明文口令；2005 年，Narayanan 等[17]通过对已经泄露的真实口令数据进行分析后发现口令字符上下文之间的联系，并首次发现将马尔可夫链（Markov-Chain）应用到口令猜测中可以减小口令的搜索空间，提高了口令破解效率，由此提出了一种基于马尔可夫模型的口令猜测算法；2009 年，Weir[10]等首次将上下文无关文法（PCFG，Probabilistic Context Free Grammar）应用到口令猜测技术中；Veras 等[12]将语义信息模式与概率上下文无关文法结合起来，提出一种基于语义的口令攻击方法；Wang 等[18]在此基础上，利用个人信息对口令集进行训练及猜测，取得了较大的成功；2006 年，Ciaramella 等[19]提出利用神经网络设计了一种口令检测方法；2015 年，陈锐浩等[20]提出一种基于神经网络的口令属性分析方法，发掘口令组成的内部属性关联；2016 年，Melicher 等[13]提出利用神经网络模拟口令的猜测攻击；2017 年，Hitaj 等[21]提出用对抗式生成网络用于口令猜测，并证实了其有效性。

3.2　口令强度评价研究现状

口令强度评价是保证用户口令安全的重要手段，被当今主流互联网网站广泛使用。通过分析泄露的真实口令数据集，笔者发现弱口令仍普遍存在于各大互联网网站中。美国著名安全公司 SplashData 发布了 2018 年排名前十的流行口令，"123456" 位居榜首。造成这种弱口令被广泛使用的原因主要有两点：用户自身安全意识不足；各网站口令强度评价器参差不齐。同一口令在不同网站的口令强度评价器得到的结果不同，这使用户对其口令的真实强度感到困惑[22]。本文调研了国内外 12 家知名网站的口令强度评价器（PSM, Password Strength Meter），并使用弱口令"123456789"测试，总结了各 PSM 的口令强度反馈和口令接收情况，如表 1 所示。

表 1　国内外知名网站口令强度评价器调研情况

网站名	口令长度	字符种类要求	是否使用 黑名单技术	口令强度	接收
新浪	6～16 位	无	否	弱	是
网易	6～16 位	无	是	无	否
搜狐	6～16 位	无	是	密码设置不合理	否
华为	6～60 位	1⁺S，1⁺D，1⁺L	否	无	是
腾讯	6～16 位	若为纯数字则不能低于 9 位	否	无	是
淘宝	6～20 位	至少 S、D、L 中两种	否	中	否
京东	6～20 位	无	是	无	否
Yahoo	7～30 位	无	否	无	否
Amazon	至少 6 位	无	否	无	否
Twitter	至少 6 位	无	否	无	否
Facebook	至少 6 位	无	否	无	否

注：表中 1⁺S 表示至少一个特殊字符，1⁺D 表示至少一个数字，1⁺L 表示至少一个字母。

自 1999 年 Klein 等[23]提出口令主动检查器（PPC，Proactive Password Checker）来达到抵制用户使用弱口令的目的开始，不断有新的口令强度评价器被提出。Carnavalet 等[7]研究了当今工业界 22 个主流的口令强度评价器，评价效果最好的分别是 Zxcvbn PSM[24]和 Dominik Reichl 提出的 KeePSM，学术界评价效果较好的是基于概率模型的 PCFG-Based PSM[25]、Markov-Based PSM[26]及 fuzzyPSM[27]。然而，通过表 1 可以看出，学术界提出的口令强度评价器鲜少在工业界使用。

3.3　口令强度加强研究现状

1997 年，Ru[28]等提出通过模糊逻辑输入生物识别技术来增强密码认证机制，在此之后的口令加强都是针对口令认证协议或者系统本身，如 Kim[29]的三方密钥交换协议等，但鲜少有针对口令强度加强的研究。因此，研究口令强度加强具有很现实的意义。

■ 四　创新性解决方法

口令强度评价方面，不同地域、性别、职业等的人行为特征不同，而口令生成是人的一种行为，因此不同人群的口令生成方法不同，而目前的口令强度评价方法没有考虑这一点。因此，急需一个考虑不同人群行为特征的口令强度评价算法。

口令强度加强方面，长久以来，口令强度和可记忆性一直是博弈的两端。理论上来说，生成的口令越随机越难被破解也就越安全，但随机口令可用性太低，用户为了记住口令，将生成的口令记在移动设备或者纸上会带来更多的安全问题，因此在保证可用性的基础上提高口令强度是亟待解决的问题。

基于以上两点，本文提出基于群体的口令强度评价方案和基于语义变换的口令强度加强方法。

4.1 基于群体的口令强度评价方案

4.1.1 基本概念

（1）群体

群体指具有相同特征（如相同性别、相同职业、相同地区等）的一部分人。

（2）注意力机制

注意力机制被广泛应用于图像、语音及自然语言处理领域中，Dell'amico 等[30]提出在长短期记忆（LSTM，Long-Short Term Memory）网络与目标向量结合中加入注意力机制，使网络模型注意文本中与实体有关的内容，该工作证明了注意力机制在文本意义挖掘中的有效性。

注意力机制最初来源于人类视觉特有的大脑信号处理机制，深度学习的注意力机制与视觉中的注意力机制相似，都是从众多信息中抓取关键信息。注意力机制的思想是：将输出空间构成的元素假设为一组<Key, Value>键值对，当给定目标 Target 中的某个元素 Query 时，通过计算 Query 与每个 Key 之间的相关性，得到每个 Key 对应的 Value 的权重系数，最后通过将 Value 权重系数加权求和得到注意力值。因此，注意力机制的计算过程主要分为两部分：一是利用 Query 和 Key 计算 Value 权重系数；二是通过权重系数对 Value 加权求和。

4.1.2 方案介绍

本模型利用 LSTM 对文本序列处理的同时结合注意力机制对用户口令序列进行建模，模拟不同群体用户的口令生成过程，并计算模型输出口令的概率，通过概率对口令进行强度评估，概率值越大，口令强度越强，反之越弱，口令强度评价流程如图2所示。

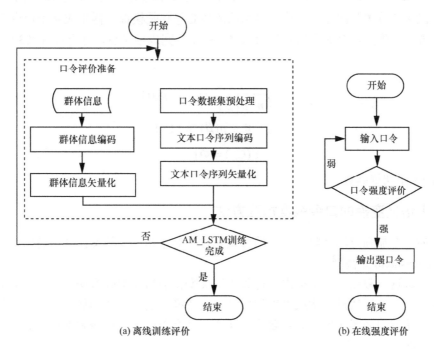

(a) 离线训练评价　　　　　(b) 在线强度评价

图2　口令强度评价流程

口令强度评价分为两部分：离线训练评价和在线强度评价。口令猜测次数指攻击者按口令可能出现的概率从高到低进行猜测，直到猜中口令所需要的次数。设有一个口令集合 Γ，概率函数 $P:\text{pw} \to p, \text{pw} \in \Gamma \text{ and } \text{pw} \in [0,1)$，则

$$\sum_{\text{pw} \in \Gamma} P(\text{pw}) = 1 \tag{1}$$

其中，函数 P 在本文的计算过程如算法 1 所示。

算法 1 基于 AM-LSTM 的口令概率分布算法

输入 口令 pw，群体信息 g，AM-LSTM 模型 M

输出 模型 M 下口令概率 $p(\text{pw})$

1) 定义：口令起始符 $s=\Delta$，结束符为换行符
2) $i=0$, prob=1, context=s
3) while $i<\text{len(pw)}$ do
4) $p=M(\text{context})$
5)   prob=prob*$p[\text{pw}[i]]$
6)   context=context+pw[i]
7) $i=i+1$
8) end while
9) return prob

设口令 $\text{pw}' \in \Gamma$ 且满足 $P(\text{pw}') > P(\text{pw})$，则口令 pw 猜测次数等于 pw′ 可能出现口令集合 Φ 大小 $|\Phi|$，如式（2）所示。

$$\Phi = \{P(\text{pw}') > P(\text{pw}), \text{pw}' \in \Gamma\} \tag{2}$$

$|\Phi|$ 可以通过暴力枚举得到，但效率太低，所以通常使用蒙特卡洛模拟[31]抽样的方法，根据口令概率计算猜测次数，蒙特卡洛算法的核心思想是模拟抽样生成 n 个口令集合 Θ，而在本文方案中生成口令的方法替换为 AM-LSTM。完成抽样后，计算如式（3）、式（4）所示。

$$C_\Phi = \sum \begin{cases} \dfrac{1}{n \cdot p(\beta)}, & p(\beta) > p(\alpha) \\ 0, & p(\beta) \leqslant p(\alpha) \end{cases} \tag{3}$$

$$\text{E}(C_\Phi) = |\Phi| \tag{4}$$

其中，E(·)表示期望函数。

4.2 基于语义变换的口令强度加强方法

现有的口令加强方法受限于口令的可记忆性，对原始口令的变换非常有限，通常不超过 2 位 Levenshtein 距离[32]。

为了突破这一限制，本文提出一种基于语义变换的口令加强方法，它可以有效分析口令的语义结构，然后通过一次或多次的口令语义变换，实现口令的加强。基于语义变换的口令加强方法流程如图 3 所示。主要分为 4 步：黑名单匹配、口令强度评价、口令分段、口令语义变换。

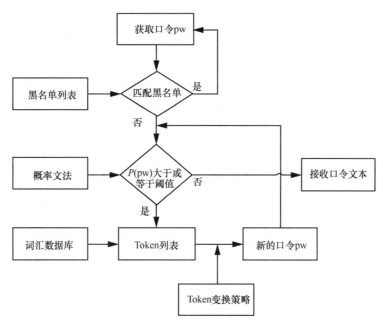

图 3　基于语义变换的口令加强方法流程

4.2.1　黑名单匹配

对于用户首次注册提交的口令 pw，首先将口令与预定义的口令黑名单 blacklist 进行匹配，如果 pw 出现在 blacklist 中，则直接拒绝 pw 的提交。

口令黑名单包含一系列用户最常使用的口令。汇总表 1 中所有口令数据，并使用频率递减的策略对口令进行排序，选择排名前 1 万的口令作为本文的口令黑名单，即

blacklist={使用频率最高的 1 万条口令}

通过算法 2，识别口令是否与 blacklist 中口令相似或者一致。

算法 2　黑名单特征匹配算法

输入　黑名单 blacklist，口令 pw，相似度函数 smilarity (.)，相似度阈值 S

输出　true|false

1) if pw∈blacklist then

2) return true

3) end if

4) for bl in blacklist do

5) if smilarity(pw,bl)$\geqslant S$ then

6)　 return true

7)　 end if

8) end

9) return false

其中，smilarity 函数用于求两个字符串的相似度（Dice 系数[33]）。

4.2.2　口令强度评价

本文对 PCFG 口令强度评价算法进行扩展来评价口令强度。为了识别口令中姓名、日期语义信息，在 PCFG 文法的终结符集中添加姓名、生日标签，产生的新文法 G_I，其定义

如下：

$G_I=(V, \Sigma, S, P)$，$V=\{S, L_m, D_m, S_m, K_m, N_1, N_2, N_3, B_1, B_2\}$为非终结符集，其元素称为非终结符。

V 中定义的非终结符，其中 L_m 代表 m 个连续的字母字符；D_m 代表 m 个连续的数字字符；S_m 代表 m 个连续的特殊字符；K_m 代表 m 个键盘连续字符$(m \geqslant 4)$；$N_1 \sim N_3$ 代表姓名，其中 N_1 代表姓名全拼，N_2 代表姓名拼音缩写，N_3 代表用户姓拼音缩写和名全拼的组合；$B_1 \sim B_2$ 代表生日，其中 B_1 代表出生年月日，B_2 代表出生年份后两位和月份日份的组合。G_I 中其他部分的定义与传统 PCFG 方法一致。由此生成的文法 G_I 比传统的 PCFG 方法，能有效识别口令中的姓名、生日语义信息。

本文将基于以上定义的扩展文法价 G_I 用于口令强度评价，计算口令的概率。对于没有出现在 blacklist 中的 pw，计算 pw 出现的概率 $P(pw)$。并基于 Houshmand 的方法[24]设定概率阈值 thp。如果 $P(pw)<thp$，则提交 pw。如果 $P(pw) \geqslant thp$，则判断口令为弱口令，并执行口令加强算法加强口令。

4.2.3 口令分段

对于 $P(pw) \geqslant thp$ 的弱口令，本文基于词汇数据库 COCA n-gram 语料库和 WordNet 英语词汇数据库对 pw 进行语义分析，并且基于 Li 等[34]提出的计算字符串语义覆盖度的方法，提出一种基于最大语义覆盖度的口令分段（MCPS，Maximum Coverage Passoword Segmentation）算法，来对口令的字母段进行分段，这样可以获得最大语义覆盖度的口令分段，分段算法如算法 3 所示。

步骤 1）～步骤 2）对一些变量进行初始化复制。步骤 3）～步骤 13）用于求口令中字母串的最佳分段，可以分为几个小步骤：其中步骤 4）～步骤 8）获得所有与语料库词汇匹配的字母串子段。步骤 9）在前一步的基础上，获得基于语料库词汇的合法分段；步骤 10）在前一步的基础上，从所有覆盖度超过阈值的分段中选择最大覆盖度分段；步骤 11）在前一步的基础上，选择分段数最多的分段；步骤 12）在前一步的基础上，从列表中随机选择一个分段。步骤 14）返回分段。

算法 3 基于最大覆盖度的口令分段算法

输入 口令 pw，覆盖率阈值 C，词汇数据库 cp

输出 分段列表 list

1) alphas(pw)←{all substring of pw consists of alpha}

2) seg←{}, optimal←{}, list←{}

3) for alpha in alphas(pw)do

4)   for sub in substring (alpha) do

5)   if sub∈cp then

6)   seg←seg$U$ {sub}

7)   end if

8)   end

9)   Segs←{all available segments from seg}

10)   Segs.select (s if max(coverage(s))$\geqslant C$ and $s \in$Seg)}

11)   Segs.select (s if max($|s|$)and $s \in$ Seg)}

12)　list←list U Segs.select_one(s if s ∈ Seg)}

13) end

14) return list

其中，substring 用于求一个串的所有有效子串，select 函数用于选择集合中满足指定条件的元素，select_one 函数用于在满足条件的所有元素中随机选择一个，coverage 函数用于计算分段的语义覆盖度。

基于 MCPS 算法完成对口令的分段后，生成口令的分段列表（token 列表）。表 2 通过实例展现了 PCFG 的 LDS 分段列表与 Token 分段列表的区别。

表 2　口令切分成 Token 列表举例

口令实例	LDS 分段列表	Token 分段列表
iloveyou123	(iloveyou,123)	(i, love, you, 123)
likezhangsan987	(likezhangsan,987)	(like,zhang,san,987)

基于 MCPS 分段方法比 PCFG 的 LDS 分段方法更细致，如字符串 iloveyou123 基于 LDS 的分段方法会被分为"iloveyou"字母段和"123"数字段共两段；而基于 MCPS 的分段方法，字符串 iloveyou123 会被分为"i""love"和"you"三个语义段和"123"数字段。相比较于 PCFG 的 LDS 分段方法，本文的基于语义的分段方法更加精细。分段算法将 pw 切分成若干片段组成的列表。

4.2.4　口令变换

为实现口令的加强，在对口令 pw 进行分段生成口令的 Token 列表之后，本文对 Token 列表执行若干次变换策略生成新的 Token 列表，进而生成与旧口令相似的更安全的新口令 pw′，以实现对口令的加强。Token 变换策略如表 3 所示。

表 3　Token 变换策略

加强策略	说明	示例
添加 Token	从词汇库中选择一个词汇插入 Token 列表	(i, love, dog, 24) → (i, love, dog, 24, about)
替换 Token	从词汇库中选择一个词汇替换 Token 列表中的一个 Token	(monkey, 12345) → (monster, 12345)
交换 Token	从 Token 列表中选择两个 Token 彼此交换位置	(like, zhang, san, 987) → (like, san, 987, zhang)

五　有效性论证

5.1　口令强度评价

实验主要采用的数据集为三大群体复合口令集：Game、E-mail、Society。由于本文实验过程主要分为两部分：模型的训练及评估、AM-LSTM PSM 与 NIST PSM 对比。所以本文将数据随机分为两部分，在网络模型中将数据按照训练集∶测试集＝4∶1进行划分。

本文选择 Python3.6 作为编程语言，使用神经网络框架 Keras 进行模型搭建。

（1）模型训练环境

操作系统（OS）：Windows10 64 位

运行内存（RAM）：16 GB

GPU：GTX 1080Ti

（2）模型主要参数

LSTM 层数：3 层

单个 LSTM 神经元数：256

LSTM 的 time_steps：10

损失函数：categorical_crossentropy（交叉熵）

优化器：sgd（随机梯度下降）

学习率：0.000 1

batch_size：32

本文分别用 NIST PSM 与 AM-LSTM PSM 进行训练、测试，并将通过两个 PSM 的口令用 PCFG 进行猜测攻击，部分实验结果如图 4 所示。

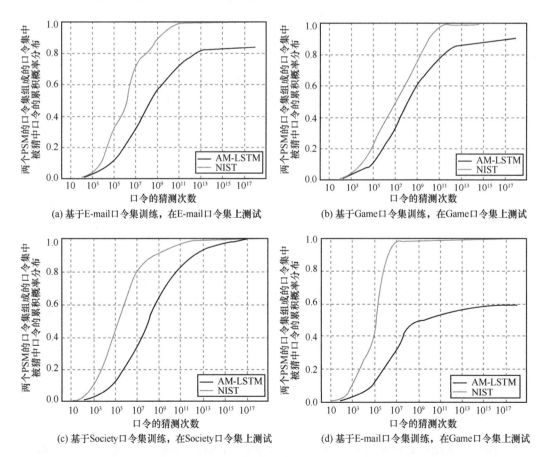

图 4　抵御猜测攻击实验结果

（3）方案有效性

从图 4 可以看出，在相同的猜测次数下，通过 AM-LSTM PSM 的口令被破解率明显低于 NIST PSM，说明 NIST PSM 过高地评估了某些口令的强度。同时从图中可以看出，通过 NIST PSM 评价的口令使用 PCFG 猜测次数一般在 10^{11} 甚至更低的时候，曲线达到了稳定状态，然而在 AM-LSTM PSM 中，猜测次数至少需要 10^{15}，说明经过 AM-LSTM 的口令抵御猜测攻击的能力更强。由此说明了 AM-LSTM PSM 比 NIST PSM 更能准确地刻画口令的强度，即本文方案在口令强度评价方面比 NIST PSM 更优秀，也体现了本文方案的有效性。

5.2 基于语义变换的口令强度加强方法

本文采用 Weir 的 PCFG 口令猜测攻击算法对同一网站的普通测试集和加强测试集进行口令猜测攻击。由于选用的攻击算法都是 PCFG 且训练集相同，破解出的口令比例只取决于测试集的安全性。

对于普通测试集，1 000 次 PCFG 猜测攻击可以破解大概 2.14%～12.09%的口令，这可能是因为这些口令集中的弱口令既没有经过口令黑名单过滤也没有经过口令加强算法的加强；10 亿次 PCFG 猜测攻击可以破解大概 31.87%～71.05%的口令。图 5(e)中通过 CSDN 进行训练的 PCFG 攻击算法，执行 10 亿次口令猜测破解了 Weibo 口令集中 31.87%的口令。这可能是因为两个网站在口令生成策略、使用群体上的差异性导致的。CSDN 限制口令的长度不能低于 8 位且用户大多是安全意识较高的 IT 从业人员，而 Weibo 要求用户的口令长度不能低于 6 位，用户大多是安全意识较低的普通互联网人群。

对于加强测试集，被成功破解的口令比例是相当低的，1 000 次以下猜测攻击破解的口令比例几乎为 0%，10 亿次猜测攻击破解的口令比例为 4.13%～10.47%。显然经过加强的口令数据集更能有效地抵御 PCFG 猜测攻击，这也验证了本文加强算法的有效性。

六 总结与展望

本文通过调研国内外十几家知名网站的口令强度评价器，并进行实际测试。针对群体特征对口令生成的影响，提出一种考虑群体特征的口令强度评价方法，该方法利用深度学习中的注意力机制促使口令强度评价模型关注群体特征对口令上下文依赖关系的影响，同时使用长短期记忆模型搭建神经网络模型对文本口令进行训练及测试，最终使模型能够根据文本口令及群体信息得到该口令可能出现的概率，并进行准确地口令强度评价。本方法能更好地刻画不同群体用户口令强度，提升口令抵御猜测攻击能力。

本文调研了现有的口令加强技术，发现主流的口令加强技术提高口令安全性效果有限，无法应对复合口令猜测攻击。为此，我们提出一种基于语义变换的口令加强方法。通过建立口令语料库分析口令的语义结构、口令语义变换方法修饰弱口令，能保证口令可用性并提高弱口令的安全强度，有效抵御复合口令猜测攻击。

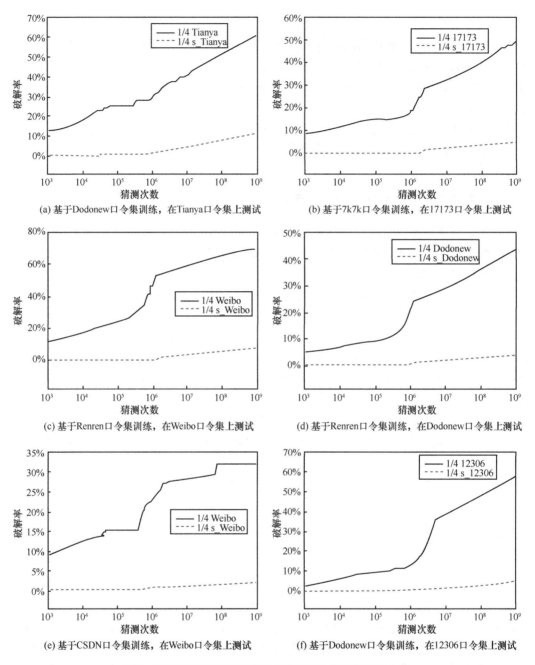

(a) 基于Dodonew口令集训练，在Tianya口令集上测试
(b) 基于7k7k口令集训练，在17173口令集上测试
(c) 基于Renren口令集训练，在Weibo口令集上测试
(d) 基于Renren口令集训练，在Dodonew口令集上测试
(e) 基于CSDN口令集训练，在Weibo口令集上测试
(f) 基于Dodonew口令集训练，在12306口令集上测试

图 5 基于 PCFG 攻击方法攻击普通口令集和加强口令集

参考文献：

[1] 中国互联网信息中心. 第 42 次《中国互联网络发展状况统计报告》[R]. 2018.

[2] KEITH M, SHAO B, STEINBART P J. The usability of passphrases for authentication: an empirical field study[J]. International Journal of Human Computer Studies, 2007, 65(1): 17-28.

[3] DAS A, BONNEAU J, CAESAR M, et al. The tangled Web of password reuse[C]//Proc. NDSS. 2014: 1-15.

[4] IVES B, WALSHK R, SCHNEIDER H. The domino effect of password reuse[J]. Communications of ACM, 2004, 47(4): 75-78.

[5] BONNEAU J. The science of guessing: analyzing an anonymized corpus of 70 million passwords[C]//Proc IEEE S&P 2012. 2012: 538-552.

[6] KLEIND V. Foiling the cracker: a survey of, and improvements to, password security[C]//Proc USENIX SEC 1990. 1990: 5-14.

[7] CARNAVALETX D C D, MANNAN M. A large-scale evaluation of high-impact password strength meters[J]. ACM Transactions on Information and System Security, 2015, 18(1): 1-32.

[8] CACHIN C. Entropy measures and unconditional security in cryptography[D]. Zurich: ETH, 1997.

[9] MORRIS R, THOMPSON K. Password security: a case history[J]. Communications of ACM, 1979, 22(11): 594-597.

[10] WEIR M, AGGARWAL S, MEDEIROS B D, et al. Password cracking using probabilistic context-free grammars[C]//Proc IEEE S&P 2009. 2009: 391-405.

[11] MA J, YANGW N, LUO M, et al. A study of probabilistic password models[C]//Proc IEEE S&P 2014. 2014: 538-552.

[12] VERAS R, COLLINS C, THORPE J. On the semantic patterns of passwords and their security impact[C]//Proc NDSS 2014. 2014: 1-16.

[13] MELICHER W, UR B, SEGRETI S M, et al. Fast, lean, and accurate: modeling password guessability using neural networks[C]//USENIX Security Symposium. 2016: 175-191.

[14] GRAMPP F T, MORRIS R H. The UNIX system UNIX operating system security[J]. At & T Bell Laboratories Technical Journal, 1984, 63(8): 1649-1672.

[15] CORIN R, DOUMEN J, ETALLE S. Analysing password protocol security against off-line dictionary attacks[J]. Electronic Notes in Theoretical Computer Science, 2005, 121: 47-63.

[16] OECHSLIN P. Making a faster cryptanalytic time-memory trade-off[C]//International Cryptology Conference. 2003: 617-630.

[17] NARAYANAN A, SHMATIKOV V. Fast dictionary attacks on passwords using time-space tradeoff. [C]//Proceedings of the 12th ACM conference on Computer and Communications Security. 2005: 364-372.

[18] WANG D, ZHANG Z, WANG P, et al. Targeted online password guessing: an underestimated threat[C]//ACM CCS 2016. 2016.

[19] CIARAMELLA A, D"ARCO P, SANTIS A, et al. Neural network techniques for proactive password checking[J]. IEEE Transactions on Dependable and Secure Computing, 2006, 3(4): 327-339.

[20] 陈锐浩, 邱卫东. 基于神经网络的口令属性分析方法[J]. 微型电脑应用, 2015(4): 45-47.

[21] HITAJ B, GASTI P, ATENIESE G, et al. PassGAN: a deep learning approach for password guessing[C]//International Conference on Applied Cryptography and Network Security. 2019: 217-237.

[22] WANG D, WANG P. The emperor's new password creation policies[C]//Computer Security-ESORICS 2015. 2015.

[23] KLEIN D V. Foiling the cracker: a survey of, and improvements to, password security[C]//Proceedings of the 2nd USENIX Security Workshop. 1990: 5-14.

[24] WHEELER D. ZXCVBN: low-budget password strength estimation[C]//Proc USENIX SEC 2016. 2016: 157-173

[25] HOUSHMAND S, AGGARWAL S. Building better passwords using probabilistic techniques[C]//Proc. ACSAC 2012. 2012: 109-118.

[26] CASTELLUCCIA C, URMUTH M, PERITO D. Adaptive password strength meters from Markov mod-

els[C]//Proc. NDSS 2012. 2012: 1-15.

[27] WANG D, HE D, CHENG H, et al. FuzzyPSM: a new password strength meter using fuzzy probabilistic context-free grammars[C]//IEEE/IFIP International Conference on Dependable Systems & Networks. 2016.

[28] DE RU W G, ELOFF J H P. Enhanced password authentication through fuzzy logic[J]. IEEE Expert, 1997, 12(6): 38-45.

[29] KIM H S, CHOI J Y. Enhanced password-based simple three-party key exchange protocol[J]. Computers & Electrical Engineering, 2009, 35(1): 107-114.

[30] MA D, LI S, ZHANG X, et al. Interactive attention networks for aspect-level sentiment classification[J]. arXiv preprint arXiv: 1709.00893, 2017.

[31] DELL'AMICO M, FILIPPONE M. Monte Carlo strength evaluation: fast and reliable password checking[C]//Proceedings of the 22nd ACM SIGSAC Conference on Computer and Communications Security. 2015: 158-169.

[32] LEVENSHTEIN V I. Binary codes capable of correcting deletions, insertions, and reversals[J]. Soviet physics Doklady, 1966, 10(8): 707-710.

[33] DICE L R. Measures of the amount of ecologic association between species[J]. Ecology, 1945, 26(3): 297-302.

[34] LI Y, WANG H, SUN K. Personal information in passwords and its security implications[J]. IEEE Transactions on Information Forensics and Security, 2017, 12(10): 2320-2333.

针对手势密码的声呐攻击

周满[1], 王骞[1], 李琦[2]

1. 武汉大学国家网络安全学院
2. 清华大学网络科学与网络空间研究院

摘　要： 手势密码已广泛用于移动设备（如智能手机和平板电脑）的屏幕解锁及应用登录。目前存在一些针对手势密码的破解攻击，然而这些攻击的有效性受到移动设备环境的显著影响，而且攻击手段不具有可扩展性。为此，本文提出一种新型基于声呐的攻击方法（PatternListener），通过分析由指尖反射的不可感知的声学信号来破解手势密码。它通过分析构成手势密码的各条线段（指尖的滑动轨迹）来推断每个解锁手势密码。本文使用已有的商用智能手机实现PatternListener 原型，并使用 130 种不同的手势密码对其进行全面评估。实验结果表明PatternListener 破解手势密码的正确率超过 90%。

■ 一　背景介绍

手势密码的图案信息特别适合于人类大脑记忆，而且移动用户总是认为有限数字组成的 PIN 码是不安全的[1]，因此，手势密码已经被广泛用于移动设备的用户身份验证。在使用设备前，用户只需要几秒便可以在设备屏幕上绘制图案，实现简单实用的用户认证。根据最近一项调查[2]，大约 40% 的参与者使用手势密码作为屏幕锁以保护他们的设备，而 33% 的人虽然没有使用它作为屏幕锁，但经常使用它进行应用程序上的身份验证，如支付宝。因此，手势密码的安全问题最近引起了人们的广泛关注。

安卓（Android）系统开发了许多安全机制确保用户绘制手势密码时，其他应用程序无法获得移动设备的屏幕数据输入。例如，sandbox 和 Trust Zone 从软件和硬件上对敏感信息（如 PIN 码、手势密码）进行隔离。所有应用程序（基于 App 或基于 Web）都将受到这种机制的限制，从而无法访问其他未分配给它们的私有资源。因此，这些机制使传统的攻击（如劫持解锁屏幕或构建网络钓鱼攻击）难以推断手势密码。然而，应用程序在移动设备上仍然可以访问某些共享硬件，如加速度计、照相机、麦克风和 GPS。这些资源可能为通过使用它们生成的侧信道信息来推断手势密码打开一扇门。

最近，几种攻击[2-4]被提出来破解 Android 设备上的手势图案锁。油污攻击[3]利用屏幕上的油性残留物来推断手势密码。然而准确性受到屏幕上残留物量的影响，还可能会受到用户后续操作的干扰。Zhang 等[4]证明了通过分析无线信号来推断手势图案的可行性。但是，所提的方法需要复杂的网络设置，并且攻击的有效性容易受到附近移动物体（如附近的人）的干扰。Ye 等[2]通过记录受害者指尖运动的录像片段破解 Android 手势密码，它要求攻击者在物理上足够靠近设备。此外，其攻击精度受到许多物理因素的影响，如拍摄角度、距离、光线变化和相机抖动。而且这些攻击不能用于推断大量设备的手势密码。简而言之，这些现有的攻击方案并不鲁棒且不可扩展。

本文提出一种新颖的声学攻击方案（PatternListener），通过使用不可察觉的声学信号来推断敏感的手势密码。攻击背后的观察是移动设备屏幕上滑动的指尖会反射附近的声信号，并且反射信号包含了与手势密码对应的指尖运动信息。当受害者开始绘制手势密码时，PatternListener 会生成难以察觉的声信号并使用受害者设备的扬声器播放它，同时，受害者设备的麦克风会记录指尖反射的声信号。记录的声信号将由远程服务器处理以推断指尖滑动。PatternListener 根据指尖的运动轨迹分割成不同的线条，并通过分析构成图案的各条线段来推断每个手势图案。但是，2D 手势追踪[5-7]无法在 PatternListener 中应用，因为它们需要同时使用两对扬声器—麦克风来追踪手势，需要重新配置智能手机系统，这在本文的攻击假设中是不可能的。

本文利用相干检波和静态分量消除来有效去除信号噪声，并识别指尖运动的拐点从而将声信号精确地分割成与图案中的每条线段对应的片段；基于指尖反射声信号的路径长度变化趋势来提取运动特征，以便推断出每条线段的候选者；将不同线段的候选者组合在一起以识别整个手势图案最可能的候选者。声信号随着距离的增加而快速衰减，因此周围其他不相关的移动物体，如受害者的头部，不会干扰所记录的声学信号，这意味着 PatternListener 对来自环境的干扰具有鲁棒性。特别是，通过收集来自各种手机型号的信号，PatternListener 可以轻松地同时推断大量设备的手势密码。

■ 二 国内外相关工作

2.1 手势密码的攻击

油污攻击分析屏幕上残留的油状污迹来推断手势密码[3]。然而，这种方法非常依赖油性残留物污迹的持久性，容易受到后续的屏幕活动干扰。Zhang 等[4]研究表明，有可能通过绘制手势密码时利用手指运动对附近无线信号的影响来推断手势密码，但他们的方法需要复杂的设置，很容易被环境中的运动物体干扰。Ye 等[2]使用附近拍摄的偷窥视频捕获绘制图案时用户的指尖运动，从而破解 Android 手势密码。然而，精度很容易受到拍摄角度和距离，光强变化、相机抖动等因素的影响。此外，它依赖于绘制过程可以物理靠近的假设，这限制了攻击规模。Aviv 等[8]表明，加速度计可以被用于学习的基于滑动和基于点击的屏幕输入，从而使它们可以推断 PIN 码和手势密码。然而，他们提出的方法只能实现推断 50 个手势密码 73％的准确度和 50 个 PIN 码 43％的准确度。

2.2 声音攻击及追踪

文献[9-14]研究基于声音信号的击键识别，这些方法利用按键声音略有不同，使用到达时间差测量，以确定在同一个物理按键上的多次击键。其中，文献[11-13]利用先进的移动设备确定附近键盘的击键，从而利用恶意 App 窃听附近键盘的输入。Arp 等[15]探索利用音频嵌入超声信标的技术，通过移动设备的麦克风跟踪用户的普遍性和局限性。Trippel 等[16]研究模拟声注入攻击如何损坏电容性 MEMS 加速度计的数字完整性。有相关研究[5-7]提出了通过利用手机的麦克风和扬声器实现 2D 手势追踪，但它们不能被 PatternListener 应用于手势密码推断，因为它们需要同时使用两对扬声器—麦克风。为了实现这一目标，他们通常重新配置智能手机系统，以避免硬件回声消除，在本文的攻击场景下这种假设是不可能的。此外，手势轨迹的精度被手指接近智能手机的区域严格限制。例如，当手指在某些最佳区域移动 5 cm 时，LLAP[6]追踪误差仅为 0.4 cm，当手指在屏幕滑动 5 cm 时，误差超过 1.6 cm。与这些方案相比，PatternListener 只使用一对扬声器—麦克风提取运动特征，推断手势密码。

2.3 手势密码的安全

Uellenbeck 等[17]研究 Android 手势密码的安全性，他们发现，用户的手势密码选择具有严重偏好性。文献[18]提出用户设置手势密码时的使用习惯，和他们关于什么是安全模式看法的初步研究。Sun 等[19]分析了所有有效手势密码的特点，并提出一种方法来定量地评价手势密码的安全性。Aviv 等[20]研究表明，基于 3×3 和 4×4 网格图案的重复和对称发生率很高。文献[21]提出一种安全有效的手势密码选择方法，以帮助用户选择 Android 设备上的手势密码。Cho 等[22]提出一种方案使用户设置手势密码时必须使用少量随机选择的点，从而系统地改善手势密码的安全性。

■ 三　基于声呐的手势密码攻击

3.1 威胁模型

本文通过开发一种名为 PatternListener 的新型攻击研究 Android 设备上手势密码的漏洞。PatternListener 旨在重建受害者移动设备上 OS 或者应用程序的手势密码。它生成并播放不可感知的音频信号，同时，受害者的麦克风设备记录指尖反射的声音信号，这样攻击者就可以分析记录的信号，并且根据指尖滑动重建手势密码。为了确保攻击的可行性，笔者开发可以直接安装在移动设备上的恶意软件，以便攻击者可以同时攻击许多设备并获取手势密码。PatternListener 软件在后台安装运行后，和传统恶意软件[23]类似。PatternListener 需要获得访问扬声器、麦克风和运动传感器（即加速度计和陀螺仪）的权限。这些权限大多数不需要用户批准，除了访问麦克风权限。但是，访问麦克风在 Android 应用中非常流行，如 Google Play 市场中，55％的社交应用和 52％的通信应用需要麦克风权限。因此，PatternListener 伪装成这些种类的应用程序很容易获得麦克风权限。PatternListener 可以同时破解不同设备上不同类型的手势密码，破解后的手势密码可以用于各个方面。例如，PatternListener 可以给每个破解的手机分配唯一序列号，然后通过隐蔽的声信号[24]定期地广播序列号。攻击者可以使用智能手机来检测和解码隐藏声信号，然后了解附近哪些手机的手势密码已被破解。这样，一旦攻击者有机会短暂物理接触目标设备，就可以使用相应的手势密码解锁目标设备。

3.2 攻击流程

图 1 显示了 PatternListener 的攻击流程，它主要由 4 个阶段组成：解锁检测、音频捕获、预处理和图案重构。

（1）解锁检测

此阶段检测受害者何时即将绘制手势密码。因此，PatternListener 可以立即播放音频并记录手指反射的声音信号，从而捕获屏幕上的指尖滑动。本文考虑两种不同的手势密码解锁，即屏幕解锁和 App 解锁。

（2）音频捕获

此阶段记录到的声音信号，包含解锁过程中捕获屏幕上的指尖滑动。检测到解锁操作后，PatternListener 使用受害者设备的扬声器播放不易察觉的高频声音信号，并触发麦克风记录指尖反射的信号，将识别对应于解锁过程的反射信号并上传到服务器。

（3）音频预处理

该阶段提取出和指尖运动相关的信号。为了实现这一目标，PatternListener 利用相干检波解调基带信号，并对信号进行下采样，以实现后续高效的信号处理。然后，它去除静态分量以减少多径干扰，获得由指尖反射的真实信号部分。

（4）图案重构

此阶段通过分析信号重建受害者的解锁手势图案。PatternListener 分析信号以获得指尖在屏幕上的滑动轨迹，由于手势图案由线条组成，可以通过将线条映射到图案网格中推断候选图案。它包括 4 个步骤：信号分割，将声学信号分段为片段；相对移动测量，推断指尖的运动；图案线段推断，推断构成指尖轨迹的线段；候选图案生成，根据推断的线条构造候选手势图案。

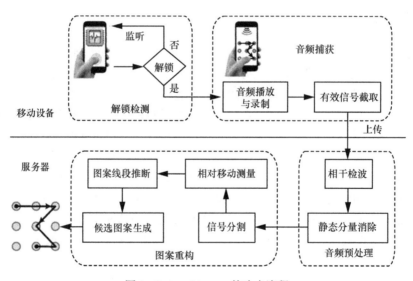

图 1　PatternListener 的攻击流程

3.3　解锁检测

解锁检测的目的是：当受害人绘制手势密码时，PatternListener 可以立即播放音频信号，然后记录声音信号从而捕获屏幕上的指尖滑动。本文将其分为屏幕解锁和 App 解锁。

3.3.1　屏幕解锁

当受害者即将解锁屏幕时，使用手势密码的屏幕通常会经历以下三种状态：①非交互，设备处于睡眠图案，并且用户不能通过屏幕与设备进行交互；②预交互，屏幕是开放的，并且用户正准备唤醒设备；③交互，该设备被完全激活，且用户可通过屏幕与设备进行交互。在 Android 系统，屏幕状态改变时，信息将被自动广播。因此，可以通过监测从非交互到预互动的状态转换相关联的广播信息检测屏幕解锁的动作。

3.3.2　App 解锁

App 解锁与屏幕解锁不同，因为它不产生任何广播信息。为了检测受害人何时绘制 App 手势密码，本文基于以下观察提出一个简单而有效的方案。受害者往往会在屏幕上左右滑动去寻找目标 App 并点击选择，另外指尖运动会因为 App 启动延迟而停顿 1～2 s。这些屏幕上的连续操作通常暴露出某些时空运动特性，其可以被用于检测 App 解锁的动作。本文利用运动传感器来检测屏幕上的点击动作，屏幕被解锁后，利用扬声器连续播放人耳察觉不到的音频，从而可以从记录的声信号检测滑动行为，因为移动指尖将反射声信号。滑动行为的检测比使用声学信号推断受害人的手势密码容易得多，因为不需要精确地知道指尖运动的距离和角度。实际上，可以采用其他任何合适的解锁检测机制以提高检测效率。例如，屏幕解锁之前，大多数用户可能会抬起他们的智能手机（如 iMore 网站上 Joseph Keller 的一篇文章指出，iOS 10 能够检测抬腕动作从而唤醒 iPhone）。

3.4　音频捕获

一旦检测到解锁动作，PatternListener 使用受害者设备的扬声器播放不可察觉的声信号，并触发麦克风来记录由移动设备屏幕上滑动指尖反射的声信号。本文利用声信号重建手势密码的原因在于，指尖运动可以从反射的声信号中提取分析出来。

3.4.1　生成与播放音频

PatternListener 生成连续波音频信号 $A\sin 2\pi ft$，控制受害者设备扬声器播放，其中 A 是振幅，f 为声信号的频率，频率 f 被设定为在 18~20 kHz。本文选择这个频率范围的原因是，大多数扬声器和麦克风的响应频率为 50 Hz~20 kHz，大多数人不能听到频率高于 18 kHz[25] 的声音。然而，有些用户可能会听到的声音比 18 kHz 的频率，可以降低音量，使其几乎无法被察觉。因此，生成的音频可以通过麦克风记录，但不能被任何用户注意到。此外，环境噪声的频率通常低于 8 kHz，这使 PatternListener 受到的环境噪声干扰变得可忽略不计。

3.4.2　音频麦克风录制

扬声器播放音频的同时，麦克风开始记录声信号。所记录的声音信号能够捕捉指尖运动的信息，因为移动设备的屏幕上滑动的指尖反射声学信号。图 2 展示出记录的一段声音信号，时间 Δt 内，指尖在手机屏幕上移动。从图 2 可以看出，指尖在屏幕上运动会对声信号产生显著干扰（参见图 2 所示的椭圆形区域）。

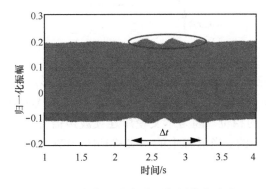

图 2　指尖在 Δt 期间在手机屏幕上移动

3.4.3 有效信号识别

本文只对解锁过程的声学信号感兴趣，即当指尖触摸屏幕解锁启动，当指尖离开屏幕解锁终止。设备自带的运动传感器可用于检测两个关键时间点，并且估计手势密码的起始点。当手指在屏幕上点击时，运动传感器的数据将显著改变。当受害者触摸屏幕，手指给手机一个向下的压力，手机因压力将绕 x 轴和 y 轴旋转，并且沿 z 轴向下移动。当指尖离开屏幕时，压力就会消失，手机趋向于恢复到原来的位置。也就是说，它会在 x 轴和 y 轴旋转并在 z 轴移动。手机的这种移动可以通过运动传感器捕获并通过监视运动传感器的数据变化得到这两个时间点。然后，在两个时间点的声信号可以被裁剪，攻击者悄悄将其上传到服务器，并分析这些信号以恢复手势密码。

3.5 音频预处理

在重建手势密码之前，PatternListener 预处理录制的音频，以提取到与指尖运动相关的声音信号分量。PatternListener 首先利用传统的相干检测，以解调基带信号，并进行信号下采样，然后消除静态成分，得到由指尖反射的声信号成分。

3.5.1 相干检测

从扬声器播放的音频可以被视为载波信号，与指尖运动相关的信号可以被视为基带信号，因此所记录的声信号是载波信号和基带信号的组合。麦克风记录的声学信号与扬声器播放的声音信号是同步的，因此可以利用传统的相干检测器，从所记录的声信号中解调基带信号。相干检波的过程如图 3 所示，$R(t)$ 表示所记录的声信号，F_{1p} 表示一个低通滤波器，F_{ds} 表示下采样函数，然后相应的 C（同相）分量和 O（正交）分量的计算方法如下：

$$C(t) = F_{ds}(F_{lp}(R(t) \cdot A\sin 2\pi ft))$$
$$O(t) = F_{ds}(F_{lp}(R(t) \cdot A\cos 2\pi ft)) \tag{1}$$

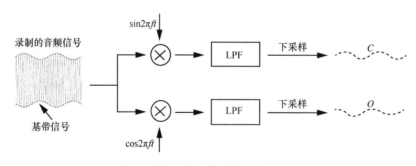

图 3 相干检波的过程

图 4（b）表示对应于图 4（a）中手势密码的 C/O 波形，图 4（a）中灰点为拐点，对应的信号，图 4（b）中 C/O 波形变得相对平坦。基带信号的 C 分量和 O 分量具有相同的振幅和频率但不同的相位。因为本文使用连续波声信号具有恒定的幅度，没有指尖运动时，C/O 波形是平坦的。当屏幕上的指尖移动时，C/O 波形将迅速波动（如图 4（b）中 Δt 时间内的波形）。

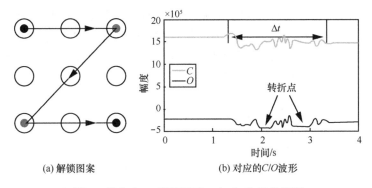

(a) 解锁图案 (b) 对应的C/O波形

图4 指尖在 Δt 期间画了一个 "Z" 手势密码

3.5.2 静态分量消除

记录的声信号由噪声和指尖反射的真实声信号组合而成。大部分噪声信号，其通过视线（LOS）路径直接传播或者由周围的其他物体反射，是静态分量。因此，可以消除静态分量以获得对应于只由滑动指尖反射的真实 C/O 信号分量。为了解决这个问题，本文利用局部极值检测（LEVD）[6]算法估计静态分量。通过计算两个相邻的极大值和极小值的平均值获得中点静态分量的估计值，然后利用线性内插算法来估计指尖运动期间在其他点的静态分量的值。

给定一段 C/O 波形，一旦找到局部极值点，就可以将它与前一个极值点进行比较。如果它们的时间间隔大于间隔阈值 T 时，将被认为是一个有效的极值点。否则，只有当它们的幅度差大于差值阈值 T_d，局部极值点才会被认为是有效极值点。本文设置间隔阈值 T 为两个相邻极值点的平均时间间隔的两倍，随着有效的极值点被识别，阈值也将被更新。阈值 T_d 为一个经验值，帮助筛选出由噪声引起的局部极值点。

3.6 图案重构

3.6.1 信号分割

为了重构手势密码，首先需要确定由在屏幕上指尖滑动的轨迹形成的每条线段。信号分割步骤被设计来分割 C/O 分量成多个片段，使它们对应于图案的每条线段，然后每条线段可以进一步确定，可以手动或自动分割信号，本文在 PatternListener 提出了一个拐点识别（TPI）算法来实现自动信号分割。由此，如果能够使用 PatternListener 软件同时收集大量用户的信号，就能够自动推断大量设备的手势密码。

在解锁过程中，当指尖到达拐点，一条新线段开始。如图4（a）所示，"Z" 图案包含两个拐点、三条线段。其中指尖进行转弯的点被称为 "拐点"（如图4（a）中的两个黑点）。因此，如果知道每个拐点的时间，就可以细分 C/O 分量到对应于每条线段的片段。

本文需要确定指尖运动的拐点。在一个拐点到来时，指尖会暂停一小段时间（虽然持续时间很短）。其结果是，当指尖位于拐点时，由指尖反射的声信号相对稳定，也就是说，C/O 的波形波动很缓慢，如图4（b）所示。因此，如果发现两个相邻的极值点之间的时间间隔比平均时间间隔大得多，这个点通常是拐点。基于这一观察，本文提出了一种拐点识别算法来识别所有有效的极值点，并进一步找到真正的拐点。图5给出了一个以 O 分量进行拐点识别的示例。本文已经利用 LEVD 算法在 C/O 分量上找到局部极值点。然而，由于环境干扰或硬件缺陷引入一些尖锐噪声可能被 LEVD 算法误识别为极值点。考虑到在 C/O 分量的有效极值点在时间上是交错的，本文根据时间序列将 C/O 分量的极值点进行排序，排除一些误极值点，使 C/O 分量的极值点时间交错。最后，可以顺序地检查 C 分量的两个相邻的极值点之间的时间间隔，找到所有拐点。

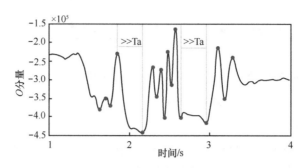

图 5　拐点识别示例

3.6.2　相对运动测量

对应于各条线段的信号片段被准确分割后，本文重新确定信号片段的起始点和终点，然后测量与每条线段相关的指尖相对运动。图 6 展示了对应于图案一条线段去噪后的 C/O 分量。C/O 分量的波形近似于正弦波，C/O 轨迹类似圆圈，其中心为 (0,0)。然而由于信号分割的误差，C/O 分量的起始点和终点的识别不是很准确。图 6（a）的椭圆区域展示了一个识别误差的示例。接下来，本文将介绍如何精确地计算指尖运动的每条线段对应的声学信号相位变化，并且降低识别错误。

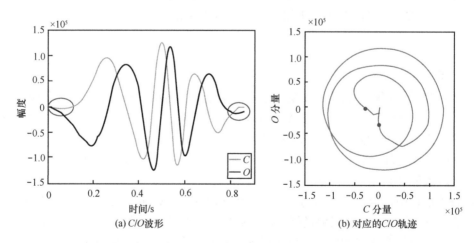

(a) C/O 波形　　　　　　　　　　(b) 对应的 C/O 轨迹

图 6　对应手指反射的 C/O 分量

其基本思想是计算 C/O 轨迹所有点的累计旋转度。C/O 轨迹上的点被表示为 $P1, P2, \cdots, Pi, \cdots, PN$，其中 i 是时间索引。弧 $P1P2$ 的旋转度可以作为直线 $P1P2$ 和 $P2P3$ 之间的夹角来近似计算。本文使用 URD 表示相邻两个点的旋转度。同样，可以得到弧 $P2P3, \cdots, PN-2\ PN-1$ 的旋转度。最后，一段声学信号的相位变化等于所有 URD 在其 C/O 轨迹上的总和。利用 C/O 迹线能够更准确地确定起始点和终点（如图 6（b）中的两个黑点），进一步更精确地计算相位变化。

PatternListener 利用基于相位的测量方法[6]测量指尖的相对运动，计算由指尖反射声波信号的相位变化，然后转换相位变化为路径长度的变化。然而，指尖运动将影响反射信号的频率和相位，频率受移动速度的影响，相位受移动距离和方向的影响。对于相同的手势密码，移动距离和方向不会改变，但移动速度可能变化。因此，本文使用基于相位的方法，而不是基于多普勒偏移的方法[26]提取相应的运动信息。

令 $d(t)$ 表示在时间 t 由移动指尖反射声信号的路径长度，$\varphi(t)$ 表示在时间 t 的指尖反射声信号的相位，λ 表示声信号的波长。那么在时间段（$t1$，$t2$）的路径长度变化计算如式（2）所示。

$$d(t_2)-d(t_1)=\frac{-\lambda}{2\pi}(\varphi(t_2)-\varphi(t_1)) \tag{2}$$

根据式（2），可以得到任何期间由指尖的相对运动引起的路径长度变化。鉴于声音在空气中的传播速率 v 为 340 m/s 和声学信号 f 的频率为 19 kHz，可以得到波长 $\lambda = \frac{v}{f}$（1.79 cm）。因此，上述基于相位的距离测量方法足够区分图案网格上的不同指尖运动。

3.6.3 线段推测

本文使用路径长度的变化来推断构成手势密码的每条线段。首先表征指尖滑动相关的运动特征，然后找出相似度最高的候选线段。

事实上，路径长度的变化和指尖的相对运动之间的关系由扬声器和麦克风的位置决定。本文考虑两种情况：扬声器和麦克风位于指尖运动轨迹的两侧；扬声器和麦克风处于轨迹的同侧。指尖的轨迹是一条线，因为本文已经将声音信号分割转换成对应于每条线段的片段。

（1）扬声器和麦克风位于指尖运动轨迹的两侧

由滑动指尖反射声信号的路径长度变化如图 7 所示，指尖轨迹是扬声器和麦克风之间具有任意长度和方向的线段。本文假设指尖从 L 滑动到 N，并经过 M，其中 M 是指尖轨迹和扬声器麦克风连线之间的交点。声音信号的路径长度从 L 到 M 减小，然后从 M 到 N 增加。即路径长度的变化只有三种情况：总是增加、总是减少、先减少后增加。因此，可以使用一个二维向量（$d1$，$d2$）为指尖运动的特征，其中，$d1$ 是从 L 至 M 的路径长度变化，$d2$ 是从 M 到 N 的路径长度的变化。

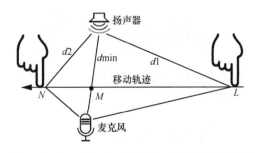

图 7　扬声器和麦克风位于指尖运动轨迹的两侧

（2）扬声器和麦克风位于指尖运动轨迹的同侧

如图 8 所示，从 L 到 N 由移动指尖反射声信号的路径长度变化不能直接被观察到。为了解决这个问题，假设存在虚拟扬声器 Speaker'，它沿着手指轨迹与真实的扬声器镜像对称。因此，真实扬声器和移动指尖之间的声学信号与扬声器 Speaker' 和移动指尖之间的声学信号的路径长度总是相同的。即从扬声器通过移动指尖反射到麦克风的路径长度变化，与从扬声器 Speaker' 通过移动指尖到麦克风反射总是相同的。因此，在这种情况下，路径长度的变化类似于扬声器与麦克风处于指尖的轨迹的两侧。因此，仍然可以使用二维向量（$d1$，$d2$）为指尖运动特征。

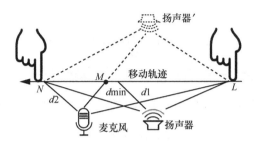

图 8   扬声器和麦克风位于指尖运动轨迹的同侧

大多数商用移动设备配有一对以上的扬声器和麦克风，PatternListener 至少需要一对扬声器和麦克风来推断解锁手势密码。如果使用多个扬声器和麦克风，攻击效果会更好。因为路径长度的变化特征受扬声器和麦克风的位置影响，不同的扬声器和麦克风对，特征也会不同。因此，可以结合不同的扬声器麦克风对，更准确地提取出每条线段的二维特征向量。为了防止从不同的扬声器所产生的声信号相互干扰，本文设置不同的扬声器使用不同频率的信号。

3.6.4   候选图案生成

本文事先为每条线段建立不同扬声器和麦克风对特征向量的对照数据库。给定一个起始点，指尖可以在 3×3 网格滑动到其他 8 个点中任意一个点，以产生 8 条不同的线段。比较当前特征向量与 8 条不同线段的特征向量，并计算它们之间的相似性。令（$d1_{ij}$，$d2_{ij}$）表示第 i 条线段第 j 对扬声器和麦克风的特征向量（$i \in [1,8]$），（$d1'_j$，$d2'_j$）表示当前线段第 j 对扬声器和麦克风所提取的特征向量。第 j 对扬声器和麦克风的当前线段与第 i 条线段提取的特征向量之间的相似度 S_{ij} 计算如式（3）所示。

$$S_{ij} = 1 - \frac{\sqrt{(d1_{ij}-d1'_j)^2 + (d2_{ij}-d2'_j)^2}}{\sqrt{(d1_{ij})^2 + (d2_{ij})^2} + \sqrt{(d1'_j)^2 + (d2'_j)^2}} \tag{3}$$

然后，结合不同扬声器和麦克风对的特征向量，以获得当前线段的特征向量和第 i 条线段之间的相似性的 S_i，如式（4）所示。

$$S_i = \sum_{j=1}^{n} W_j S_{ij}, \quad W_1 + W_2 + \cdots + W_n = 1 \tag{4}$$

其中，n 是扬声器和麦克风对的总数，W_j 为第 j 对扬声器和麦克风的权重系数。本文为不同的扬声器和麦克风对设置不同的权重系数，因为当一对扬声器和麦克风的位置更靠近滑动指尖，相对移动的测量结果通常是更可靠的。当相似度 S_i 大于阈值 T_s（本文根据测量结果凭经验设定 T_s=0.65），本文将第 i 条线段设置为候选线段。但可能存在多个候选线段，需要枚举所有候选线段。本文将产生的所有候选线段映射到图案网格中，最后确定生成密码图案。本文提出一个图案生成树进行密码图案重建，并根据该图案的线段连接顺序过滤掉不可能的候选者。最后，相似性最高的前 5 个图案被选择作为候选手势密码。

■ 四　实验验证

在本节中，本文使用现有的商用智能手机实现了 PatternListener 原型，并且展示了实验结果。

4.1　实验设置

本文实现 PatternListener 应用程序，并将其安装在现有商用的智能手机上。正如 3.1 节的讨论，PatternListener 可以伪装成一个良性的 App，一旦它被用户安装将长期在后台运行。本文在两款不同的智能手机（三星 C9 Pro 和华为 P9 Plus）平台上评估 PatternListener 的性能。服务器是配有 2.9 GHz CPU 和 8 GB 内存的台式电脑。大多数移动设备配有一对以上的扬声器和麦克风，然而大多数智能手机在双声道录音时系统自动进行回声消除，影响从不同扬声器和麦克风对提取的特征。因此，本文只用一个麦克风记录由指尖反射的声波信号。

4.2　实验结果

4.2.1　整体成功率

本文使用 130 种手势密码测试不同样本数的总体成功率。使用多个样本推断同一个手势密码可行的，因为 PatternListener 可以在后台长时间运行，从而捕获同一个手势密码的多个样本（指一段对应于一个解锁过程的声信号），这有助于提高成功率。

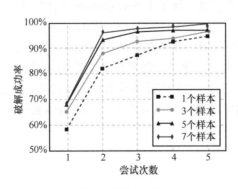

图 9　整体成功率

图 9 显示了 1~5 次尝试下的总体成功率。首先，PatternListener 只用 1 个样本一次尝试的平均成功率达到 58.1％。5 次尝试的成功率将提高到 94.8％。由于 Android 系统暂时锁定设备前，最多允许 5 次失败尝试，所以可以得出结论，PatternListener 在实际情况下可以成功破解大多数手势密码。此外，成功率将随着样本数量的增加而增加，因为采样误差的

影响将被消除。具体而言，7 个样本 5 次尝试的成功率达到 99.7%。因此，PatternListener 在重建手势密码上是非常有效和精确的。

4.2.2　周围物体的影响

本文实验研究周围物体对声信号干扰，从而对图案破解准确率的影响。在该实验中有两个实验参与者，一个参与者绘制图案，而另一个参与者的手充当不同距离的干扰物体进行这项实验。图 10 展示了 1 个样本三次尝试下，在干扰者的手保持静态或者在不同的距离移动下的成功率。在 PatternListener 中，破解成功率几乎不受静态物体干扰，因为静态成分消除可以很好地去除周围静态物体反射的声信号噪声。从实验结果可以观察到周围移动物体会显著影响成功率，但是，其影响随着距离的增加而减小。当距离超过 60 cm，周围物体的影响变得可以忽略不计。这是因为声音功率衰减与手机到周围物体距离的平方成正比。这一实验结果表明，PatternListener 是不容易被周围物体影响的。

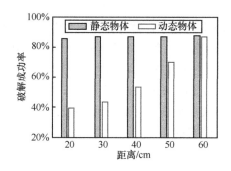

图 10　周围物体的影响

■ 五　结论

本文提出一种通过利用不易察觉的声音信号重建手势密码的新颖攻击——PatternListener，并利用现有商用智能手机实现了 PatternListener 原型。本文使用 130 种不同的手势密码评估 PatternListener 的性能，实验结果显示，PatternListener 在各种实际情况下能够实现高精度的智能手机手势密码重构。实验结果表明，PatternListener 在 5 次尝试下能够以 90% 以上准确率成功破解手势密码。此外，还可以从实验结果得出一些重要结论：①复杂图案不一定意味着更强大的保护；②如果该设备被更稳固地持拿，攻击更有效；③PatternListener 对滑动速度和不同尺寸的屏幕变化是相对鲁棒的；④周围物体和环境噪声干扰不会显著影响攻击的有效性。

参考文献：

[1]　ANGELI A D, COVENTRY L, JOHNSON G, et al. Is a picture really worth a thousand words? Exploring the feasibility of graphical authentication systems[J]. International Journal of Human-Computer Studies, 2005, 63(1): 128-152.

[2]　YE G X, TANG Z Y, FANG D Y, et al. Cracking Android pattern lock in five attempts[C]//Proc of NDSS. 2017.

[3] AVIV A J, GIBSON K L, MOSSOP E, et al. Smudge attacks on smartphone touch screens[J]. Woot 10, 2010: 1-7.

[4] ZHANG J, ZHENG X L, TANG Z Y, et al. Privacy leakage in mobile sensing: your unlock passwords can be leaked through wireless hotspot functionality[J]. Mobile Information Systems, 2016.

[5] NANDAKUMAR R, IYER V, TAN D, et al. Fingerio: using active sonar for fine-grained finger tracking[C]//Proc of CHI 2016: 1515-1525.

[6] WANG W, LIUA X, SUN K. Device-free gesture tracking using acoustic signals[C]//Proc of MobiCom. 2016: 82-94.

[7] YUN S K, CHEN Y C, ZHENG H H, et al. Strata: fine-grained acoustic-based device-free tracking[C]//Proc of MobiSys. 2017: 15-28.

[8] AVIV A J, SAPP B, BLAZE M, et al. Practicality of accelerometer side channels on smartphones[C]//Proc of ACSAC. 2012: 41-50.

[9] ASONOV D, AGRAWAL R. Keyboard acoustic emanations[C]//In Proc. of S&P. 2004: 3-11.

[10] BERGER Y, WOOL A, YEREDOR A. Dictionary attacks using keyboard acoustic emanations[C]//Proc of CCS. 2006: 245-254.

[11] LIU J, WANG Y, KAR G, et al. Snooping keystrokes with mm-level audio ranging on a single phone[C]//Proc of MobiCom. 2015: 142-154.

[12] WANG J J, ZHAO K, ZHANG X Y, et al. Ubiquitous keyboard for small mobile devices: harnessing multipath fading for fine-grained keystroke localization[C]//In Proc. of MobiSys. 2014: 14-27.

[13] ZHU T, MA Q, ZHANG S F, et al. Context-free attacks using keyboard acoustic emanations[C]//Proc of CCS. 2014: 453-464.

[14] ZHUANG L, ZHOU F, TYGAR J D. Keyboard acoustic emanations revisited[J]. ACM Transactions on Information and System Security, 2009.

[15] ARP D, QUIRING E, WRESSNEGGER C, et al. Privacy threats through ultrasonic side channels on mobile devices[C]//Proc of EuroS&P. 2017: 35-47.

[16] TRIPPEL T, WEISSE O, XU W, et al. WALNUT: waging doubt on the integrity of mems accelerometers with acoustic injection attacks[C]//Proc of EuroS&P. 2017: 3-18.

[17] UELLENBECK S, DÜRMUTH M, WOL FC, et al. Quantifying the security of graphical passwords: the case of android unlock patterns[C]//Proc of CCS. 2013: 161-172.

[18] ANDRIOTIS P, TRYFONAS T, OIKONOMOU G, et al. A pilot study on the security of pattern screen lock methods and soft side channel attacks[C]//Proc of WiSec. 2013: 1-6.

[19] SUN C, WANG Y, ZHENG J. Dissecting pattern unlock: the effect of pattern strength meter on pattern selection[J]. Journal of Information Security and Applications, 2014,19(4): 308-320.

[20] AVIV A J, BUDZITOWSKI D, KUBER R. Bigger better? comparing user-generated passwords on 3x3 vs. 4x4 grid sizes for Android's pattern unlock[C]//Proc of ACSAC. 2015: 301-310.

[21] SONG Y, CHO G, OH S, et al. On the effectiveness of pattern lock strength meters: measuring the strength of real world pattern locks[C]//Proc of CHI. 2015: 2343-2352.

[22] CHO G, HUH J H, CHO J, et al. SysPal: system-guided pattern locks for Android[C]//Proc of S&P. 2017: 338-356.

[23] ZHOU Y J, JIANG X X. Dissecting android malware: characterization and evolution[C]//Proc of S&P. 2012: 95-109.

[24] ZHOU M, WANG Q, REN K, et al. Dolphin: real-time hidden acoustic signal capture with smartphones[J]. IEEE Transactions on Mobile Computing, 2018, 18(3): 560-573.

[25] WANG Q, REN K, ZHOU M, et al. Messages behind the sound: real-time hidden acoustic signal capture with smartphones[C]//Proc of MobiCom. 2016: 29-41.

[26] CHEN K Y, ASHBROOKD, GOEL M, et al. AirLink: sharing files between multiple devices using in-air gestures[C]//Proc of UbiComp. 2014: 565-569.

区块链系统安全

基于区块链数据的欺诈识别技术研究

郑子彬

中山大学

摘　要： 区块链技术是一项新型技术，具有颠覆许多传统行业的潜力。然而，区块链生态中各种非法行为盛行，严重威胁用户的金融安全，阻碍区块链技术的健康良性发展。建立有效识别区块链生态中的非法账户的模型已成为维护区块链金融安全的关键问题。为此，本文提出了一种基于机器学习和数据挖掘的框架来解决区块链中的非法账户识别问题，并基于以太坊，针对智能庞氏骗局和钓鱼诈骗两类典型欺诈行为建立了识别模型。具体地说，本文首先通过一些平台收集账户数据和账户标签，根据以太坊中的交易数据过滤掉不需要的样本；然后分析欺诈行为并对账户提取特征；最后引入合适的机器学习模型对账户进行分类，识别出欺诈账户。实验结果表明，本文模型具有较高的精度和召回率，证明了所提方法的实用性。

一　研究背景概述

区块链技术是一项具有颠覆许多行业潜力的新兴技术，受到国家、企业和投资者的广泛关注。当前，区块链已成为学术界和工业界研究热点。与其他信息技术相比，区块链技术的一个重要特征是系统中存在着某种数字资产，带有很强的"金融属性"。因此，区块链生态吸引了很多不法分子利用区块链的特性实施金融欺诈，危害区块链行业发展和参与其中的投资者。

2017 年 9 月，我国央行等七部门联合发布《关于防范代币发行融资风险的公告》，全面叫停代币融资。其中一个重要的原因是代币融资中存在金融诈骗、传销等违法犯罪活动。除了直接利用代币融资，针对部分典型的区块链平台上代币的网络犯罪也层出不穷。据报道，在以太坊平台上进行代币融资的所有资金中，近 10% 被网络犯罪分子偷走。

在区块链金融生态中，无论是针对链上的代币，还是在交易代币的交易所中，各种欺诈行为都已经非常严重。以以太坊生态为例，其上的智能合约可以实现经典的庞氏骗局，而普通账户也常用于钓鱼诈骗、黑客攻击等非法行为中用于接收非法所得。由于区块链技术很新，针对区块链生态中的欺诈识别的研究尚不多见，相关的监管手段还需提高。国家互联网信息办公室发布《区块链信息服务管理规定》，明确指出区块链技术容易被一些不法分子利用，实施网络违法犯罪活动，损害公民、法人和其他组织的合法权益，并将区块链信息服务纳入国家监管。区块链金融生态中的各种欺诈行为不利于区块链技术的发展，建立面向区块链金融生态的欺诈识别模型势在必行。

习近平总书记在中央政治局第十八次集体学习时强调，要加强对区块链安全风险的研究和分析，要探索建立适应区块链技术机制的安全保障体系，推动区块链安全有序发展。为此，本文以以太坊区块链为例，基于区块链数据，针对庞氏骗局和钓鱼诈骗两类常见的账户欺诈行为构建了识别和预警模型，并评估了模型的有效性。

为了建立合理的欺诈识别模型，可信的数据是关键支撑。在公有区块链中，数据是公开的。区块链技术可根据应用场景和网络加入许可机制的不同划分为公有链、联盟链和私有链[1]。比特币、以太坊等对节点的加入与退出并没有任何限制，是典型的公有链。传统数据库中的数据通常隶属于某家企业或机构，只有内部人员能够查看和分析，而公有区块链因为可以自由加入与退出，其中的数据（即区块链数据）可以方便地获取，这为数据分析人员通过获取公有链的交易数据，进而分析系统中的各种行为提供了前所未有的机会。

二　主要科学问题

区块链中的链上账户主要分为普通账户和智能合约账户，这两种账户皆可能被不法分子用于实现欺诈行为，如庞氏骗局、钓鱼诈骗等。区块链中非法账户的欺诈行为在给用户带来巨大损失的同时，也给区块链的金融生态发展蒙上了一层"阴影"。区块链金融生态安全发展的主要科学问题是如何基于链上数据，建立针对区块链欺诈账户的有效识别模型。

为了实现区块链生态的安全有序发展，需要建立的模型应具有如下特性。

（1）模型高度自动化。随着区块链的发展，链上的交易和账户不断动态增加，非法行为所使用的欺诈账户也会越来越多。庞大的账户数量使人工识别欺诈账户成为不可能，因而必须建立具有高度自动化并能实现动态扩展的欺诈账户识别模型。

（2）模型具有可解释性。针对欺诈行为所建立的识别模型中，一个关键问题是模型必须具有可解释性。模型的可解释性能让我们发现欺诈行为的特性，从而为区块链平台提供建议，改善区块链的运行机制，进而减少欺诈行为的发生。

（3）模型具有及时性和高召回率。欺诈行为往往在发生之后才被检测处理，而随着时间的推移，欺诈行为在被发现之前会有越来越多的人受骗，尽早地检测识别出欺诈账户可以减少用户损失。从整个区块链生态发展的角度而言，需要尽可能地识别出全部的欺诈账户，所以召回率相对于准确率而言更重要。对欺诈账户建模时考虑及时性和召回率从而大规模地及时止损，是建立自动识别模型的关键问题。

（4）框架算法的通用性。区块链金融生态主要存在智能合约账户和普通账户两类账户，不同账户的欺诈行为不同。智能合约欺诈行为是欺诈者通过编写代码使智能合约成为自动执行的欺诈合约，而普通账户欺诈更多地和常见的金融欺诈手段结合。因此，仅针对某一类欺诈问题建立有效识别模型是不够的，必须设计一整套针对区块链金融生态欺诈行为的框架算法，且框架算法必须对区块链金融生态中的两种账户中不同的欺诈行为有适应性，通用于识别欺诈账户建模，能够有效地应用在区块链金融生态中的各种欺诈识别问题。

三　国内外研究现状

自比特币上线以来，区块链技术成为一个重要的研究方向。目前，围绕区块链技术产生了多方面的研究成果，与区块链底层相关的研究已经足够丰富，文献[2]分析比较了多种技术架构并提出了修改建议，文献[3]分析比较了当前的多种共识机制，文献[4-6]讨论了用户的安全和隐私保护的问题，文献[5]分析了区块链的攻击问题，但当前针对区块链的欺诈识别的研究成果还较少。

由于在区块链上存储的主要数据是交易，每个账户实际上可以看作一个节点，而他们的交易当作边，所以在对账户行为建模时，一个常用的方法是构建复杂网络[7-8]。复杂网络的构造手段可以多样化，以交易为节点，以交易之间存在的输入输出关系为边，也可以构造交易网络。对于一个网络而言，在数据分析中，还可以结合网络表征学习[9]的方法，对节点或者边进行表征得到特征向量，再结合分析目标使用。

在区块链数据分析中，一个既是关键点但又较难分析的信息是交易的时间戳，对于这个问题，通常通过引入时间序列模型或者提取时间相关特征来解决，如文献[10-11]通过抽取链上或链外一些常见的特征，构建了基于递归神经网络（RNN）、长短期记忆（LSTM）网络、贝叶斯网络等方法的比特币价格预测模型。文献[12-13]从时间维度，通过追踪交易的链条，发现比特币系统存在多种特殊交易的模式。

在区块链数据分析中，有多个场景可以使用机器学习方法来解决一些实际问题。由于以太坊平台上智能合约可以不公布对应的源代码，因而无法获知某个智能合约到底实现了什么功能，针对这一问题，文献[14]结合部分标签和聚类方法给以太坊上的智能合约提供了一种自动打标签的方法。文献[15]提出了一个面向比特币系统的自动特征与标签抽取工具。文献[16]则通过搜集的地址标签信息构建了一个比特系统上地址的分类数据集，进而通过抽取地址的一些统计特征，如每天交易次数、交易对手数目等特征，训练了一个随机森林模型，实现地址类别的分类。

随着数字经济的发展，有关区块链的应用研究也越来越多，文献[17]分析了区块链的应用现状，文献[18]概括了智能合约的发展，文献[19]分析了当前的应用热点。有关区块链数据分析，可以使用的手段已经足够丰富，文献[20]分析了当前区块链数据分析的趋势和挑战，实际上，复杂网络分析、图神经网络、时间序列分析、数据挖掘等技术可以使用到区块链数据分析中，但是针对区块链金融欺诈识别还没有一套系统的方案，不能全面地防范和阻止欺诈行为。

四　创新性解决方法

针对区块链中的账户欺诈识别问题，本文以以太坊为例，设计了如图1所示的框架。首先，本文从以太坊和其他区块链相关平台获得相关问题的样本数据，并下载以太坊区块链获得所有账户的链上数据，为解决样本不均衡问题，通过结合数据特征，设计一些过滤规则以形成最终的实验数据集；然后，针对需要识别的欺诈行为，基于区块链数据设计特征，其中，设计过程必须考虑模型的最终应用是预防欺诈行为，从而让模型能够更早地预测出欺诈账户，及时阻止欺诈行为；最后，根据数据集的特性选用模型，通常来说，欺诈行为样本在数据集中是占极小比例的，故可以直接使用异常检测方法检测欺诈行为样本，或者使用两步模型，用第一个模型排除掉大量的正常样本和少量的欺诈行为样本，从而让样本达到相对平衡，用第二个模型来准确识别欺诈行为样本，最终，将训练得到的模型应用到实际数据中，做到识别潜在的欺诈行为和尽早预防欺诈行为，为用户提供精准的预警。

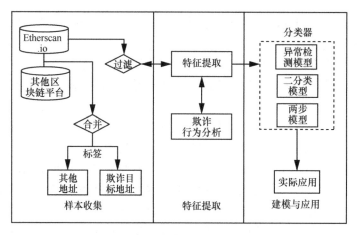

图1 区块链中的账户欺诈识别框架

为了验证框架的有效性，本文分别从识别智能合约庞氏骗局和普通账户钓鱼诈骗两个问题上对所提框架进行了实验。

（1）智能合约庞氏骗局识别

智能庞氏骗局是以智能合约形式实现的庞氏骗局。为了建立一个有效的智能庞氏骗局检测模型，我们需要有足够的具有标签（确定它们是否是智能庞氏骗局）的合约和不需要源代码就可以提取的有效特征（保证合约在创建时就可以提取特征）。根据所提出的框架，为了获取足够的样本，首先下载一些经过验证的智能合约，通过阅读合约的源代码，分析其逻辑，判断其是否为庞氏骗局得到数据集；然后，为了提取不依赖于源代码的特征，将源代码编译成字节码，从字节码反编译提取操作码作为代码特征；其次，通过分析合约的交易行为提取账户特征；最后，通过结合账户特征和代码特征，建立分类识别模型，并将模型应用于以太坊潜在智能庞氏骗局的识别。

账户特征主要来源于欺诈合约和正常合约不同的交易行为。由于智能庞氏骗局合约是庞氏骗局，其与正常合约相比具有几个明显的特征：①庞氏骗局合约通常仅转账给曾经的投资者；②有些账户收到的支付金额多于其投资金额，如经常从合约中收取费用的创建者；③为了保持快速和高回报的形象，智能庞氏骗局可能在有足够的余额时立即回报投资者，这可能导致合约余额较低。基于此，本文从智能合约的余额、合约和用户的投资交互、用户收到的回报等角度提取以下账户特征。

- Balance（Bal）：智能合约的账户余额
- N_maxpay（N_max）：给所有参与者的最大付款次数
- N_investment（N_Inv）：合约的投资次数
- N_payment（N_pay）：合约的支付次数
- Paid one（P1）：收到至少一笔回报的参与者比例
- Known rate（Kr）：获得合约支付的用户中有过投资的比例
- Difference counts mean（Dcm）：差异向量 $v1$ 的平均值
- Difference counts standard deviation（Dcsd）：差异向量 $v1$ 的标准差
- Difference counts skewness（Dcs）：差异向量 $v1$ 的偏度
- Difference amounts mean（Dam）：差异向量 $v2$ 的平均值

• Difference amounts standard deviation（Dasd）：差异向量 $v2$ 的标准差

代码特征主要来源于合约的操作码。智能合约的操作码（即指令助记符）有助于对合约进行分类，因为它们表示合约的所有可能操作[5]。同时，操作码可成功地应用于分析智能合约的潜在问题，因为它是从以太坊虚拟机（EVM）[5]的角度反映了智能合约的逻辑。因此，本文期望从操作码中提取的特征在检测智能庞氏骗局方面有用。为此，本文提取所有操作码（即指令助记符）并计算它们的频率。提取代码特征时，本文将每个具有非零频率的操作码都被视为一个特征。请注意，这里忽略操作码后的数字，如 PUSH1 和 PUSH2 被认为是相同的并且表示为 PUSH。在全部样本合约的操作代码中，我们找到了 64 种不同的操作码。因此，代码特征是 64 维的。

图 2 显示了两个智能合约的操作码词云图，其中 Rubixi 是一个典型的庞氏骗局，而 LooneyLottery 是一个正常的彩票游戏合约。每个单词都是一个操作码，其字体大小代表使用的频率。为了使图形能更清楚地展示操作码分布，图形中没有包含三个频率最高的操作码 PUSH、DUP 和 SWAP。虽然仅通过观察操作码的云图来识别智能合约的类型是不可能的，但很容易看出两个智能合约的操作码大不相同。直觉上，至少存在两个显著差异：Rubixi 包含更多判断，而 LooneyLottery 包含更多随机性。实际上，从图中可以清楚地看到第一个差异，Rubixi 合约包含相对更多的 JUMPI，而 LooneyLottery 合约包含更多 JUMP。这两个操作码之间的区别在于前者是后者的有条件版本。要检测第二个差异需要做统计分析。LooneyLottery 合约包含 4 个 TIMESTAMP，而 Rubixi 则不包含。原因是操作码 TIMESTAMP 通常用于获取区块链上某个区块的时间戳，该时间戳通常用作系统的随机变量。上述分析表明，在检测庞氏骗局合约时，操作码特征可能是一个较强的特征。

图 2　Rubixi 合约（左）和 LooneyLottery 合约（右）的操作码词云

在分类模型方面，本文使用了极端梯度提升（XGBoost，eXtreme Gradient Boosting）、随机森林（RF，Random Forest）等多个不同的模型对比实验结果，并使用了 OCSVM 等异常检测方法来解决智能合约样本中类别不平衡的问题，从而更好地识别庞氏骗局。

（2）钓鱼诈骗识别

针对钓鱼诈骗识别问题，本文首先通过多个数据源平台收集带有网络钓鱼诈骗标签的地址；然后，设置了几个规则来过滤一些具有相对较低活跃度和影响力的账户；接着，从交易记录中提取了三类特征，分别是用户特征、网络特征和资金流特征；最后，基于特征建立了两步分类框架来检测可疑地址，并将其有效性与许多现有方法进行比较。

在通过多个平台获取样本后，由于以太坊中有各种账户，本文采用以下三个规则过滤了一些账户。

规则 1：过滤智能合约账户。

规则 2：过滤存款交易数小于 4，交易总数小于 5 的账户。

规则 3：过滤余额峰值小于 5 个以太币的账户。

本文选择这三条规则是基于以下考虑。第一条规则的提出，是考虑到钓鱼诈骗账户主要用于收集以太币，采用智能合约没有必要，普通的账户就足够了。第二条规则旨在过滤那些不活跃的账户。在查看交易记录时，我们发现一些钓鱼地址已经转移了获得的以太币，在这种情况下，即使能够准确地识别出网络钓鱼地址，也不能阻止其套现过程，因此，需要一个能够在套现前检测钓鱼嫌疑地址的模型。通过进一步分析网络钓鱼地址的交易情况，我们发现很多网络钓鱼账户包含较多的转账交易，因此引入了账户异常转账事件（Unusual Transfer Event）的启发式定义来及时阻止钓鱼账户套现。具体来说，我们将账户的异常转账事件定义为第一个转账金额超过账户余额的某个阈值 r 的转账交易，r 为 0 到 1 的数，如 0.1 或 0.2。在提取特征时，我们仅使用部分交易记录（即异常转账事件之前的交易记录），因为希望所提出的模型能够在套现之前检测到网络钓鱼嫌疑账户。

本文分别从账户行为、交易网络和资金流三方面分析了钓鱼诈骗账户相较于普通账户的特殊行为，并根据这些特性从异常转账事件之前的交易记录中提取了相对应的特征，如表 1 所示。

表 1 钓鱼诈骗账户识别提取特征

	AF1	账户余额
账户特征	AF2	历史最大余额
	AF3	交易总数
	AF4	存款交易数量
	AF5	转账交易数量
	AF6	存款交易数量与交易总数的比率
	AF7	存款交易金额
	AF8	转账交易金额
	AF9	存款交易量的平均值
	AF10	转移交易量的平均值
网络特征	NF1	入度邻居数量
	NF2	出度邻居数量
	NF3	入度邻居数与所有邻居数之比
	NF4	入口和出度邻居的交集邻居数量
	NF5	存款交易数量与入度邻居数量的比率
	NF6	转账交易数量与出度邻居数量的比率
资金流特征	EFF1	向量 **TF** 中最大值与 AF3 的比率
	EFF2	向量 **TF** 中最小值与 AF3 的比率
	EFF3	向量 **TF** 的偏度
	EFF4	向量 **TF** 的峰度
	EFF5	向量 **TV** 的偏度
	EFF6	向量 **TV** 的峰度

首先，账户特征是根据钓鱼诈骗用户特殊的交易模式而设计的，钓鱼诈骗账户通常包括更多存款交易和一个异常转账事件，转移超过一半的账户余额。非网络钓鱼账户的存款和转账交易的数量更加平衡。钓鱼账户的欺诈本质决定了它的交易行为和正常的账户不同，本文提取了表1中的10个账户特征。

其次，在以太坊区块链中，交易可以被视为从一个账户发送到另一个账户的消息[21]。这里只关注以太币转账交易，为简单起见，我们将以太币转账交易抽象为四元（S，R，T，A），这意味着发送者 S 在时刻 T 发送 A 以太币给接收者 R。S 和 R 表示以太坊平台中的地址（即账户）。基于这些四元组，可以构建加权有向网络。在该网络中，每个节点代表一个账户。从 S 到 R 的有向边表示存在从 S 到 R 的转账交易。而"权"则是对应的交易量。交易网络也是一个网络，网络的信息可用于反映账户的特性，因此本文从网络的角度提取了一些常见的网络特征。

最后，如图3所示，从资金流的角度而言，通常钓鱼诈骗账户的资金走向会经历4个不同的阶段：早期、提升、高峰和结束。在早期阶段，存款交易的数量相对较少。然而，随着网络钓鱼信息的传播，受害者的数量急剧增加（即提升阶段），直到高峰阶段，大量受害者陷入骗局。之后，随着许多投资者逐渐意识到被欺骗并报告骗局，受害人数开始减少（即结束阶段）。由于4个时期的持续时间不同，无法确定所有账户的每个阶段的时间间隔，本文将账户的"活动期间"定义为数据中从第一个到最后一个事务的时间跨度；然后，将活动期间划分为5个统一的时间间隔，并计算两个五元素向量，以记录每个时间间隔中的交易数量和以太币数量。将活动期分为5个部分，是因为钓鱼诈骗账户可能经历图3中的4个阶段，最后阶段通常比任何其他阶段持续更长时间。本文将两个向量表示为交易频率向量 **TF** 和交易量向量 **TV**，基于这两个向量，提取了6个表1中的资金流特征来反映钓鱼诈骗账户的资金走向。

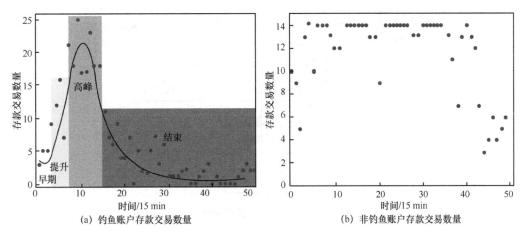

(a) 钓鱼账户存款交易数量   (b) 非钓鱼账户存款交易数量

图3　FakeBeeICO 钓鱼账户和非钓鱼账户存款交易数量对比

在分类模型方面，本文使用了机器学习中常用的支持向量机（SVM，Support Vector Machine）、逻辑回归（LR，Logistic Regression）等模型，由于钓鱼诈骗账户仅是以太坊账户中的极少一部分，还采用了单类支持向量机（OCSVM，One-Class Support Vector Machine）等异常检测方法，即将钓鱼诈骗账户当作一种异常账户来检测。考虑到这些模型可能存在拟合能力不够强的问题，本文使用了集成支持向量机（ESVM，Ensemble Support Vector

Machine）等改进的模型。而 SVM、OCSVM 等模型没有针对性地解决数据集样本不平衡的问题，因此，本文设计了一个解决数据集样本不平衡问题的模型框架。

针对钓鱼诈骗数据集样本不平衡问题，本文通过结合异常检测算法和有监督分类构造了两步分类框架，如图 4 所示。第一步为正常账户排除阶段，旨在通过使用异常检测算法尽可能多地排除不太可能涉及网络钓鱼诈骗的地址，在这一步中，允许一些误报。第二步为可疑检测阶段，旨在通过汇集 N 个监督学习器的结果来检测嫌疑地址。具体而言，假设训练集中有 X 个样本，其中包含 P 个经验证的网络钓鱼地址和 Y 个非网络钓鱼地址。在正常账户排除阶段，过滤了许多明显的非网络钓鱼地址。当然，允许排除少量经过验证的网络钓鱼地址。在此阶段之后，假设仍然拥有 K 个已验证的网络钓鱼地址和 M 个非网络钓鱼地址。在可疑检测阶段，首先随机按比例将 M 个非网络钓鱼地址划分为 $N=\left\lfloor\dfrac{M}{K}\right\rfloor$ 个子集，因此每个子集包含大约 K 个非网络钓鱼样本（即均匀随机划分）。然后，每个子集和 K 个网络钓鱼样本组合训练 N 个学习器。最后，采用一种集成学习中常用的投票策略，即当超过比例 v 的学习器认为当前识别账户是钓鱼账户时，模型才判断当前账户是钓鱼账户。

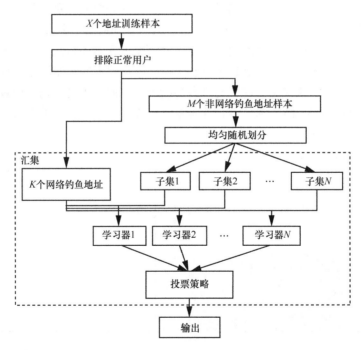

图 4 钓鱼账户分类识别框架

▐ 五 有效性论证

为了验证框架的有效性，本文针对不同欺诈行为，分别对其使用了不同的有效性验证。

（1）智能合约庞氏骗局识别

智能合约庞氏骗局识别实验中所使用的数据集为 3 780 个自己打标签的智能合约。在实验中，本文使用了账户特征、代码特征和两种特征的组合以及多个分类模型对比实验结果。为了评估构建的模型，本文将相应的数据集拆分为 80%用于训练、20%用于测试，进行了 10 次实验并对结果取平均，得到如表 2 所示的结果。

表 2　智能庞氏骗局识别模型结果比较

模型	精确率			召回率			F 值		
	账户	代码	组合	账户	代码	组合	账户	代码	组合
孤立森林（IF）	0.04	0.03	0.02	0.09	0.06	0.05	0.06	0.04	0.04
单类支持向量机（OCSVM）	0.07	0.06	0.05	0.76	1	1	0.13	0.1	0.1
支持向量机（SVM）	0.32	0.95	0.91	0.06	0.43	0.16	0.09	0.59	0.27
决策树（DT）	0.58	0.64	0.31	0.64	0.73	0.24	0.60	0.68	0.27
极端梯度提升（XGBoost）	0.59	0.91	0.90	0.22	0.73	0.67	0.32	0.81	0.76
随机森林（RF）	**0.64**	**0.94**	**0.95**	**0.20**	**0.73**	**0.69**	**0.30**	**0.82**	**0.79**

从表中可以得出几个结论。首先，随机森林模型在所有模型中表现最优，在各种度量中的性能较高。特别是精度提高到 0.95，这表明 RF 是智能庞氏骗局检测的理想模型。相比之下，两种异常检测方法的所有指标都非常低，这意味着庞氏骗局合约不能被视为异常。值得一提的是，OCSVM 的召回率相对较高，但这只是一种错觉，因为精度太低而无法进行有意义的预测。其次，基于账户特征的所有模型的低 F 值表明它们不能单独用于检测庞氏骗局合约。这种结果的一个可能原因是许多智能合约是实验性的，使很难从行为中检测出它们的类型。最后，与代码特征相比，账户特征表现较差的另一个可能原因是账户特征的数量太少。基于代码特征，所提出的模型已经表现足够好，因此可以将以操作码为特征训练的随机森林模型用于在以太坊合约创建时检测其是否为庞氏骗局。

（2）钓鱼诈骗识别

针对钓鱼诈骗用户识别问题，本文使用 397 136 个未标记的地址和 445 个经过验证的网络钓鱼地址进行实验，采用 F 值、Precision（精确率）和 Recall（召回率）作为评估指标。考虑到在实际应用中，漏掉尽可能少的钓鱼账户是极其重要的，本文为 F 值设置了不同的召回率权重进行对比。权重越高，表明在该 F 值评测指标中，召回率越重要。本文将地址数据随机分为 80%用于模型拟合、20%用于模型测试，实验模型包括 LR、SVM 等常用的模型以及所提出的两步模型，得到实验结果如表 3 所示。

基于实验结果，可以得出以下结论。

首先，一步方法（即 LR、SVM、OCSVM、DT）几乎没用，因为没有一种方法的召回率大于 0.4，而 SVM 和 OCSVM 完全没用。这些结果表明，极端的类不平衡是钓鱼账户检测的一个重要问题。

其次，从召回率的角度，引入的两种策略（即 OCSVM 排除和集成学习）是处理不平衡数据的有效方法。特别是集成学习方法（即 ESVM 和 EDT）显著提高召回率。召回率大于 0.9，表明集成学习方法能够捕捉到钓鱼账户的大部分特征。

再次，综合考虑精确率和召回率，两步方法是最佳方法。虽然 OCSVM+ESVM 的召回率略高于建议的方法（即 OCSVM+EDT），但与建议的方法相比，其精确率较低。因此，从 F 值（即 F_1、F_2、F_3）的角度看，建议的方法优于 OCSVM+ESVM。

最后，有一些方法（如 LR、DT、OCSVM+LR、OCSVM+DT）显示出较高的精确率。与决策树有关的方法（即 DT 和 OCSVM+DT）的 F_1、F_2 均高于建议的方法。但是，仍然推荐 OCSVM+EDT，因为这些方法的召回率过低。这些方法具有较高的精确率和较低的召回率，说明这些方法能够较好地学习部分已验证的钓鱼账户的行为，但泛化能力较弱。

表3　钓鱼欺诈识别方法对比实验结果

模型	精确率	召回率	F_1	F_2	F_3
LR	0.592 6	0.188 2	0.285 7	0.217 9	0.202 0
SVM	0.000 0	0.000 0	0.000 0	0.000 0	0.000 0
OCSVM	0.000 0	0.000 0	0.000 0	0.000 0	0.000 0
DT	0.409 6	0.400 0	0.404 7	0.401 9	0.400 9
OCSVM+LR	0.586 2	0.212 5	0.311 9	0.243 6	0.227 0
OCSVM+DT	0.465 1	0.500 0	0.481 9	0.492 6	0.496 3
ESVM	0.028 1	0.964 7	0.054 6	0.125 8	0.222 6
EDT	0.146 9	**0.905 9**	0.252 8	0.445 6	0.597 3
OCSVM+ESVM	0.033 8	**0.965 2**	0.065 3	0.148 2	0.256 8
OCSVM+EDT	**0.168 2**	**0.937 5**	**0.285 2**	**0.489 6**	**0.643 3**

本文所设计的框架在智能合约庞氏骗局和普通账户钓鱼诈骗两个欺诈问题上的识别效果说明，这套流程对区块链账户欺诈识别的有效性，并且在设计模型和特征时从及时性出发，可以预防、减少欺诈带来的损失甚至杜绝这一类的欺诈行为。智能合约的字节码是在智能合约创建时就可以获得的强特征，可用于在创建时用模型检测合约是否为庞氏骗局，从而为以太坊用户提供一个骗局预警。在提取钓鱼账户的特征时，本文希望在欺诈者变现前阻止欺诈行为，故提取的特征是在账户异常转账交易前的交易记录中提取的，即使用的是账户的早期交易特征，从而做到尽早地检测出钓鱼账户。有效且及时发现欺诈行为能够极大地减少欺诈行为所带来的损失和阻止欺诈行为，对区块链生态的发展大有裨益。

六　总结与展望

区块链技术的金融属性导致各种欺诈行为在区块链生态中盛行，为其中的各种投资者带来大量的损失，威胁区块链生态的金融安全，阻碍区块链技术的健康良性发展。为了打造良好的区块链金融生态，本文针对区块链生态中的非法账户识别问题提出了一个通用的框架，并基于以太坊，以智能庞氏骗局和钓鱼诈骗两类欺诈账户识别问题为例验证了所提方法。

对于智能庞氏骗局问题而言，本文首先从以太坊中收集了智能合约，并为其打上标签得到数据集，然后为庞氏骗局识别问题设计了字节码特征和用户特征，最终选用了随机森林模型使识别精确率和召回率分别达到95%和69%，验证了所提框架在智能合约欺诈识别问题上的有效性。针对钓鱼诈骗问题，本文首先从两个平台收集到了数据，然后从账户、网络和资金流三方面提取了三类特征，最终设计了一个两步模型使模型召回率超过93%，在精度上也达到16%，验证了所提框架在普通账户欺诈识别问题的有效性。本文所提出的欺诈识别框架在普通账户和智能合约账户两种账户上的欺诈检测效果表明了它的有效性，可用于增强区块链的金融监管。

综上所述，本文围绕区块链生态中的欺诈行为，提出了基于机器学习和数据挖掘的识别框架，取得了较好的识别效果。希望对有关欺诈问题的分析和所提的方法有利于监管结构建立合适的监管手段，并为后续相关的研究工作提供一定的参考。现今区块链中仍存在许多非法行为，还需要不断加强监管，使区块链金融安全生态稳步发展。

参考文献：

[1] ZHENG Z, XIE S, DAI H, et al. An overview of blockchain technology: architecture, consensus, and future trends[C]//Proceedings of the International Congress on Big Data. 2017: 557-564.

[2] BONNEAU J, MILLER A, CLARK J, et al. SoK: research perspectives and challenges for bitcoin and cryptocurrencies[C]//Proceedings of the International Symposium on Security and Privacy. 2015: 104-121.

[3] DU M X, MA X F, ZHANG Z, et al. A review on consensus algorithm of blockchain[C]//Proceedings of the International Conference on Systems, Man, and Cybernetics. 2017: 2567-2572.

[4] CONTI M, KUMAR S, LAL C, et al. A survey on security and privacy issues of bitcoin[J]. IEEE Communications Surveys & Tutorials, 2018, 20(4): 3416-3452.

[5] ATZEI N, BARTOLETTI M, CIMOLI T. A survey of attacks on Ethereum smart contracts (SoK)[C]//Proceedings of the International Conference on Principles of Security and Trust. 2017: 164-186.

[6] 沈鑫，裴庆祺，刘雪峰. 区块链技术综述[J]. 网络与信息安全学报, 2016, 2(11): 11-20.

[7] LISCHKE M, FABIAN B. Analyzing the bitcoin network: the first four years[J]. Future Internet, 2016. 8(1): 7.

[8] CHAN W, OLMSTED A. Ethereum transaction graph analysis[C]//Proceedings of the International Conference for Internet Technology and Secured Transactions. 2017: 498-500.

[9] CHEN H, PEROZZI B,ALRFOUR, et al. A tutorial on network embeddings[J]. CoRR, abs/1808.02590, 2018.

[10] MC-NALLY S, ROCHE J, CATON S. Predicting the price of bitcoin using machine learning[C]//Proceedings of the International Conference on Parallel, Distributed and Network-based Processing. 2018: 339-343.

[11] JANG H, LEE J. An empirical study on modeling and predic tion of bitcoin prices with Bayesian neural networks based on blockchain information[J]. IEEE Access, 2018, 6: 5427-5437.

[12] RON D, SHAMIR A. Quantitative analysis of the full Bitcoin transaction graph[C]//Proceedings of the International Conference on Financial Cryptography and Data Security. 2013: 6-24.

[13] MEIKLEJOHN S, POMAROLE M, JORDAN G, et al. A fistful of bitcoins: characterizing payments among men with no names[C]//Proceedings of the International Conference on Internet Measurement. 2013: 127-140.

[14] NORVILL R, PONTIVEROS B B, STATE R, et al. Automated labeling of unknown contracts in Ethereum[C]//Proceedings of the International Conference on Computer Communication and Networks. 2017: 1-6.

[15] SPAGNUOLO M, MAGGI F, ZANERO S. Bitiodine: extracting Intelligence from the bitcoin net-

work[C]//Proceedings of the International Conference on Financial Cryptography and Data Security. 2014: 457-468.

[16] ATHEY S, PARASHKEVOV I, SARUKKAI V, et al. Bitcoin pricing, adoption, and usage: theory and evidence[R]. 2016.

[17] HE P, YU G, ZHANG Y F, et al. Survey on blockchain technology and its application prospect[J]. Computer Science, 2017, 44(4): 1-7.

[18] 贺海武, 延安, 陈泽华. 基于区块链的智能合约技术与应用综述[J]. 网络与信息安全学报, 2016, 2(11): 11-20.

[19] YLI-HUUMO J, KO D, CHOI S, et al. Where is current research on blockchain technology?A systematic review[J]. PloS One, 2016, 11(10): e0163477.

[20] 陈伟利, 郑子彬. 区块链数据分析: 现状、趋势与挑战[J]. 计算机研究与发展, 2018. 55(9): 1853-1870.

[21] WOOD G. Ethereum: a secure decentralized generalised transaction ledger[R]. 2014.

以太坊中"加密货币"窃取攻击初探

周亚金

浙江大学

摘 要：本文对一种偷取以太坊上"加密货币"的新型攻击做了系统性的研究。这种攻击主要是以太坊节点的远程调用端口没有被保护，使攻击者可以将以太（以太坊的官方"货币"）和 ERC20 代币从受害者账户中转出。这一研究主要是为了深入了解这种攻击，包括攻击行为和攻击者收益等。本文设计并实现了一个蜜罐系统来捕获真实的攻击行为，随后将此系统部署在以太坊网络中，最后报告了从我们收集到的 6 个月的数据中得到的结果。本文的系统共捕获到了来自 1 072 个 IP 地址的超过 3 亿条远程调用请求，从这些数据中可以识别出一些请求是恶意的，并且根据包含在这些请求中的共 59 个以太坊账户信息将攻击者分为 36 组。其中，34 组攻击者是窃取 Ether 的，另外 2 组攻击者是窃取 ERC20 代币的。对这些攻击者发起的攻击进行深入研究发现，以窃取 Ether 为目标的攻击者采用相似的三步攻击模式来窃取以太币(Ether)。本文还发现了一种特别的交易——零 gas 交易，攻击者可以利用这种交易达成他们窃取 ERC20 代币的目的。最后，本文结合以太坊上的交易记录估算了攻击者的获利情况，并把数据集放在了 GitHub 上以便感兴趣的人做更深入的研究。

■ 一 关键科学问题和挑战

虽然以太坊客户端的远程调用端口缺乏有效的鉴权机制，但要将用户账户中的以太币转出，仍需要用户账户的密码。本文的攻击模型是攻击者仅能像正常用户一般访问开放了远程调用端口的以太坊客户端，没有其他能力。而攻击者能够无须密码转出受害者账户的以太币，那么这显然是一个重大的安全隐患。要理解攻击者的攻击行为，最好的方法不是凭空臆测，而是根据事实去分析，那就需要捕捉到真实的攻击行为，并根据这些攻击行为的模式得到攻击者发起此类攻击最根本的原理是什么。

在捕捉到攻击行为之后，面临的关键科学问题是：收到的攻击其实是一些远程调用，在这些远程调用之后隐藏的攻击原理是什么？是以太坊这整个网络存在的缺陷还是客户端的漏洞？攻击者只运用这样的漏洞做出一种攻击吗？攻击的严重性如何？这些问题是本文的研究重点。

■ 二 国内外相关工作

以太坊变得如此流行的一个原因是它支持智能合约，开发者可以基于智能合约开发很多分布式应用，其中包括彩票游戏和发行"数字货币"等，吸引着大量投机者，这使智能合约被大量使用。然而，从智能合约诞生以来，其安全问题就一直被研究者关注。Atzei 等[1]系统性地研究了当时以太坊上合约安全方面的漏洞，并提出了一些在编写智能合约时常犯的安全错误，如以太坊虚拟机的栈深是被限制的，攻击者可以通过这一点控制智能合约的控制流；Kpupp 等[2]提出了一个叫作 teEther 的系统，它可以自动化地攻击有漏洞的智能合约，并实验表明在 38 757 个测试合约中 815 个合约是可以被自动化地攻击的。

为了减轻智能合约安全问题的威胁，学者提出了很多工具来分析智能合约或修复合约中的漏洞[3-8]。比如，Sereum 依靠修改 EVM 自动化地修复智能合约中的可重入漏洞[6]；Securify 可以根据预定义的漏洞模式自动化地验证合约是否安全[7]；Erays 是用于分析没有源代码的智能合约的工具[8]，它可以将 bytecode 形式的智能合约转化为人类可读的高级语言形式；Oyente 是一个可以利用符号执行的方法自动化检测智能合约漏洞的系统[9]；其他类似的工具还有 Mythril 和 Maian[5]等。

■ 三　创新性解决方法

本文设计并实现了一个叫作塞壬的系统来捕捉针对以太坊节点上不安全的远程调用端口的攻击，系统架构如图 1 所示。这个系统由前端的蜜罐和后端的以太坊节点组成，蜜罐监听着默认的远程调用端口，如本文所使用的以太坊客户端是 Go-Ethereum，它的默认远程调用端口是 8545。任何试图连接蜜罐的行为都会被记录下来，然后这些请求被转发给后端的以太坊客户端，随后客户端返回的结果被转发回请求者。这过程中，一个请求包含的所有信息都会被蜜罐记录下来并保存到数据库，这些数据之后会与从以太坊上爬取的交易记录结合，以找出一些可疑的账户，从而根据捕获到的账户信息以及找到的可疑账户，进一步分析攻击者的获利情况。

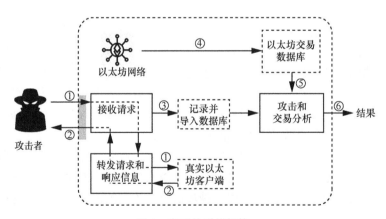

图 1　塞壬的系统架构

为了捕捉真实攻击和理解攻击行为，我们要构建一个蜜罐，它可以与远程调用请求交互，包括那些恶意请求，如从账户中转出 Ether。蜜罐会记录下 API 调用的信息，包括方法名字、参数等，以备后续分析。

从这点出发，本文设计了一种前后端形式的架构：前端监听着 8545 端口，接收所有来自此端口的远程调用请求；后端运行着一个真正的以太坊全节点客户端，它接收所有来自前端的本地调用。也就是说，攻击者并不能真正接触到以太坊客户端，如果攻击者发送的请求在我们事先定义好的白名单内，这些请求会被原模原样地转发给后端的客户端，而一些可能对客户端上的账户造成损失的命令会被严格禁止，但由于其仍需经过前端蜜罐，这些命令的参数还是会被记录下来。

要让这个系统有效地工作，还有一些亟待解决的问题。比如，蜜罐需要表现得像是一个真正的以太坊节点，不然攻击者可能会意识到这是一个蜜罐，进而停止展开攻击。下面将介绍吸引攻击者的一些方法，并借此进一步介绍我们的系统是怎样运行的。

（1）回复探测请求

以太坊节点默认的远程调用端口是 8545，在实施攻击之前，攻击者通常会发送一些探测请求来验证这个端口是否开启等，如攻击者会调用 web3_clientVersion 方法来查看这是否是一个有效的以太坊节点。前端会接收所有远程调用请求并且通过询问后端来返回给请求者对应的结果。

（2）广播节点的存在

由于以太坊节点之间的连接是 P2P 的，要想快速吸引攻击者，不能依靠节点之间的相互发现机制，而且由于 IP 地址范围太大，不能依靠攻击者通过端口扫描发现节点，需要主动地发布"节点"的信息。本文将节点信息登记在一个公开提供以太坊全节点列表的网站上。这个网站提供该列表的最初目的是加速以太坊节点之间相互发现的速度，然而这个列表也提供了一些对于攻击者颇具价值的信息，有了这个列表，攻击者就不需要费时费力地进行端口扫描了。这个方法非常有效，蜜罐在登记之后的很短时间内就开始收到探测请求了。

（3）假装成一个有价值的目标

既然这些攻击的最终目的是偷取"加密货币"，本文创建了一个地址为 0xa33023b7c14638f3391d705c938ac506544b25c3 的以太坊账户并向其中存入一些以太币以使攻击者相信我们的节点是一个有价值的攻击目标。作为区块链系统最基本的功能之一，以太坊是一个公开的账本，我们账户中有多少以太币可以在以太坊网络上轻易查询到。如果攻击者调用 eth_accounts 方法来获取节点上的账户列表，则将这个地址返回给攻击者；如果攻击者想要通过 eth_get Balance 方法查看我们的账户余额，则我们会返回账户中的真实以太币数量。

（4）模拟真实交易

在得到节点上的账户和余额信息之后，攻击者通常会尝试将这些以太币转出到他们控制的账户（恶意账户）。比如，他们会调用 eth_sendTransaction 方法，这个方法在成功执行后会返回一个哈希值，该哈希值代表了一个新创建的交易，攻击者可以通过检查此方法的返回值得知他们转出以太币这一行为有没有成功。为了让攻击者以为他们发送的交易已经被节点接受并处理，我们会返回给攻击者一个随机生成的哈希值，而实际在客户端中不执行攻击者调用的方法。

（5）记录远程调用请求

蜜罐记录了攻击者调用的方法，包括方法名、参数和攻击请求的元数据，如 IP 地址、请求时间等。这些数据都会被保存到日志文件中，随后被导入数据库。

（6）数据收集和分析

在捕捉到实际攻击和恶意账户地址之后，我们要估计攻击者的获利情况。系统利用以太坊网络上从这些恶意账户发送出的交易来寻找更多由攻击者控制的账户，这就需要爬取以太坊上的所有交易信息。本文首先下载所有以太坊交易记录，然后将它们导入数据库；之后可以方便地将这些交易和捕获到的数据结合起来，进而得到最终的分析结果。

四　有效性论证

4.1　攻击分析

本节说明收集到的数据、对攻击者的分组以及关于偷取"加密货币"的攻击行为的详细信息。

（1）实验数据

我们在阿里云上的一个虚拟机中部署了系统并且收集了 6 个月的数据——从 2018 年 7 月 1 日到 2018 年 8 月 31 日以及从 2018 年 11 月 1 日到 2019 年 2 月 28 日。在收集数据的过程中，虚拟机意外停机了三天（从 2018 年 7 月 24 日到 7 月 26 日），并且有 4 天网络不稳定（2018 年 7 月 14 日、15 日、27 日、30 日），导致这些时间段内的数据丢失或者不完全。系统每天收到的远程调用请求和 IP 地址数量如图 2 所示。

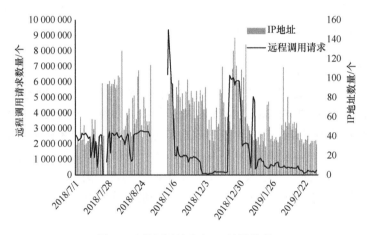

图 2　远程调用请求和 IP 地址数量

系统共收到了来自 1 072 个不同 IP 地址的 3 亿零 866 万个远程调用请求，平均每天 172 万个远程调用请求（去除数据不完整的时间段），每天发送远程调用的 IP 地址平均有 62 个，其中在 2018 年 12 月 24 日收到了来自 142 个 IP 地址的请求，这是在所有时间中最多的。

在这些远程调用请求中，9 个 IP 地址是攻击的主要来源，它们发送的请求在收到的所有请求中是最多的。这 9 个 IP 地址发送了大约 2.6 亿个远程调用请求，占总数的 83.8%。在这些 IP 地址中又以 89.144.25.28 为最：它发送了 1 亿个请求，占总数的 33.0%。介于用户解锁账户到发送交易的时间窗口只存在短短一瞬，这样频繁的攻击行为是为了增加其攻击的成功概率。

（2）攻击者分组

收集数据的下一步是将攻击者分组。然而，由于以太坊网络的匿名性，我们很难根据攻击者的身份来将它们分组，本文分组的步骤如下。

第一步，从攻击者发送的远程调用请求中直接提取出他们的以太坊账户地址。比如，在eth_sendTransaction 方法中，to 这个参数代表着这次转账的接收者地址，攻击者利用这个方法将受害者账户中的以太币转到他们控制的账户中，图 3 是一个捕获到的使用该方法的恶意请求的参数（以 JSON 格式展现）。这里的 to 值是 0x63710c26a9be484581dcac1aacdd95ef628923ab，是一个攻击者控制的账户。同理，在 eth_sendTransaction、eth_signTransactioin、eth_estimateGas 和 eth_setEtherBase 方法中，我们可以直接调用这些方法的请求参数提取出攻击者控制的账户。

```
// Date: Jul 1 20:44:09 GMT+08:00 2018
// Source IP: 89.144.25.28
{
"jsonrpc": "2.0",
"method": "eth_sendTransaction",
"params": [{
//The account address of our honeypot.
"from": "0xa33023b7c14638f3391d705c938ac506544b25c3",
//Attacker's account address.
"to": "0x63710c26a9be484581dcac1aacdd95ef628923ab",
"gas": "0x5208",
"gasPrice": "0x199c82cc00",
"value": "0x2425f024b7fd000",
}],
"id": 739296
}
```

图 3　捕获到的攻击和 to 字段中相关的账户

第二步，从那些不能直接提取出攻击者账户的方法调用中分析得到攻击者控制的账户，再将这些账户用于分组。这是在攻击者偷取 ERC20 代币时，由于 ERC20 代币的转账方式和以太币不同，需要在代币合约中调用其标准 transfer()函数来转账，所以攻击者账户不会直接写在交易的参数中，而是隐藏在传给 transfer()函数的参数中。例如，图 4 是一个捕捉到的请求，它调用的方法是 eth_sendRawTransaction，我们首先把 params 字段解码，这里得到的 to 字段为 0x1a95b271b0535d15fa49932daba31ba612b52946，它并不是一个外部账户，而是一个叫作 Minereum 的代币合约账户。

把 data 字段解码，得到该合约中被调用的函数和其参数，解码的结果如图 5 所示。

这是一个转账函数，试图从发送者那转出 200 万 Minereum 代币到地址为 0x0fe07dbd07ba4c1075c1db97806ba3c5b113cee0 的账户，这个以 0x0fe0 开头的账户就是用于接收 ERC20代币的恶意账户。

第三步，基于这些请求的源 IP 地址，把前两步中获得的以太坊账户分组。蜜罐记录下了每个请求的源 IP 地址，如果发现有两个以太坊账户与相同 IP 地址关联，则把它们划分为一组。然而，Tor 网络的使用会使这种方法无效，因为收到的并不是这些请求的真实来源地址。本文使用一些攻击请求中的特殊字段来分组，如图 3 中的 id 字段，这是用户标识符，与请求内容无关，而有些从 Tor 网络来的请求拥有相同的 id 字段，基于这样的观察结果，可知这些请求是由同一组内的攻击者发出的。

```
//The parameters of invoking eth_sendRawTransaction.
{
    "jsonrpc": "2.0",
    "method": "eth_sendRawTransaction",
    "params": ["0xf8a682125f8082ea60941a95b271b0535d15fa49932daba31ba6
               12b5294680b844a9059cbb00000000000000000000000000fe07dbd
               07ba4c1075c1db97806ba3c5b113cee00000000000000000000000
               00000000000000000000000000000000000bebc2001ca095e64177
               86f699db2dc195f47662c412bb125b8419b9af030ac237d64c5a92
               50a0357a79a314eecd583f9be2235fd627d85c9af8fe292f9e47d4
               fa261efc0487bc"],
    "id": 2
}
//The decoded params field of the invocation.
{
    "nonce": 4703,
    "gasPrice": 0,
    "gasLimit": 60000,
    "from":"0x00a329c0648769a73afac7f9381e08fb43dbea72",
    //This is a smart contract address.
    "to": "0x1a95b271b0535d15fa49932daba31ba612b52946",
    "value": 0,
    "data": "0xa9059cbb00000000000000000000000000fe07dbd07ba4c1075c1db9
             7806ba3c5b113cee00000000000000000000000000000000000000000
             00000000000000000bebc200",
    "v": 28,
    "r": "0x95e6417786f699db2dc195f47662c412bb125b8419b9af030ac237d64c
          5a9250",
    "s": "0x357a79a314eecd583f9be2235fd627d85c9af8fe292f9e47d4fa261efc
          0487bc"
}
```

图 4　捕获到的调用 eth_sendRawTransaction 的请求

```
//Function prototype.
Function: transfer(address _to, uint256 _value)
Method ID: 0xa9059cbb
_to: 0x0fe07dbd07ba4c1075c1db97806ba3c5b113cee0
_value: 200000000(0xbebc200)
```

图 5　data 字段解码结果

　　利用这些分组策略，我们最终把攻击者分为 36 组，在这些攻击者中，34 组（从 1～34 组）在偷窃以太币，而另外两组在偷窃 ERC20 代币。下面展示详细的攻击行为分析。

（3）偷窃以太币攻击的分析

1～34 组的攻击者偷窃用户的以太币，他们遵循三步攻击的模式。

第一步：探测可能的受害者。

发起攻击的第一步是找到潜在的受害者，这里是要找到打开了远程调用端口的以太坊节点。攻击者可以通过下载以太坊全节点列表或者进行端口扫描来获得这一信息，然后发送一些远程调用请求来确认找到的 IP 地址上的机器是不是一个以太坊节点或一个矿工节点，以便发送零 gas 交易。

攻击者最常用的探测以太坊节点的命令在图 4 中列出。常用探测命令如表 1 所示，其中，net_version 用于查看节点所在的是不是以太坊主网，如果节点是运行在测试网上，那么节点中账户的以太币是不值钱的；rpc_modules 命令返回该节点上启用的模块，攻击者可以根据这一命令的返回结果决定后面调用哪些模块中的命令等。

表 1　常用探测命令

命令	IP 地址数量	RPC 请求数量
net_version	122	4 822 620
rpc_modules	81	3 815
web3_clientVersion	103	4 495 312
eth_getBlockByNumber	325	1 190 445
th_blockNumber	225	27 019 686
eth_getBlockByHash	214	1 633

第二步：准备攻击参数。

在找到可能的受害者之后，攻击者需要一些必要的数据来施展他们的攻击。要偷取以太币，攻击者要发送一笔以太坊交易，这个交易需要一些参数，其中最重要的是 from_address 和 to_address，它们代表了这个交易的发送者和接收者，其他可选参数包括 gas、gasPrice、value 和 nonce 等。要让攻击成功，这些参数必须被正确填写才能偷到以太币。

第三步：偷取以太币。

为了成功发送一笔受害者账户为发送者的交易，这笔交易需要被受害者账户的私钥签名，然而这个私钥是默认锁定的，需要用户输入密码才能解锁。攻击者使用了如下两种不同的方法来应对这个问题。

① 持续轮询：攻击者通过远程调用不停地在后台调用 eth_sendTransaction 等方法，如果一个合法的用户想要在这时发送一笔交易，他会提供自己的密码以解锁自己的私钥，这里就会有一个很小的时间窗口让攻击者可以发送交易。

为了成功发送交易，还有两个挑战。一个挑战是这个时间窗口很小，攻击者要恰好在用户解锁私钥时调用发送交易的方法。为了提升攻击成功率，需要很频繁地发送交易，这也是有些攻击者以很高频率（将近 50 次/秒）调用这些方法的原因。另一个挑战是攻击者与用户竞争发送交易，如果用户又发送了一次交易，并且用户的交易被矿工先打包进块，那么用户账户的余额就不足以支撑攻击者交易成功。为了确保自己的交易会被矿工优先打包，攻击者会使用一个比正常高得多的 gas 价格以"贿赂"矿工。

图 6 是攻击者和正常用户使用的 gas 价格对比，我们首先计算捕获的 1~8 组攻击者的交易平均 gas 价格，然后计算这 6 个月中普通用户使用的平均 gas 价格。最后的结果表明，攻击者的交易使用了比正常用户高得多的 gas 价格（大约在 15 倍到 4 000 倍），并且有使用更高 gas 价格的交易使低 gas 价格交易失败的例子（参见以太坊交易 0x8d95864cc7142ef883 148d45697b49be2c30a4275ebbcdbd2684acd809258b6 和 0xdc4fe5301b9544892fdd97f476c1ec7 d3da3de5ab75972866b87b7991cafedf6）。

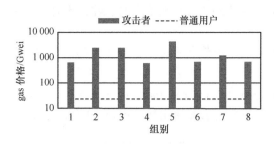

图 6　攻击者和正常用户使用的 gas 价格对比

② 暴力破解：除了持续轮询策略，一些攻击者还使用暴力破解的方法来猜测用户密码。以太坊客户端并没有限制一个账户在限定时间内的解锁次数，这样攻击者可以尝试使用字典爆破用户密码，如果用户使用了一个弱密码，这样的攻击会是非常有效的。比如，第 11 组的攻击者使用了这个方法，他们的字典中包含了超过 600 个弱密码，如 qwerty123456、margarita、192837465 等。第 1 组也使用了这一方法，不过他们只尝试了一个密码：ppppGoogle。我们还不清楚这组攻击者为什么使用这一特定的密码，也许是某些特定的以太坊节点的密码。

（4）偷窃 ERC20 代币攻击的分析

第 35、36 两组攻击者偷窃的是 ERC20 代币。ERC20 是一个以太坊上的代币标准，这些代币可以被看作一种可以在交易所里面售卖的"加密货币"，因此也是攻击者的目标之一。由于篇幅原因，这里不展开描述。

4.2　交易分析

在捕获恶意账户和分析详细的攻击行为后，我们接下来估计攻击者的获利情况。虽然可以直接计算捕获的恶意账户的收益，但是攻击者也有可能使用一些没有捕获到的账户，我们称这些账户为可疑账户，要完整地估计攻击者收益，也应当考虑这部分账户。

检测可疑账户最基本的思想是：如果一个恶意账户向其他账户转账，那么转账的目标账户有很大可能性是和恶意账户有联系的，因为攻击者没有理由把自己获得的赃款转给和自己没有关系的账户。当然，攻击者可以将以太币转到交易所账户中以换取法币，这类账户不应在研究范围中。

以此为前提，本文采用了一种类似污点分析[10]的方法来寻找可疑账户。本文把系统捕捉到的恶意账户看作污点源，并且污点通过交易传播直到达到所定义的污点终点，如"加密货币"交易所。我们当然也会限制传播过程的最大深度，当污点传播达到这个深度门限时会停止。本文设置这个门限为 3，因为在人工追踪阶段发现，更深的传播过程会导致很多假阳性结果，而更浅的传播会导致很多假阴性结果。在一条从污点源到污点终点的路径上，所有账户都会被标记为可疑账户，只要其终点是一个"加密货币"交易所；其他账户会被标记为未知账户，因为得不到更多信息来标记它们。图 7 是一个实际的检测与恶意账户0xe511268ccf5c8104ac8f7d01a6e6eaaa88d84ebb 有关联的可疑账户的例子。图中"加密货币"交易所节点以房子形状标记，最开始捕获到的攻击者以圆圈标记，而灰色和白色的方块分别标记未知账户和可疑账户。节点之间的连线代表它们直接的交易，箭头表示方向，而连线上的数字表示两账户间的交易总额。本文共检测出了 113 个可疑账户和 936 个未知账户。

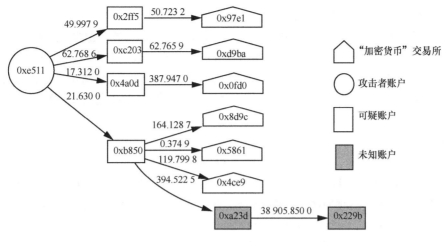

⌂	"加密货币"交易所
○	攻击者账户
☐	可疑账户
▨	未知账户

图 7　检测可疑账户过程示例

检测到可疑账户之后就可以估算攻击者收益了。本文首先只考虑恶意账户的收益，并把这个收益当作该账户的收益下限。因为这些账户偷取以太币的行为是被蜜罐捕捉到的，可以认为这些账户有极高概率属于攻击者，所以将这些账户的收益看作攻击者的收益下限。随后，把检测出的可疑账户的收益也考虑进去，把这两种账户的收益总和看作攻击者的收益上限。虽然这些可疑账户没有被蜜罐直接捕捉到有恶意行为，但它们仍可能与攻击者有联系甚至被攻击者控制，所以这些账户的收入也可能来自攻击者的其他收款账户。本文把无收益的攻击者移除了，同时没有计算 35 组和 36 组攻击者的收益，因为 ERC20 代币的市场价变化很大，其收益难以估计。最后，有些组别的攻击者之间也有交易往来，这些攻击者在计算时被合并为一组。当然，攻击者实际收入应该远远大于所估计的数量，因为蜜罐系统只能捕获一部分攻击者的行为而不是全部，必然存在着没有捕获到的攻击者。

■ 五　总结与展望

本文设计并实现了一个蜜罐系统来捕获实际的针对开放了远程调用端口的以太坊节点的攻击；对收集到的数据进行了详尽的分析，深入理解了这些攻击的成因和模式；对于针对 ERC20 代币的攻击，实验发现了背后的零 gas 交易机制。最后，根据以太坊上的交易记录，在以太坊网络中寻找可能与攻击者相关联的可疑账户，以此估算了攻击者的收益状况。

虽然本文用了很多种方法让蜜罐尽可能地和外界请求交互，但足够小心的攻击者仍能意识到蜜罐的存在而不再进一步进行攻击性行为。比如，攻击者可以检查返回的交易哈希值，由于并不真正地执行该交易，返回的哈希值是随机生成的，攻击者可以很轻易发现这是一个伪造的返回值，由此发现"we take a conservative way to detect suspicious accounts and estimate pro#ts of attackers"，这是一个蜜罐。因此，采用更有效的手段改进蜜罐也是一个开放的研究问题。

本文采取了一个相对保守的方法来检测可疑账户，即利用交易所账户的存在，将那些传播污点并且最终把钱汇入"加密货币"交易所的账户标记为可疑账户。然而，我们掌握的地址和交易所对应的知识并不完整，当中可能漏掉一些"加密货币"交易所账户，这会导致一些假阳性结果；而由于蜜罐系统只能捕获一部分的攻击者，整个分析也必然会存在一些假阴性结果。因此，攻击者总收入远比我们估计的多。

　　本文所述的攻击都是通过以太坊节点上的远程调用端口进行的，虽然解决这样的问题非常简单，只要改变以太坊节点的设置，但 2018 年 11 月 28 日，我们对当时以太坊上 15 560 个公开节点进行了一次端口扫描，发现其中有 1 000（约 7%）个节点仍然可以不需要鉴权通过远程调用访问。这一事实说明了这个漏洞的严重性，需要整个社区认真对待。

参考文献:

[1] ATZEI N, BARTOLETTI M, CIMOLI T. A survey of attacks on ethereum smart contracts (SoK)[C]//International Conference on Principles of Security and Trust. Berlin: Springer. 2017: 164-186.

[2] KRUPP J, ROSSOW C. Teether: gnawing at ethereum to automatically exploit smart contracts[C]//Proceedings of the 27th USENIX Security Symposium. 2018.

[3] CHEN T, LI Z H, ZHANG Y F, et al. Dataether: data exploration framework for ethereum[C]//Proceedings of the 39th IEEE International Conference on Distributed Computing Systems. 2019.

[4] KALRA S, GOEL S, DHAWAN M, et al. Zeus: analyzing safety of smart contracts[C]//Proceedings of the 25th Annual Network and Distributed System Security Symposium. 2018.

[5] NIKOLIC I, KOLLURI A, SERGEY I, et al. Finding the greedy, prodigal, and suicidal contracts at scale[J]. CoRR abs/1802.06038, 2018.

[6] RODLER M, LI W T, KARAME G O, et al. Sereum: protecting existing smart contracts against re-entrancy attacks[C]//Proceedings of the 26th Network and Distributed System Security Symposium. 2019.

[7] TSANKOV P, DAN A, DRACHSLER-COHEN D, et al. Securify: practical security analysis of smart contracts[C]//Proceedings of the 25th ACM Conference on Computer and Communications Security. 2018.

[8] ZHOU Y, KUMAR D, BAKSHI S, et al. Erays: reverse engineering ethereum's opaque smart contracts[C]//Proceedings of the 27th USENIX Security Symposium. 2018.

[9] LUU L, CHU D H, OLICKEL H, et al. Making smart contracts smarter[C]//Proceedings of the 23rd ACM Conference on Computer and Communications Security. 2016.

[10] SCHWARTZ E J, AVGERINOS T, BRUMLEY D. All you ever wanted to know about dynamic taint analysis and forward symbolic execution (but might have been afraid to ask)[C]//Proceedings of the IEEE Symposium on Security and Privacy. 2010.